超伝導の物理学

青木秀夫 著

Physics of Superconductivity

裳華房

Physics of Superconductivity

by

Hideo AOKI

SHOKABO
TOKYO

JCOPY 〈出版者著作権管理機構 委託出版物〉

ま え が き

筆者は，2009 年に裳華房から物性科学入門シリーズの一冊として『超伝導入門』(以下，旧版) を，超伝導を初めて学ぶ方はもとより，すでに知っている方にも自らの考えをまとめる 縁 となることを目指して出版した．幸いにも，多くの方々にお読みいただくことができたが，刊行から 15 年ほどの月日が経ち，その間に超伝導の分野で驚くほどに様々な画期的な発展があったこともあり，それらを踏まえて，大幅に増補・改訂を行ったのが本書である．

この発展の内容については，旧版の「第 8 章 課題と展望」で挙げていた課題と比べてみるのが早いと思われ，大きくは次の 4 つと言える．

(1) 旧版のこの章の最初の節は（高温超伝導は）「なぜ銅の酸化物なのか」という題であったが，これはその後，ニッケル化合物での超伝導が鉄系の後に発見されたことにより，銅以外の化合物でも高温超伝導は発現するという答えが与えられた．本山である銅酸化物においても，従来とは異なった構造における超伝導が 2019 年に発見されている．

(2) この章の別の節は「T_c を上げるには —室温超伝導は可能か？—」と題され，これは水素系超伝導体の発見により，長年の夢であった室温超伝導が，極端条件下とはいえ，実験的に 2020 年以降にほぼ実現されている．

(3) 思いがけない系としては，初期には量子ホール効果の舞台として興味がもたれたグラフェンにおいても，2 層系において（T_c は低いが）超伝導が発見された．より一般的な発展としては，物性物理学の大分野に成長したトポロジカル系の物理と超伝導の間には，トポロジカル超伝導などを通じて関連が探求されており，学際的な展開を見せている．

(4) 分野としての新たな発展は，非平衡における超伝導（ヒッグス・モードなど）であり，新開拓地として大きな発展を見せている．ちなみに，ヒッグス粒子は南部陽一郎氏も予見していたといえるが，最近になって超伝導体においてヒッグス・モードが観測・解析されているので，学際的な円環が感じられる．

iv まえがき

このように，いくつもの大きな発展があり，これらの話題を盛り込むには，かなりの増補・改訂が必要となるため，裳華房からのご提案により，旧版の編集委員からもご了解を得た上で単行本として独立させ，『超伝導の物理学』という新たな書名で刊行することになった．

旧版の序文でも記したように，超伝導は，超流動やボース凝縮などと並んで，物理学者の夢が現実化したと思えるほどファンタスティックな世界である．超伝導や超流動の位置づけを思い起こすと，量子力学における法則が支配する "巨視的な量子現象" といわれるものである．量子力学は，普通は原子や分子のように，目で見える大きさよりも何桁も小さい微小な世界を支配しているため，それが支配する量子現象が日常の世界に直接現れることはない．ところが超伝導や超流動は，この現象が日常的なスケールで現れる稀なものである．例えば，マイスナー効果で特徴づけられる超伝導体は，波動関数の位相が揃っているという意味で，いわば巨大な 1 個の量子力学的オブジェクトと見なせる．

超伝導（1911 年に発見）は，電子がある意味でボース‐アインシュタイン凝縮したものであり，ボース‐アインシュタイン凝縮（1924 ～ 1925 年）の先輩といえる．さらに，南部陽一郎氏による対称性の自発的破れを始めとした一連の偉業の出発点となったのも超伝導であった．ただし，実際に超伝導が起こるのは，通常は液体ヘリウム温度に代表される，日常感覚でいえば極低温での話である．何とかして超伝導が発現する温度を上げたい，というのは物性物理学の中心的なテーマの一つであったので，室温に迫る最近の発展はインパクトを与えた．

それでも，銅酸化物高温超伝導の存在意義は些かも古びるものではない．歴史的に，物性物理学は 1980 年代から高温超伝導を始めとした（"革命の連続" と呼ぶ人がいるほどの）黄金期を迎え，高温超伝導は，電子間の相互作用に起因する電子機構を含む "強相関の物理" をキックオフさせた．これは，我々の概念の変革を迫るほどのブレークスルーであり，（T_c の値自体以上に）重要なことといえる．

本書では，前半では従来型の（低温）超伝導に対するスタンダードな BCS

理論を解説し，後半では銅酸化物や鉄系における高温超伝導を始めとする，より革新的な世界を紹介する．そして，これらに加え，冒頭で挙げた新展開も含めて全体にブラッシュアップさせ，特に，新展開は無関連に発展したのではなく，互いに絡み合っていることも強調した．

敷衍は，旧版では十分触れられなかった事柄，例えば，2 次元系における BKT 転移，あるいは BCS - BEC クロスオーバーなどにも及ぶ．また，筆者自身の興味として，incipient バンド超伝導，平坦バンド超伝導，多バンド超伝導体におけるフェッシュバッハ共鳴に関しても，将来性を期して頁数を割いた．

このように，含めたいことは山積し，実際，本書の執筆中も新たな発展が続々と現れているが，頁数の制限もあるため，その範囲内ということになる．引用文献についても，旧版同様，本書は網羅を目指したものではないので限られた引用数ではあるが，引用文献から辿っていただければと思う．執筆姿勢としては，旧版と同様，専門家向けの総説や詳細な式の導出などより，むしろ概念の面白さをわかりやすく解説することを旨とした，という意味で入門書を目指している．

ちなみに，筆者は学生の頃にマックス・プランクが著したテキストを勉強したが，その第 1 巻の Max Planck : *Einführung in die allgemeine Mechanik* (Hirzel, 1920) の前書き（寺澤寛一，久末啓一郎訳（裳華房，大正 15 年）から引用）には，「理論物理學を初めて學ばんとする學生が最も困難とする所は，多くその數學的の式ではなく，寧ろ提供された考程の物理的内容に存する」という一文が見られる．何故かくも昔の本を引用？と思われるかもしれないが，裳華房の創業は（前身を含め）1710 年代（モーツァルトが生まれる前）とのことなので，それに比べれば最近の本といえよう．

本書の具体的内容やプレゼンテーションは，旧版を出版して以来，筆者が様々な国際会議で行った招待講演や，ETH Zürich（スイス連邦工科大学）物理学科に客員教授として 2017 年に赴任したとき（ホストは Tilman Esslinger 氏）の大学院講義や講演，ハンブルクのマックス・プランク研究所滞在時（ホストは Andrea Cavalleri 氏）のセミナー講演などにも基づいて執筆した．筆

者自身の超伝導の研究歴は，1980年代の高温超伝導発見に触発されて始めたものであるが，銅系，鉄系，ニッケル系に亘る超伝導や非平衡物理について長年に亘って共同研究・議論をしていただいている黒木和彦（大阪大学），有田亮太郎（東京大学），岡 隆史（東京大学）の各氏に感謝したい．

　また，筆者は東京大学を2016年に定年退職後，産業技術総合研究所の電子光技術研究部門において，首席研究員の永崎 洋氏をホストとして研究を続けたが，そこでのセミナーや，実験家として普段から議論をしていただいている内田慎一氏（東京大学）に感謝したい．国際共同研究については，超伝導に関して，Philipp Werner（Fribourg），Karsten Held（Wien），Douglas Scalapino（Santa Barbara）各氏との共同研究・議論に感謝したい．非平衡下の超伝導体については島野 亮氏（東京大学）および辻直人氏（東京大学），ハドロン系，冷却原子系との関連については田島裕之氏（東京大学）とも共同研究・議論をしていただいた．これらの方々を始め，貴重な図を提供してくださった方々も含め，名前を挙げきれない多くの方々に感謝したい．

　蓋し超伝導は物性物理学の中のハイライトの一つであろう．筆者が「物性物理学のルネサンス —超伝導，トポロジカル系，非平衡—」（青木秀夫：固体物理（2020 – 2021年））にも記したように，「物理の研究は，上に行けば行くほど頂上がどんどん高く伸びる山に登っているようなもの」と常々思うが，超伝導の場合は，登山中は言うに及ばず，登山口からして，ワクワクする面白さをもったテーマと感じられる．本書を糸口に，読者諸氏が今後さらに展望を広げられることを祈念したい．

　最後に，旧版の編集委員である鹿児島 誠一氏，安藤恒也氏，本書を執筆するに当たり旧版同様，編集上のご尽力をいただいた裳華房編集部の小野達也氏に感謝したい．そして，家族にも感謝する．

　2024年11月

青木秀夫

目　　次

1.　超伝導とは何か

1.1　超伝導研究の歴史 ・・・・・・ 1
1.2　超伝導の基本的性質 ・・・・ 11
　1.2.1　マイスナー‐オクセンフェル
　　　　ト効果・・・・・・・・ 11
　1.2.2　ロンドン方程式 ・・・・・ 15

1.2.3　超伝導ギャップ ・・・・ 17
1.2.4　波動関数の巨視的位相と
　　　　非対角長距離秩序 ・・・ 18
演習問題・・・・・・・・・・・・ 21

2.　統計力学の復習と超伝導の現象論

2.1　フェルミ気体の復習 ・・・・ 23
2.2　ボース‐アインシュタイン凝縮の
　　　復習 ・・・・・・・・・ 26
2.3　ギンツブルグ‐ランダウ理論
　　　―相転移としての超伝導―・・ 29
　2.3.1　2次相転移 ・・・・・・・ 30
　2.3.2　超伝導状態の秩序パラメータ
　　　　・・・・・・・・・・・ 32

2.3.3　ギンツブルグ‐ランダウの
　　　　自由エネルギー展開 ・・ 34
2.3.4　第一種超伝導体と第二種超伝
　　　　導体 ・・・・・・・・・ 37
2.3.5　磁束量子化とジョゼフソン
　　　　効果 ・・・・・・・・・ 44
演習問題・・・・・・・・・・・・ 49

3.　BCS理論

3.1　フォノン媒介引力 ・・・・・ 51
3.2　BCS理論 ・・・・・・・・・ 57
　3.2.1　クーパー不安定性 ・・・・ 57
　3.2.2　BCS波動関数とBCSギャッ
　　　　プ関数 ・・・・・・・・ 59
　3.2.3　BCS状態の熱力学 ・・・ 69
3.3　BCS理論をめぐるいくつかの話題
　　　・・・・・・・・・・・・ 77

3.3.1　強結合超伝導体 ・・・・ 77
3.3.2　ゲージ対称性の自発的破れと
　　　　ゼロ抵抗の間の関係 ・・ 79
3.3.3　BCS状態とボース‐アイン
　　　　シュタイン凝縮の間のクロ
　　　　スオーバー ・・・・・ 81
演習問題・・・・・・・・・・・・ 88

4. 高温超伝導

4.1 超伝導の非フォノン機構 ·· 89
4.2 銅酸化物高温超伝導の発見 · 91
4.3 電子構造 ·········· 99
  4.3.1 d 軌道 ········ 99
  4.3.2 電子構造を探る実験的手段
    ········· 103
4.3.3 異方的ペアリング ··· 110
4.3.4 超伝導相の物性 ···· 117
演習問題········· 122

5. 電子相関と超伝導

5.1 電子相関とは──磁性とモット転移──
  ········· 123
5.2 ハバード模型──格子上で最も簡単な
  相互作用模型── ···· 124
5.3 スピン揺らぎ交換による超伝導
  ········· 130
5.4 銅酸化物における物質依存性 144
5.5 スピン・トリプレット超伝導 149
演習問題········· 151

6. 鉄系超伝導体とニッケル化合物超伝導体

6.1 鉄系超伝導体 ······· 152
6.2 ニッケル化合物高温超伝導体 165
演習問題··········· 173

7. 様々な物質における超伝導

7.1 有機超伝導体および軽元素系 174
7.2 グラフェン········· 179
7.3 水素系超伝導体──室温超伝導──
  ········· 184
7.4 金属の化合物 ····· 189
7.5 電子気体の超伝導 ···· 192
7.6 重い電子系 ······· 194
7.7 さらにエキゾチックな超伝導 195

8. いくつかの話題

8.1 BKT 転移 ········ 201
8.2 Incipient バンド超伝導と平坦バン
  ド超伝導········ 208
8.3 トポロジカル超伝導 ···· 220
8.4 非平衡誘起トポロジカル超伝導
  ········· 226

目　次　ix

9.　非平衡下の超伝導 ―ヒッグス・モード―

9.1　超伝導体における集団励起　235

9.2　超伝導ヒッグス・モードに対する
　　　ギンツブルグ‐ランダウ理論
　　　・・・・・・・・・・・　241

9.3　ヒッグス・モードの実験 ― ポンプ・
　　　プローブおよび第三高調波発生 ―
　　　・・・・・・・・・・・・　246

10.　超流動と量子ホール効果

10.1　超流動　・・・・・・・・　257

10.2　量子ホール効果・・・・・　262

11.　超伝導の課題と展望　・・・・・・・　271

参考文献・・・・・・・・・・・・・・・・・・・　275

演習問題の略解　・・・・・・・・・・・・・・・　279

索　引　・・・・・・・・・・・・・・・・・・・・　283

コ　ラ　ム

カマリング・オネス・・・・・・・・・・・・・・・・　2

超伝導に挑戦した物理学者たち　・・・・・・・・・　10

光子がボース凝縮することは可能か？・・・・・・・　29

ジョゼフソン・・・・・・・・・・・・・・・・・・　48

クーパー・カルテットはないのか？・・・・・・・・　68

朝永振一郎と BCS 波動関数・・・・・・・・・・・　74

BCS 理論の還暦　・・・・・・・・・・・・・・・・　76

磁気浮上は超伝導を用いなければ不可能か？・・・・　81

引力相互作用するボソン系・・・・・・・・・・・・　87

x　目　　次

ベドノルツとミュラー　・・・・・・・・・・・・・・・　93

Sir Nevill Mott　・・・・・・・・・・・・・・・・・　125

思いがけない超伝導　・・・・・・・・・・・・・・・　165

超伝導と粒子加速器　・・・・・・・・・・・・・・・　239

南部陽一郎と南部理論　・・・・・・・・・・・・・・　254

ダグラス・オシェロフ　・・・・・・・・・・・・・・　260

回転する超流動体　vs　回転する超伝導体　・・・・・　261

エットーレ・マヨラナ　・・・・・・・・・・・・・・　269

超伝導とは何か

本章では,「超伝導とは何か」を概観するために,まずその歴史を簡単に振り返り,次に超伝導の基本的な性質を見た後,超伝導が "巨視的量子現象" であることを最初から強調するために,超伝導状態に凝縮した波動関数の性質を眺める.

1.1 超伝導研究の歴史

超伝導は,1911年にオランダのカマリング・オネス (Heike Kamerlingh Onnes) によって,水銀に対して実験的に発見された (図1.1).

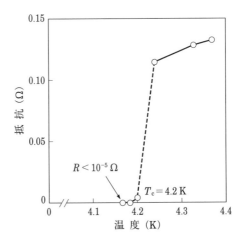

図 1.1 カマリング・オネスにより,超伝導が水銀において初めて発見されたときの抵抗の温度変化 (T_c は臨界温度).左の写真は,アムステルダムで2008年に開催された低温物理学国際会議 (LT25) において献呈された彼の彫像 (筆者撮影).

いまでこそ液体ヘリウムを用いた低温実験は学生実験などでも普通に行われるが，当時は，絶対温度にして数ケルヴィン（K）という低温は全く未知の領域であった．かなりの人々（ケルヴィン（Kelvin）卿も含む）は，低温にするに従い電子は動かなくなるのではないか，と思っていた．対して他の人々（カマリング・オネスも含む）は，電気抵抗がどんどん減少するのではないか，と考えていた．カマリング・オネスは自ら開発した冷却装置により水銀を冷やし，4.2 K において抵抗が減るだけではなく，消失することを発見した．これにより，彼は 1913 年のノーベル物理学賞を受賞した．

カマリング・オネス

カマリング・オネス（1853 – 1926）は，オランダのフローニンゲンに生まれた．ちなみに，ファーストネームは Heike で，カマリング・オネス全体が姓である．フローニンゲン大学で学位をとった後，ライデン大学物理学研究所（現在のカマリング・オネス研究所）に就職した．彼の研究目標は，同国人であるファン・デル・ワールス（van der Waals）が定式化した物質の状態方程式を低温で検証することにあっ

図 **1.2** カマリング・オネスの実験装置（木口 学氏 提供）

た．ひたすら（当時の）極低温を目指し，ジュール‐トムソン（Joule‐Thomson）効果の原理を用いた冷却により，1908 年にはヘリウムの液化に成功した．

低温物理学は，現代でこそ量子物理学の根幹となっているが，当時は，低温にすればするほど熱エネルギーが死ぬだけだから事態はつまらなくなる方向であろう，と漠然と思われていたから，それでもなお追求したことは慧眼という他はない．

この研究所の入口に現在も掲げられているモットー（Door meten tot weten）は "from measuring to knowledge" という，彼の生涯のモットーであった．図 1.2 は，現在も保存されている彼の実験装置の写真である．

ちなみに，液体ヘリウムにおいて**超流動**がカピッツァ（Kapitsa）とアレン（Allen）により発見されたのは，カマリング・オネスがヘリウムの液化に成功して 30 年ほども後の 1938 年である．カマリング・オネス自身，$T = 2.2\,\mathrm{K}$ 辺りで液体ヘリウムの比熱に異常があることは 1927 年頃に気づいていた．カピッツァは，1978 年にノーベル物理学賞を受賞している．

さらにいえば，この超流動は，天然のヘリウムの大部分を占める $^4\mathrm{He}$ という同位体（原子としてボソン）から成るものについてであるが，$^3\mathrm{He}$ という，原子としてフェルミオンである同位体も存在し，これから成る液体ヘリウムも超流動になることが 1972 年にオシェロフ（Douglas Osheroff）らにより発見され，1996 年のノーベル物理学賞を受賞した．また第 7 章で述べるように，**ゲージ対称性の破れ**という意味で超伝導，超流動と似る分数量子ホール効果という現象が，半導体ヘテロ接合という系において 1983 年に発見された．さらに，レーザー冷却された原子におけるボース‐アインシュタイン凝縮が 1995 年に発見された．

以上および関連項目を順に並べると，次のようになる（名前の後の西暦は，ノーベル物理学賞を受賞した年）．

1906 年　ヘリウムの液化（カマリング・オネス）

1911 年　超伝導の発見（カマリング・オネス, 1913）

1924〜25 年　ボース‐アインシュタイン凝縮の理論（ボース（Bose），アインシュタイン（Einstein））

1938 年　$^4\mathrm{He}$ における超流動の発見（カピッツァ, 1978, アレン）

1957 年　BCS 理論（バーディーン（Bardeen），クーパー（Cooper），シュリーファー（Schrieffer），1972）

1960 年　超伝導に関する南部理論（南部陽一郎，2008）

1962 年　非対角長距離秩序の概念（ヤング（Yang））

1963 〜 66 年　ヒッグス理論（アンダーソン（Anderson），ヒッグス（Higgs）ら，2013）

1960 年代　量子液体のランダウ理論（ランダウ（Landau），1962）

1972 年　^{3}He における超流動の発見（リー（Lee），オシェロフ，リチャードソン（Richardson），1996）

1973 年　ジョゼフソン効果の発見（ジョゼフソン（Josephson），1973）

1980 年　整数量子ホール効果の発見（フォン・クリッツィング（von Klitzing），1985）

1983 年　分数量子ホール効果の発見（ツイ（Tsui），シュテルマー（Störmer），1998）

1986 年　銅酸化物における高温超伝導の発見（ベドノルツ（Bednorz），ミュラー（Müller），1987）

1995 年　レーザー冷却されたボース原子におけるボース - アインシュタイン凝縮の発見（コーネル（Cornell），ケターレ（Ketterle），ワイマン（Wieman），2001）

2003 〜 2004 年　レーザー冷却されたフェルミオン原子における超流動の発見（JILA，MIT）

超伝導は，ある温度 T_c 以下で電気抵抗がゼロとなり，後述のマイスナー効果が起こる現象である．超伝導状態への変化は，統計力学でいうところの相転移なので（2.3 節），これは超伝導転移温度とよばれる．その後，様々な超伝導体が発見された．現在でも発見は続いているので網羅はできないが，現時点での代表例を次頁の表に示す．T_c の数値は変動的である．

どのような物質で超伝導が発見されたのかを，まず単体（同一元素から成る固体）について系統的に，図 1.3 の周期表の上で，現在までに高圧下も含めて超伝導が発見された元素と超伝導転移温度を示した．これからわかるよ

物　　質	物　質　名	T_c (K)
単　体	Hg	4.2
	Nb	9.5
	Ca（高圧相）	25
軽元素・炭素系	水素化物	250
	K_3C_{60}（分子性結晶）	30
	グラファイト層間化合物	12
	単層・多層グラフェン	3
	ダイヤモンド	4
有機化合物	ET, TMTSF	13
無機化合物	Nb_3Ge	23
	MgB_2	40
	Hf, Zr 窒化物	24
高温超伝導体（銅酸化物）	$La_{2-x}Sr_xCuO_4$	40
	$YBa_2Cu_3O_{7-\delta}$	95
	$HgBa_2Ca_2Cu_3O_{8+\delta}$（高圧下）	166
高温超伝導体（鉄系）	$LaFeAsO_{1-x}F_x$, FeSe, $\cdots$	55
高温超伝導体（ニッケル化合物）	$Nd_{1-x}Sr_xNiO_2$, $La_3Ni_2O_7$, $\cdots$	80
重い電子系	$CeCoIn_5$, $\cdots$	18

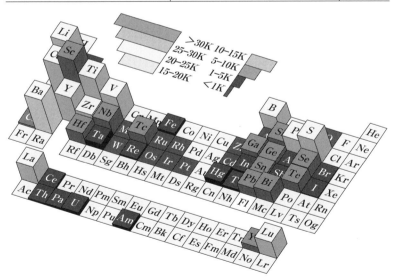

図 **1.3** 単体における超伝導転移温度．高圧下も含め，2024 年 4 月時点までに実験的に得られた最高の T_c をまとめた（松岡岳洋氏 提供）．

うに，T_c の高低を問わず，高圧下の状態まで含めれば，周期表をかなり普遍的にカバーする元素が超伝導になる，という驚くべきことがわかる．この発見には，大阪大学における清水克哉氏のグループを中心とした実験的研究の寄与が大きい．T_c の全体的な傾向としては，周期表の左上の方向，つまり軽い元素の方が高いように見えるが，結晶構造や必要な圧力が様々なので一概にはいえない（軽元素については，第 7 章，特に 7.3 節を参照）．

超伝導の発見後，**BCS 理論**（1957 年）が出て，その 5 年後（1962 年）に行われた第 8 回低温物理学国際会議では，バーディーンらの他にマティアス（Matthias）も超伝導について発表している．彼は，「ひょっとしたら，すべての金属は十分低温では超伝導または磁性をもつのでは？」という予想をしている．この予想は，高圧相まで含めるならほとんど成立していたことになる．ちなみに，新たに見つかった単体の超伝導の T_c は低いものも多いが，例えばカルシウムは比較的高い $T_c = 25$ K をもっている．

一方，化合物も含めて，様々な超伝導体についての T_c をフェルミ温度 T_F に対してプロットしたのが図 1.4 である．

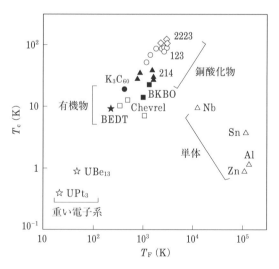

図 1.4　様々な超伝導体について，超伝導転移温度 T_c をフェルミ温度 T_F に対してプロットしたもの．

1.1 超伝導研究の歴史　　7

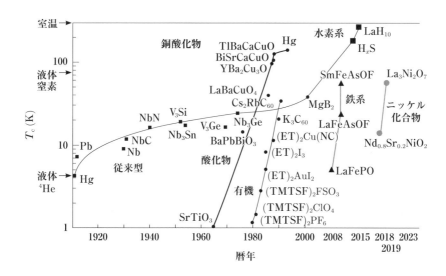

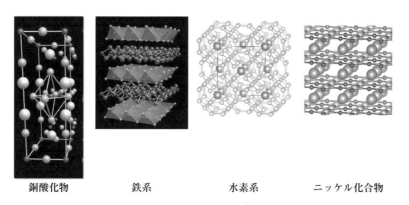

銅酸化物　　　　鉄系　　　　水素系　　ニッケル化合物

図 1.5　上段：様々な物質の超伝導転移温度 T_c が暦年と共に上昇する様子.
下段：代表的な物質系の結晶構造.

8   1.   超伝導とは何か

フェルミ温度とは，金属をフェルミ縮退した電子気体とみたときのフェルミ・エネルギーを E_F としたとき，$T_F \equiv E_F/k_B$（k_B はボルツマン定数）のことである．図 1.4 の意義については後に解説する．さらに，別のプロットとして，超伝導の T_c と暦年のグラフを見てみよう（図 1.5）．

このグラフが示すように，通常の単体または金属間化合物，酸化物，有機物といった様々なカテゴリーの超伝導体が，その T_c を上げてきた研究の歴史が見てとれる[1]．

超伝導の発見以来，その機構を理論的に解き明かすという問題は多くの人々の挑戦をかわしてきたが，超伝導が最初に発見された 20 世紀の初め（1911 年）から半世紀も後の 1957 年に，バーディーン，クーパー，シュリーファーが提出した **BCS 理論**（第 3 章）がその謎の解答を与えた．この理論は，フォノンを媒介とする電子間の引力により電子対（クーパー・ペア）が形成され，その対が凝縮することで超伝導状態が出現することを解き明かし，様々な実験事実を定量的に説明した．

BCS 理論はいくつもの点で際立っているが，特に多体効果が基底状態を質的に（つまり，ゲージ対称性を破った形で），かつ非摂動的に変えたときの波動関数の具体形を "手で" 与えた，という点が大切である[2]．なお，図 1.5，1.6 には近年続々と発見された超伝導体の結晶構造を示したが，これらについては，以降の章で順次触れることにする．

---

1) 水銀は超伝導が最初に発見された物質であるが，その詳しい理論的解析は意外にも最近やっと行われて，この物質が単純でない点を多々もっているので最新の理論的手法が必要ということが示されている（C. Tresca, *et al.*: Phys. Rev. B **106**, L180501 (2022)）．

2) 歴史的に，波動関数の具体形を手で与えた例は，第 10 章で解説する分数量子ホール効果という，全く別の強相関電子系に対してである．ラフリン（Laughlin）が与えた量子液体の試行波動関数が，ほとんど唯一の他の例となる．面白いことに，この状態も，非摂動的に生じたゲージ対称性を破った多体状態である．

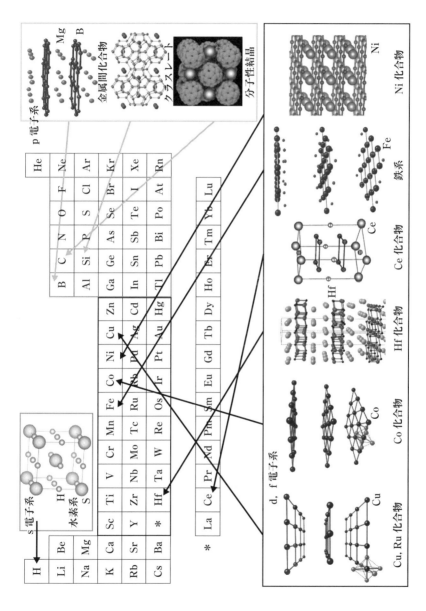

図 1.6 超伝導になる様々な化合物を，いくつか結晶構造として示した．矢印は構成元素の周期表上での位置を示す．

超伝導に挑戦した物理学者たち

超伝導は，BCS 理論が出るまでの長い間，物理学の最大の問題の 1 つとして，当時の多くの第一級の物理学者たちの興味をそそった．理論については，BCS 理論が出るまでは，(ロンドン (London) らによる現象論 (1.2.2 項) などは別として) 成功しなかったわけであるが，挑戦した中には，ハイゼンベルク (Heisenberg), ランダウ，ファインマン (Feynman) など錚々たる物理学者がいる．

科学は連続的に進歩するのではなく，思いがけないブレークスルーによってジャンプしながら進歩する．ジャンプの前には必ず，「もう進歩は極まって，面白いことは残っていないのでは？」と言い出す人が出てくる．超伝導の発見後，超伝導転移温度を上げる努力が絶えずなされてきた．しかし，様々な物質を調べたり様々なアイディアが提案されるという努力にもかかわらず，1980 年代に至っても世界記録は $T_c = 20$ K 程度に留まっていた．当時は，この程度が超伝導の上限温度ではないか，という悲観論が優勢であった．超伝導の世界記録を年代を横軸にしてプロットした，図 1.5 の右隣辺りの話である．

ところが 1980 年代の半ばに，スイスのチューリッヒ近郊にある IBM の (アメリカにある本所よりは小さな) 研究所で，転移温度 T_c が約 40 K の物質が見つかってセンセーションになり，またたく間に T_c は 100 K を超え，一大分野となった．発見当時の国際学会に巻き起こった熱気は，ウッドストック (ロック音楽祭) 並と評された (1987 年のアメリカ物理学会 March meeting の様子は https://www.aps.org/publications/apsnews/updates/woodstock.cfm で見ることができる)．ただし，この発見も前段階には長い歴史があり，日本の学者の歴史的貢献 (特に，東京大学工学部物理工学科のグループ) も大きい．実際に発見したのは，ミュラーという誘電体の大家と，ベドノルツという若い物理学者である．彼らのノーベル物理学賞 (1987 年) 受賞講演[1] を見ると，彼ら自身にとってもこの発見は決して突発的なものではなく，やはり長い考察の賜物であったことがわかる．

この高温超伝導 (発見時には $T_c \approx 40$ K ～ 100 K であり，その後さらに高くなり，いまのところ最高記録は約 160 K) の意義は，単に T_c が上がった，というだけでは決してない．高温超伝導が発生する機構が問題であるが，第 4 章，5 章で解説するように，この超伝導は電子間の強い斥力相互作用によって生じている，という意外な展開となり，このことは最近ますますはっきりわかってきて，量子物性物理学の概念の変革を迫るほどのインパクトを与えている．

量子力学が創られた頃，量子力学の建設の重要な一員であったディラック (Dirac) というイギリスの物理学者が，「もう基本法則はわかったのだから，あとは方程式を

解くだけ（あまり面白いことはなかろう）」といったが，これは慧眼とはいえなかったことになる．

ちなみに，ミュラーは 2023 年に 95 歳で亡くなったが，J.D. Martin：Nature, **614**, 29（2023）によれば，彼はチューリッヒ工科大学ではパウリのセミナーを聴講し，ノーベル賞受賞後も研究を続け，80 代でもスイス人らしくスキーを楽しんでいたという．

1.2 超伝導の基本的性質
1.2.1 マイスナー‐オクセンフェルト効果

超伝導が単なるゼロ抵抗状態ではなく，一種の巨視的量子現象である証拠は，マイスナー（Meissner）とオクセンフェルト（Ochsenfeld）によって発見されたマイスナー‐オクセンフェルト効果である．これは，超伝導体の内部では外部磁場中でも磁束密度がゼロとなる，という性質である（図 1.7）．

一般に，外部磁場 B をかけられた試料の内部での磁束密度 B_{in} は

$$B_{\text{in}} = B + 4\pi M \tag{1.1}$$

で与えられる（ここで M は磁化，また反磁場係数の値の議論を避けるために，試料の外形は磁場方向に長細いと仮定した）．よって，超伝導体の内部で磁場がゼロということは，単に $M = -(1/4\pi)B$，つまり，$M = \chi B$ の関係

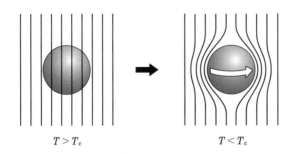

図 **1.7** 超伝導体に外部磁場をかけると，超伝導転移温度 T_c 以下の低温では，磁場を試料から完全に排除する（マイスナー‐オクセンフェルト効果）．白の矢印は遮蔽電流を表す．

式で定義される帯磁率が $\chi = -(1/4\pi)$ という値をとる（**完全反磁性**とよばれる）という一見地味な現象に思える．しかし，実はマイスナー-オクセンフェルト効果は，超伝導が，"ゲージ対称性が（巨視的な試料においても）自発的に破れた"状態，つまり一種の巨視的量子現象であることを示す，大事な性質である（これは次の章で解説する）．

実際，超伝導が巨視的量子現象であることは，磁石の上で超伝導体がマイスナー効果のために浮上するという顕著な現象として現れる．これは，超伝導体が磁石から発生する磁力線を排除するために，超伝導体と磁石の間に反発力がはたらき，これと重力とがバランスする現象である．逆に，超伝導体の上でも磁石が浮上する（図 1.8）．

仮に超伝導体が無限に大きく，表面が水平面だとすると，この表面では磁力線は面に平行となる．つまり，面の反対側に"鏡影磁石"を置いた場合と同

図 1.8 超伝導体の上に磁石を載せると，浮上する．ここでは，液体窒素や冷やした酸化物高温超伝導体の上にネオジム系磁石を載せている（試料提供：岸尾光二氏（東京大学），実験および撮影：筆者）．

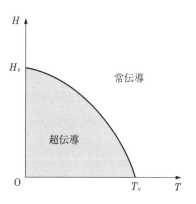

図 1.9 外部磁場（縦軸）と温度（横軸）の上で，超伝導体が超伝導状態になる領域を概念的に示す．

1.2 超伝導の基本的性質 *13*

じになるので，反発する[3]．

さて，超伝導体にかける外部磁場を強くしていくと，ある臨界値以上では超伝導状態は破壊される．これを**臨界磁場** $H_c(T)$ とよび，これは図 1.9 に示すように温度の関数であり，

$$H_c = H_0 \left[1 - \left(\frac{T}{T_c} \right)^2 \right] \tag{1.2}$$

のように昇温と共に減少し，転移温度 T_c でゼロとなる．例えば，水銀では $T_c \simeq 4\,\mathrm{K}$, $H_c(0) \simeq 500\,\mathrm{G}$ である．

このことから，超伝導状態は一種の相転移であり，常伝導状態より超伝導状態になった方が自由エネルギーが下がる，ということが予想される．エネルギーを考察する前に，仮想的に抵抗がゼロである導体（**完全導体**とよぶ）を考えたとして，超伝導はこれとは異なる，ということを見ておこう．

まず，超伝導の本質は何かと考えたときに，それは決して "電気抵抗ゼロ" ではない．もしそうなら，完全導体も超伝導ということになってしまうが，これは超伝導ではない．（完全導体というのは，思考実験として，不純物や原子の結晶の乱れが全くない金属結晶を想定した場合である．これでもなお，格子振動により電子は散乱されるが，それもないと仮定したもので，そこでは絶対零度において電子は抵抗なく流れる．）実は，超伝導の本質は**ゲージ対称性の破れ**というものであるが（2.3 節を参照），その前に，ゼロ抵抗と超伝導状態とは現象論的にどう異なるのかを見てみよう．

完全導体と超伝導体の違いをはっきりさせるために，以下のように両者を冷やしてみよう（図 1.10）．

実験的に，ゼロ磁場の中で試料を冷やすことを**ゼロ磁場冷却**（zero-field cooling）という．すると，$T \to 0$ に従って，抵抗は完全導体でも超伝導体でもゼロとなる．然る後に磁場をかけると，完全導体でも超伝導体でも磁場は試料内部から排除される．次に，最初に磁場をかけてから試料を冷やすと

---

3) ただし，実際の超伝導体は，2.3 節で述べる "第二種超伝導体" である場合が多く，この場合には磁束が超伝導体内に侵入するので，話は少し複雑になる（第 2 章の演習問題 [3] を参照）．

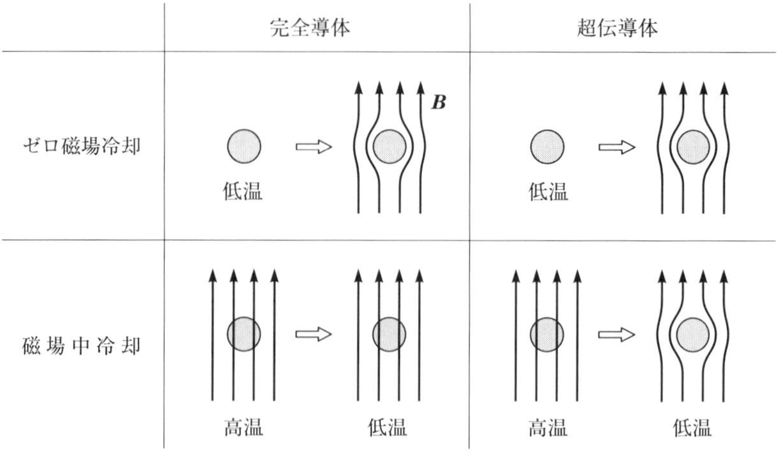

14   1. 超伝導とは何か

	完全導体	超伝導体
ゼロ磁場冷却	低温 → B	低温 →
磁場中冷却	高温 → 低温	高温 → 低温

図 1.10 ゼロ磁場冷却と磁場中冷却において,外部磁場が試料にどのように侵入するかの概念図(左が完全導体,右が超伝導体).

(これを**磁場中冷却**(field cooling)という),完全導体では磁場は試料を貫通したままであるが,超伝導体では,$T < T_c$ で磁場は試料から排除される.

このときに,超伝導相の自由エネルギー F_S は常伝導相の自由エネルギー F_N より低くなっている.$F_N - F_S$ は磁場を排除したことによるエネルギーの上昇分になっていて,$H = H_c$ で $F_N = F_S$ となっているはずである.

いま,超伝導体の試料を無限遠方から,ある磁石の近傍にゆっくり(断熱的に)もってきたとしよう(図 1.11).すると,微小な移動での自由エネルギー F の変化分は $dF = -\boldsymbol{M} \cdot d\boldsymbol{B}$ である($\boldsymbol{M}$ は試料の磁気モーメント,$\boldsymbol{B}$ は磁場).超伝導体の試料ではマイスナー効果のために $\boldsymbol{B}_{\text{in}} = \boldsymbol{B} + 4\pi\boldsymbol{M} = 0$ なので,$dF_S = (1/4\pi)\boldsymbol{B} \cdot d\boldsymbol{B}$ となり,次のようになる.

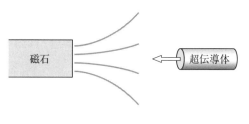

図 1.11 超伝導体を磁石に近づける.

$$F_S(B) - F_S(0) = \int_0^B \frac{1}{4\pi} B\, dB = \frac{B^2}{8\pi} \tag{1.3}$$

一方,$B = H_c$ では

$$F_N(H_c) = F_S(H_c) = F_S(0) + \frac{H_c^2}{8\pi} \tag{1.4}$$

である.一般に(磁性をもたない)金属では F_N は B にほとんどよらない定数なので,結局

$$\Delta F \equiv F_N(0) - F_S(0) = \frac{H_c^2}{8\pi} \tag{1.5}$$

となる(図 1.12).

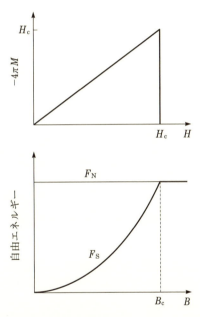

図 1.12 外部磁場中での超伝導試料の磁気モーメント M,および自由エネルギー F を磁場 B の関数として示す.F_N は常伝導状態の自由エネルギー.

1.2.2 ロンドン方程式

マイスナー効果を含め,超伝導はゲージ対称性が破れた状態であるが,これを,現象論ではあるが,歴史的に最初に扱った理論の一つとしてロンドン

16   1. 超伝導とは何か

(London) 方程式（1935 年）[4]をまず解説する．これは，超伝導の微視的理論である BCS 理論の前に出されたものであるから，いまとなっては意味の少ない理論かというと，そうではない．ある意味で，超伝導がボース凝縮であることを，超伝導体の満たすべきマクスウェル方程式という現象論として最初に示したといえる．

　この方程式はいろいろな導入の仕方があるが，古典電磁気学の範囲では以下のようになる（量子力学的には 1.2.4 項で扱う）．電気抵抗をもつ普通の導体においては，電場 $\boldsymbol{E}$ をかけたときの電流密度 $\boldsymbol{j}$ は，$\boldsymbol{j} = \sigma\boldsymbol{E}$ となる（σ は電気伝導度）．ところが，超伝導体では電気抵抗はゼロであるから，仮に，自由荷電粒子が従うべきニュートンの運動方程式

$$-e\boldsymbol{E} = m\ddot{\boldsymbol{r}} \tag{1.6}$$

を満たすとしてみよう．ここで e は電子のもつ素電荷，m は質量，$\boldsymbol{r}$ は電子の位置座標である．

　電流密度は $\boldsymbol{j} = -ne\dot{\boldsymbol{r}}$（$n$ は電子密度）であり，またマクスウェル方程式から，電場はベクトル・ポテンシャル $\boldsymbol{A}$ を用いて $\boldsymbol{E} = -(1/c)(\partial\boldsymbol{A}/\partial t)$（$c$ は光速，ここでは cgs 単位系を用いている）と表されるので，

$$\frac{d\boldsymbol{j}}{dt} = -\frac{ne^2}{mc}\frac{\partial\boldsymbol{A}}{\partial t} \tag{1.7}$$

となり，これを積分すると（積分定数を，後でわかる理由によりゼロとおくと），

$$\boldsymbol{j} = -\frac{ne^2}{mc}\boldsymbol{A} \tag{1.8}$$

となる．これがロンドン方程式である．（後で述べるように，この式は，クーパー・ペアという，電子 2 個から成るものについて成り立つので，正しくは電荷を e から $2e$ に置き換える必要がある．）

　この式は，ベクトル・ポテンシャルが露わに入っているという点で，異常な式である．つまり，普通は，ベクトル・ポテンシャルにはゲージ変換とよばれる

　4）　原論文（F. London and H. London：Proc. Roy. Soc. London A **149**, 71 (1935)）を見るとわかるように，この論文は単著ではなく，フリッツ（Fritz）とハインツ（Heinz）兄弟による共著である．ちなみに，フリッツの方は，原子間相互作用における長距離引力の機構を解明したので，この力はロンドン力とよばれることがある．

$A \to A + \nabla f$ (f は任意のスカラー関数) という変換をしても構わないという任意性があるために，物理量は A のとり方に露わに依存してはならない．したがって，普通は物理量には，ベクトル・ポテンシャルはゲージ不変な（ゲージ変換で変わらない）組み合わせでのみ現れる．しかし，ロンドン方程式は，この性質を破っている．

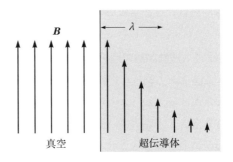

図 1.13 外部磁場が超伝導体の表面から侵入する様子

そのため，（破れた理由は後で見ることにして）A には特定のゲージをとる必要があり，超伝導試料の表面において表面に垂直な電流成分がゼロ（上の式から A の垂直成分がゼロ）という境界条件を課すことにしよう．

この式をひとたび認めると，再びマクスウェル方程式から，

$$\nabla^2 A = -\frac{4\pi}{c} j = -\frac{1}{\lambda^2} A \tag{1.9}$$

$$\lambda = \sqrt{\frac{mc^2}{4\pi ne^2}} \tag{1.10}$$

となり，この微分方程式を解けば，試料表面から磁場 $B = \mathrm{rot}\, A$ が

$$B \propto \exp\left(-\frac{x}{\lambda}\right) \tag{1.11}$$

のように試料内部に向かって減衰することがわかる（図 1.13）．この λ をロンドンの侵入長という．

1.2.3 超伝導ギャップ

超伝導の本質はゲージ対称性の破れといったが，この状態になったときにエネルギー・ギャップが発生することが重要である．その意味は，超伝導状態において基底状態から系を励起させたときに，その励起はゼロでない有限な値をもつということである．その微視的起源は，第 3 章で解説する[5]．実

---

[5] 第 4 章で解説する高温超伝導体のような異方的ペアリングをもつ超伝導体においては，このギャップはギャップ関数の節（node）においてゼロとなる．

18   1. 超伝導とは何か

験的には，トンネル分光で測る．その実験の図は，第3章の図3.8に示す．

1.2.4 波動関数の巨視的位相と非対角長距離秩序

ロンドン方程式を奇妙な仮定として話を進めるより，ここで量子力学に戻って解明する方がわかりやすいであろう．それには，対称性の自発的破れという概念をまず導入する必要がある．対称性の自発的破れというのは，相転移の統計力学で導入される大切な概念である．

磁性体を例にとってみよう．磁性体を記述するハミルトニアン，例えば各原子iが局在スピン$\boldsymbol{S}_i$をもち，隣り合うスピンの間に交換相互作用J_{ij}がはたらくというハイゼンベルク模型，

$$H = -\sum_{ij} J_{ij} \boldsymbol{S}_i \cdot \boldsymbol{S}_j \tag{1.12}$$

は，スピン空間での回転対称性をもっている．つまり，スピンの量子化軸をどの方向にとっても，理論としては等価である．上のハミルトニアンでいえば，$\boldsymbol{S}_i \cdot \boldsymbol{S}_j$という内積は軸のとり方によらない．

例えば交換相互作用Jが強磁性的（$J > 0$）の場合を考えて，ある転移温度以下でスピンが揃った強磁性状態になったとしよう．このとき，スピン空間での回転対称性から，揃ったスピンが特定の方向を向く理由は何もない．にもかかわらず，低温では或る特定の方向を向いてしまう．一般に，二次相転移の秩序相（普通は低温側）では，ハミルトニアンのもつ対称性が尊重されないということが起こっている．

超流動体や超伝導体でも同様なことが起こっており，そこで揃って特定の方向を向くのは，波動関数の位相である．ただし波動関数といっても，ただの1粒子波動関数ではなく，ボース凝縮体（condensate）（正確にはBCS状態）の波動関数である．では，これとマイスナー効果（完全反磁性）とはどうつながるのだろうか．それは，以下で解説するように，ゲージ場（いまの場合は電磁場）の横成分は，対称性の破れがあると遮蔽電流（マイスナー効果の源）を生む，という事情があることに起因する．

まず，電流密度$\boldsymbol{j}$が量子力学ではどのように表されるかを思い出そう．波

動関数 ψ を振幅と位相に分けて $\psi(\boldsymbol{r}) \equiv |\psi(\boldsymbol{r})| e^{i \varphi(\boldsymbol{r})}$ と表すと，電流密度は

$$
\begin{aligned}
\boldsymbol{j} &= -\frac{q\hbar}{m}[\psi^*(-i\nabla\psi) + \psi(i\nabla\psi^*)] \\
&= -\frac{q\hbar}{m}|\psi|^2\nabla\varphi
\end{aligned} \tag{1.13}
$$

となる．ここで q は電流を担う粒子のもつ電荷（クーパー・ペアでは $q = -2e$），m は粒子の質量である．ところが，波動関数の位相には不定性があって，各場所で $\psi \to \psi(\boldsymbol{r}) e^{if(\boldsymbol{r})}$ という変換（ゲージ変換；ここで $f(\boldsymbol{r})$ は任意の関数）をしても差し支えない，という任意性がある．したがって，φ の微分を露わに含む上の表式は不適当であり，ゲージ不変にするには，ψ に対する微分 ∇ を共変微分とよばれる $\nabla - i(q/c\hbar)\boldsymbol{A}$ に変えて

$$
\boldsymbol{j} = -\frac{q\hbar}{m}|\psi|^2\left(\nabla\varphi - \frac{q}{c\hbar}\boldsymbol{A}\right) \tag{1.14}
$$

とすればよい．

ここで外部から磁場をかけよう．磁場が弱くて摂動と見なしてよい場合は，微分が共変微分に変わる以外は，$|\psi|$ は磁場に対して“硬い”（つまり磁場の影響を受けて歪むことはない）と仮定すると，上と同じ $\boldsymbol{j}$ の表式となり，ここでは磁場が $\boldsymbol{B} = \mathrm{rot}\,\boldsymbol{A}$ と表されることから，磁場に付随した $\boldsymbol{A}$ と考える．そこで，

$$
\boldsymbol{j} \propto \nabla\varphi - \frac{q}{c\hbar}\boldsymbol{A} \tag{1.15}
$$

に注目して，$\nabla\varphi$ 項と $(q/c\hbar)\boldsymbol{A}$ 項の意味をそれぞれ見てみよう．

まず，$\nabla\varphi$ 項は，電子の軌道角運動量 L に比例するから，これによって生じる軌道磁気モーメントは，磁場を印加すればこれとカップルして軌道常磁性を生むことになる．一方，磁場により誘起された（$\boldsymbol{A}$ に比例する）電流は，

$$
\boldsymbol{j}_{\mathrm{D}} \propto -\frac{q}{c\hbar}\boldsymbol{A} \tag{1.16}
$$

と表され，ロンドン方程式と同じ形をしている．この電流により生じた磁気モーメント $\boldsymbol{L}$ は古典電磁気学でもおなじみの“レンツの法則”により外部磁場をキャンセルする方向，つまり反磁性電流に対応する．実際，軌道磁気モーメント $-(1/2c)\boldsymbol{r} \times \boldsymbol{j}_{\mathrm{D}}$ を計算すると，$-\mu_{\mathrm{B}}\boldsymbol{L} - (q^2/2mc^2)\boldsymbol{r} \times \boldsymbol{A}$ となるこ

20　　1.　超伝導とは何か

とから，これを確かめることができる．この反磁性は一般的に（超伝導体でなくとも）存在するもので，例えば個々の原子や分子を磁場中に置くと，A^2 の期待値に比例するランジュバン反磁性に加えて，$\boldsymbol{L}$ と $\boldsymbol{A}$ の掛け算の項に対応するヴァン・ヴレック常磁性が発生する．

さて，この反磁性電流から生じる磁場を，一般に電流が発生させる磁場を表す "ビオ‐サバールの法則" から直接計算してみよう．この法則は，

$$\nabla^2 \boldsymbol{A} = -\frac{4\pi}{c}\boldsymbol{j} \tag{1.17}$$

と表せる（ここでは，$\boldsymbol{A}$ は横成分のみをもつ（すなわち $\mathrm{div}\,\boldsymbol{A} = 0$ で，$\mathrm{div}\,\boldsymbol{j} = 0$ となる）というゲージを選んでいる）．この $\boldsymbol{j}$ に反磁性電流 $\boldsymbol{j}_\mathrm{D} = -(q^2/mc)|\psi|^2\boldsymbol{A}$ を代入すると，

$$\nabla^2 \boldsymbol{A} = \frac{\boldsymbol{A}}{\lambda^2}, \qquad \lambda^2 = \frac{mc^2}{4\pi q^2 |\psi|^2} \tag{1.18}$$

という式が得られ，$\boldsymbol{A}$ が空間的に減衰する．これより，電流によって磁場 $\boldsymbol{B} = \mathrm{rot}\,\boldsymbol{A}$ が遮蔽されるために，磁場は λ 程度の "遮蔽長" までしか系の内部に入れないことがわかる．

この現象は，一般的に（超伝導体でなくとも）存在するものである．原子・分子では $|\psi|^2 \sim 1/a_\mathrm{B}^3$（ここで $a_\mathrm{B} = \hbar^2/me^2$ はボーア半径 $\sim 0.5\,\text{Å}$）であり，これを代入すると，$\lambda \sim a_\mathrm{B}^2/\lambda_\mathrm{Compton}$（ここで $\lambda_\mathrm{Compton} = \hbar/mc = 0.004\,\text{Å}$ は電子のコンプトン波長）となり，$\lambda \sim 100\,\text{Å}$ 程度の値をとる．これは分子サイズに比べれば遥かに長い．したがって，荷電粒子としての電子の流れによって磁場が遮蔽されることは気にしなくてよいことになる．

原子・分子でなく，バルクの（巨視的な）金属ではどうなるだろうか．このときも弱磁場ではドラマチックなことはなく，ランダウが 1930 年に計算したように，弱いランダウ反磁性とよばれる反磁性が生じるだけである．

ところが，バルク中の電子が "1 つの波動関数" に落ち込んでしまったらどうであろうか．これは微視的には第 3 章で解説するように，超伝導体において巨視的な N 個の電子が，クーパー・ペアをつくって BCS 状態に凝縮することに対応する．凝縮しているということは，遮蔽長

$$\lambda \propto \frac{1}{\sqrt{e^2|\psi|^2}} \tag{1.19}$$

の式において，$|\psi|^2$ は（1/体積）ではなく（N/体積）となって，$|\psi|^2 \sim 1/a_{\mathrm{B}}^3$ となる．上と同じ式から出発したが，今度はバルクな系に数 100 Å しか磁場が侵入しないということだから，完全反磁性となる．この λ は 1.2.2 項のロンドンの侵入長に対応するもので，典型的な超伝導体であるアルミニウムでは 160 Å である．

このような状況で電磁場を支配している方程式 (1.18) は

$$(\nabla^2 + M^2)\boldsymbol{A} = 0 \tag{1.20}$$

（$M = 1/\lambda^2$）と表せて，マクスウェル方程式（光子場に対する方程式）の類であるにもかかわらず，場の理論でいうところの質量をもった（上式で $M \neq 0$ の）ベクトル場の方程式になっているのが特徴である[6]．

上の議論で本質的だった "1 つの波動関数" に落ち込むということは，ヤン（C.N. Yang）[7] に従って "非対角長距離秩序" がある，と表現することもできる（2.2 節を参照）．

演習問題

[**1**] 図 1.10 について，次の各問いに答えよ．

(1) 完全導体において，B, T のパラメータ空間で $B = 0$，$T = $ 有限という状況から $B = $ 有限，$T = 0$ という状況に移行させる際に，経路によって状態が違う（履歴をもつ）ことになるが，どう理解すべきか．

(2) 超伝導体において，磁場中冷却した後に，磁場を（$T < T_{\mathrm{c}}$ で）ゼロにすると何が起こるであろうか．

[**2**] 典型的な超伝導体であるアルミニウムにおいては，$H_{\mathrm{c}} \simeq 100\,\mathrm{G}$ である．これから，単位体積当りの自由エネルギー ΔF は，単位体積当りの運動エネルギー

---

6) 正確には，以上で無視した $\boldsymbol{A}$ の縦成分は電子気体の密度波（プラズマ振動）とカップルするので，ベクトル場の完全な記述にはこれを含める必要がある．

7) C.N. Yang：Rev. Mod. Phys. **34**, 694（1962）．

$\sim E_{\mathrm{F}}N/V$（E_{F} はフェルミ・エネルギー, N は電子数, V は試料体積）の $\sim 10^{-9}$ に過ぎないことを示せ.

[**3**] ベクトル・ポテンシャル $\boldsymbol{A}$ のとり方にはゲージ変換の不定性がある. (1.7) 以下の議論では，この不定性のために困ることはないか?

統計力学の復習と超伝導の現象論

本章では,超伝導を理解する上で必要となる,フェルミ気体や,ボース気体とそこにおけるボース凝縮の統計力学の復習をした後,相転移としての超伝導を現象論的に記述するギンツブルグ-ランダウ理論を解説する.最後に,現象論の範囲で理解できる第一種超伝導体,第二種超伝導体,および磁束の量子化,ジョゼフソン効果を解説する.

2.1 フェルミ気体の復習

電子のようにプランク定数 $\hbar$ の半奇数倍のスピンをもつ粒子は,$\hbar$ の整数倍のスピンをもつ粒子とは,根元的に異なる性質をもっている.前者は,フェルミが考えた故にフェルミオン(フェルミ粒子)とよばれ,後者はボースが考えた故にボソン(ボース粒子)とよばれている[1].粒子は普通,フェルミオンかボソンのどちらかである.

フェルミオンは,各々の量子力学的状態に 2 個以上詰めることができない.これを,パウリ(Pauli)の排他律とよぶ.より正確な表現は,以下のように,波動関数の性質として定義できる.

一般に,フェルミオンまたはボソンの同種粒子の集合を考えたときに,粒子間は区別がつかないため,任意の 2 粒子を交換しても物理的に同等であり,多粒子波動関数 Ψ は,この交換操作 $\hat{P}$ の固有関数(数学的には置換群の表現)になっていなければならない.交換を 2 度繰り返すと元に戻るから,$\hat{P}^2 = 1$,つまり $\hat{P}$ の固有値は ± 1 であり,

---

[1] このような粒子のスピンと統計性の関連は,相対論的量子力学から導くことができる.

$$\Psi(\xi_1, \cdots, \xi_i, \cdots, \xi_j, \cdots) = \pm \Psi(\xi_1, \cdots, \xi_j, \cdots, \xi_i, \cdots) \tag{2.1}$$

となる．ここで，ξ_i は i 番目の粒子の座標（一般にはスピン座標まで含めたもの）である．この複号において，＋の（波動関数の符号が変わらない）場合がボソンであり，－の（符号が変わる）場合がフェルミオンである．なお，ここで粒子というのは，電子や核子のような素粒子だけでなく，原子のような素粒子の複合体も含む．電子，核子，^{3}He などはフェルミオンであり，光子，フォノン（結晶の格子振動の量子），^{4}He などはボソンである．

量子力学では，同種粒子の間にこのような統計性があるために，たとえ粒子間に相互作用がなくても，特殊なことが起こる．まず，フェルミオンの集合から見てみよう．

相互作用のないフェルミオンの集合をフェルミ気体とよぶ．統計力学においては自由エネルギーが基本的な量であるが，同種粒子の集団を扱うには，粒子数を確定したカノニカル集団よりも，粒子溜めと接したグランドカノニカル集団を考える方がよい．この集団では，粒子数 N と共役な化学ポテンシャル μ とよばれる熱力学的量が熱力学変数となる．粒子間相互作用がない場合の大分配関数は，$e^{-\beta(\varepsilon_i - \mu)n_i}$（$\beta = 1/k_{\mathrm{B}}T$，$T$ は温度，ε_i は 1 粒子がとり得る i 番目の状態のエネルギー，n_i はその状態に収納された粒子数）という量を考え，これをあらゆる可能な粒子の収納状態に亘って和をとった，

$$
\begin{aligned}
\Xi^{\mathrm{Fermi}}(T, \mu) &= \sum_{n_1} \sum_{n_2} \cdots e^{-\beta(\sum_i n_i \varepsilon_i - \mu \sum_i n_i)} \\
&= \sum_{n_1} \sum_{n_2} \cdots \prod_i \left[e^{-\beta(\varepsilon_i - \mu)} \right]^{n_i} \\
&= \sum_{n_1} e^{-\beta(\varepsilon_1 - \mu)n_1} \sum_{n_2} e^{-\beta(\varepsilon_2 - \mu)n_2}
\end{aligned} \tag{2.2}
$$

という関数で定義される．

フェルミオンは各々の量子力学的状態に 1 個までしか詰めることができないので，

2.1 フェルミ気体の復習　25

$$\Xi^{\text{Fermi}}(T, \mu) = \prod_i \left[1 + e^{-\beta(\varepsilon_i - \mu)} \right]$$

$$\equiv \prod_i \Xi_i^{\text{Fermi}} \tag{2.3}$$

となる．グランドカノニカル集団では，熱力学関数 Ω が，大分配関数から $\Omega = -k_{\text{B}} T \ln \Xi$, $d\Omega = -S\, dT + V\, dP - n\, d\mu$（$S$ はエントロピー，V は体積，P は圧力）という関係で与えられるから，i 番目の状態を占有する粒子数の熱力学的平均値は

$$\langle n_i \rangle = k_{\text{B}} T \frac{\partial}{\partial \mu} \ln \Xi_i^{\text{Fermi}} = \frac{1}{e^{\beta(\varepsilon_i - \mu)} + 1} \equiv f(\varepsilon_i) \tag{2.4}$$

となる．これをフェルミ分布関数という．ここで，内部エネルギー U と全粒子数の平均値 N は

$$U = \sum_i n(\varepsilon_i) \varepsilon_i \tag{2.5}$$

$$N = \sum_i n(\varepsilon_i) \tag{2.6}$$

で与えられる．

　それでは，3 次元空間におけるフェルミ気体を扱ってみよう．この場合，固有波動関数は平面波 $\propto e^{i\boldsymbol{k} \cdot \boldsymbol{r}}$ であり，$\boldsymbol{k}$ は波数である．具体的に，一辺の長さが L の箱を考え，周期的境界条件を採用すると，$e^{ik_\nu L} = 1$（$\nu = x, y, z$）であるから，k_x, k_y, k_z のそれぞれは，間隔 $2\pi/L$ の離散的な値をとる．温度が絶対零度のとき，フェルミオンは低いエネルギー状態から詰まるから，いまの場合，k_x, k_y, k_z で張られる空間において，ある球の内部に詰まる．この球の半径を k_{F} とすると，球内部の離散点の数が全粒子数 N に等しいために

$$N = 2 \times \frac{4\pi k_{\text{F}}^3/3}{(2\pi/L)^3} \tag{2.7}$$

という条件から $k_{\text{F}} = (3\pi^2 n)^{1/3}$ が決まる．ここで，$n = N/V$（電子気体を考えれば電子密度）である．

　上式における 2 は，電子気体における各電子はスピン 1/2 をもち，スピン上向き，下向きという自由度をもつので，このスピン縮退度を考慮したために

26   2. 統計力学の復習と超伝導の現象論

現れる．このような状態を縮退したフェルミ気体とよび，詰まった球をフェ
ルミ球とよぶ．そこでは，パウリの排他律のために，絶対零度でも電子は有
限のエネルギーの状態を占有せざるを得ない．特に，フェルミ球表面におけ
るエネルギーをフェルミ・エネルギーとよび，

$$\varepsilon_{\mathrm{F}} = \frac{\hbar^2 k_{\mathrm{F}}^2}{2m} \propto n^{2/3} \tag{2.8}$$

（m は電子の質量）で与えられる．

巨視的な系では，1電子状態のエネルギーはほぼ連続的に分布しているので，
状態密度 $D(E)$（E と $E + dE$ の間のエネルギーにある状態数が $D(E)\,dE$ で
与えられるような量）を定義することができる．すると定義から，エネルギー
E 以下の全状態数を $N(E)$ とすれば，$D(E) = dN(E)/dE$ だから，(2.7) に
k_{F} とエネルギーの関係を代入すると，$D(E) = (V/2\pi^2)(2m/\hbar^2)^{3/2}\sqrt{E}$ と
なる．状態密度を使うと，(2.5) と (2.6) は

$$U = \int E f(E) \, D(E) \, dE \tag{2.9}$$

$$N = \int f(E) \, D(E) \, dE \tag{2.10}$$

と表される．

2.2 ボース‐アインシュタイン凝縮の復習

次に，ボース‐アインシュタイン凝縮を簡単に復習しておこう．ボソンは
フェルミオンと異なり，各々の量子力学的状態に任意の数を詰め得る．この
性質が顕著に現れるのがボース‐アインシュタイン凝縮である．

ボース気体（相互作用がないボソンの集合）の場合には，大分配関数は

$$\Xi^{\mathrm{Bose}}(T, \mu) = \prod_{i=1}^{\infty} \sum_{n_i=0}^{\infty} e^{-\beta(\varepsilon_i - \mu)n_i} = \prod_i \frac{1}{1 - e^{-\beta(\varepsilon_i - \mu)}} \equiv \prod_i \Xi_i^{\mathrm{Bose}} \tag{2.11}$$

となるので，ボース分布は

$$n_i = kT \frac{\partial}{\partial \mu} \ln \Xi_i^{\mathrm{Bose}} = \frac{1}{e^{\beta(\varepsilon_i - \mu)} - 1} \equiv n(\varepsilon_i) \tag{2.12}$$

となる．$n_i \geq 0$ のために，化学ポテンシャルは非正（$\mu \leq 0$）であることを要する．ここまでが，インドの物理学者ボースが最初に解明したことである．

これから，フェルミ気体のときと同じように，

$$U = \sum_i n(\varepsilon_i)\varepsilon_i \tag{2.13}$$

$$N = \sum_i n(\varepsilon_i) \tag{2.14}$$

を求めればよいのだが，ボース気体の場合には特別なことが起こる，というのがアインシュタインが1925年に気づいたことである．

化学ポテンシャル μ は一般に非正の量であるが，上の連立方程式を解くとわかるように，ある温度（臨界温度 T_0）以下ではゼロとなる（図2.1）．

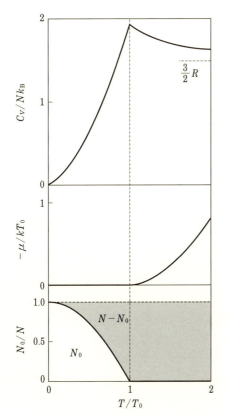

図 2.1 ボース気体に対して，比熱 C_V，化学ポテンシャル μ，ボース凝縮した粒子の割合 N_0/N を，それぞれ温度 T の関数として示す．T_0 はボース凝縮温度，$R = N_A k_B$ は気体定数（N_A はアボガドロ定数）．

28 2. 統計力学の復習と超伝導の現象論

このときボース分布は $\varepsilon = 0$ で発散するので, $\varepsilon_i = 0$ (最低エネルギー) 状態は注意深く扱う必要がある. 実は, 臨界温度 T_0 以下では, 最低エネルギー状態に巨視的な数のボソンが収納される. つまり, ボソンは1つの状態に何個でも入れるので, 低温では最低エネルギー状態に入ってしまう. 逆に $T > T_0$ ではなぜそうならないかというと, 有限温度では自由エネルギー $U - TS$ (U は内部エネルギー, S はエントロピー) を最低にしなければならないので, 最低ではないエネルギー状態に詰めることにより, 多少 U を損しても S を大きくする必要があるためである. ここで "巨視的" な数といったのは, ボソンの数 (例えば液体ヘリウムであれば, 全ヘリウム原子数) は $\sim 10^{23}$ 個/mol という巨視的な数であるが, この何%かを占める数のことを巨視的な数といっている. このパーセンテージをプロットしたのが図2.1であり, T_0 以下で増え始め, $T = 0$ で100%となる. 凝縮する相転移点においては, 比熱は特異点をもつことがわかる.

近年では, レーザー冷却された原子のボース-アインシュタイン凝縮が話題となったが, ボース-アインシュタイン凝縮という現象そのものは昔から液体ヘリウムで起こる超流動という現象としてよく知られていた. それに対して, 超伝導においては, 電子が2個組になったクーパー・ペア (Cooper pair) というものが凝縮して, 超流動する. これは厳密には正確な表現ではないが, これについては3.3.3項のBCS状態とボース-アインシュタイン凝縮の間のクロスオーバーのところで触れることにする.

ボース凝縮状態ではゲージ対称性というものが破れている. これにともない, ボース凝縮状態 (具体的には超流動体や超伝導体) がもつ長距離秩序は特別なものであり, それらが**巨視的量子現象**であることを指摘したのが, ヤンである (21頁の脚注7)). 第二量子化では, ボース凝縮状態を特徴づけるのは, 1粒子のボース場の演算子の熱力学的平均値 $\langle \Phi \rangle$ であるが, ボース凝縮に特有な秩序をより正確に特徴づけるものは, 空間的に離れた2点での Φ の間の相関を記述する密度行列 (場の同時刻2点相関)

$$\rho(\boldsymbol{r}, \boldsymbol{r}') = \langle \Phi(\boldsymbol{r}) \Phi^\dagger(\boldsymbol{r}') \rangle \tag{2.15}$$

である ($\dagger$ はエルミート共役を表す).

ボース凝縮状態では，この量は r と r' がどんなに離れても，粒子密度と同程度の有限の大きさにとどまる（すなわち，場に長距離相関がある）．これは普通では考えられない特殊な状況であるが，ボース凝縮系ではまさに"1つの波動関数"に落ち込んでいるためにこうなる．密度行列の秩序が $r \neq r'$（非対角成分）に現れることから，この秩序を**非対角長距離秩序**（off-diagonal long-range order：ODLRO）という．

光子がボース凝縮することは可能か？

光子はボソンであるから，一見ボース−アインシュタイン凝縮してもよさそうに思えるが，そうはならない．それには強い理由があり，
（ⅰ）光子は質量がゼロである，
（ⅱ）ボース気体としての光子の化学ポテンシャルは常にゼロである，
ということからボース凝縮はしない．
　ところが，Klaers のグループは，この2点を超えて光子のボース凝縮にアプローチした．そこでは，光子をキャビティーに閉じ込めることにより質量をノンゼロにして，さらにキャビティーに染料（dye）を導入して光子を散乱させることにより，光子に対して "white wall" とよばれる条件を与えて大正準集合を実現し，ボース凝縮に特徴的な分布関数の鋭いピークを観測した[2]．

2.3　ギンツブルグ−ランダウ理論 ——相転移としての超伝導——

　超伝導は2次相転移の典型例であり，2次相転移の一般論であるギンツブルグ−ランダウ（Ginzburg−Landau）理論でよく記述される．つまり，ミクロな理論である BCS 理論にいく前に，現象論的に超伝導を相転移として捉えることができる．実際，歴史的にも，ギンツブルグとランダウが彼らの超

---

[2] J. Klaers, *et al.*: Nature **468**, 545（2010）．その後，J. Schmitt, *et al.*: Phys. Rev. Lett. **112**, 030401（2014）では，Hanbury Brown−Twiss 実験という方法を用いても光子のボース凝縮が確認された．

伝導理論を提出したのは 1950 年であり，1957 年に提出されたミクロな BCS 理論以前のことである．

2.3.1　2 次相転移

統計力学が教えるように，相転移というのは，系の状態が，与えられた状況（温度，圧力，化学ポテンシャル，など）に応じて変化することである．相転移の典型は，物質の 3 態（気体，液体，固体）の間の転移や，磁性体を冷やしたときに起こる常磁性から強磁性への変化である．カダノフ（Leo Kadanoff）の統計力学のテキストでは，相転移の説明は，「世の中に絶えて相転移がなければ，さぞ退屈（dull）だろう」という言葉で始まる．このような相転移は，膨大な数の自由度が存在する場合に特有なものである．つまり，原子の数や，磁性体でいえばスピンの数が巨視的な数（〜 アボガドロ定数 〜 10^{23} 個/mol）であるときに，初めて相転移が起こる．

相転移には 1 次相転移と **2 次相転移**があり，1 次相転移の典型は，気体・液体・固体間の転移で，2 次相転移の典型は強磁性転移である．相転移の次数の数学的な定義を表にすると，次のようになる．

	自由エネルギー	その 1 階微分	その 2 階微分	系の対称性
1 次相転移	カスプ	跳び		
2 次相転移	連続	カスプ	跳び	相転移前後で変化

2 つの相，例えば固相と液相に対して 2 相が平衡である条件は，熱力学的に，$\mu_1(P, T) = \mu_2(P, T)$（$\mu_i$ は各相の化学ポテンシャル，P は圧力，T は温度）である．2 個の 2 変数関数が等しいという条件から，2 相が平衡であり得る点の集合は (P, T) の 2 次元パラメータ空間上で線になる．これが**相境界**である．

境界を挟んだ 2 個の相のそれぞれを特徴づける対称性を見てみよう．例えば，強磁性体に対してスピンの集合から成るモデルを考えると，高温ではスピンの集合は乱れていて，全体としても特定の方向を向かないが，ある相転移温度 T_{Curie} 以下では揃って特定の方向を向く．高温相では，すべてのスピンを一斉にある角度だけ回転しても，スピンの集合体としての性質（巨視的

2.3 ギンツブルグ−ランダウ理論 *31*

な状態）は変わらない，という意味で，スピンの回転に対する対称性が存在する．

　強磁性相では，回転すると全磁化も回転するから（巨視的な状態としても）別の状態になってしまう．これを，スピンの回転に対する対称性が自発的に破れた，と表現する．"自発的"という意味は，外部から磁場のようなものを加えて特定の方向に向かせたのではなく，温度が $T < T_{\text{Curie}}$ になると自動的にどれか特定の方向に磁化が発生する，という意味である．このように，対称性が低くなる相（普通は低温相）を特徴づける物理量を**秩序パラメータ**（order parameter）といい，転移の前後で対称性が変わる相転移は様々存在する．その例を表で示す．

現　象	破れる対称性	秩序パラメータ
強磁性体	スピン回転対称性	磁化
強誘電体	空間回転対称性	電気分極
固　体	空間並進対称性	結晶構造を特徴づけるフーリエ成分
超流動体	波動関数の位相のゲージ対称性	凝縮体密度
超伝導体	波動関数の位相のゲージ対称性	超流動密度

　一方，転移の前後で対称性が変わらない相転移ももちろん多く存在し，液相・気相転移が典型である．水と水蒸気は随分違うように感じるが，対称性という意味ではどちらも空間並進対称性を破っているわけではなく（つまり，液体，気体双方において，ある距離だけ空間的にずらせても巨視的には何も変わらない），実際，液相気相転移の相境界線は途中で途切れており，液相と気相の間は連続的に変化させることができるので，この経路上の状態について，どこまでが液体でどこからが気体とはいえない．これとは対照的に，2次相転移では転移の前後で対称性が変わり，対称性は常に判定できるから，どちらの相ともいえないということはあり得ない[3]．

---

　3)　液体が固体になる転移では空間並進対称性が破れるが，この相転移は 1 次である．これからもわかるように，2 次相転移であるためには，転移の前後で対称性が変わることは十分条件ではなく，2.3.3 項で述べるギンツブルグ−ランダウ理論においてリフシッツ（Lifshitz）条件とよばれるものを満たす必要があり，液相・固相転移では，これが満たされないことが知られている．

32 **2. 統計力学の復習と超伝導の現象論**

2.3.2 超伝導状態の秩序パラメータ

秩序相を特徴づける秩序パラメータは，例えば強磁性体では磁化であるというのはわかりやすい．一方，超伝導状態を特徴づける秩序パラメータは，この状態がゲージ対称性というものを破った状態であることに直接関連した，純粋に量子力学的な秩序パラメータであるために，わかりにくい．これをまず解説しよう．それには，ボース気体のボース–アインシュタイン凝縮から見るのがよい．2.2 節で述べたように，ボース気体では，十分低温において巨視的な数の粒子が最低エネルギー状態に入り，これがボース–アインシュタイン凝縮である．

この状態の N 粒子系の波動関数を Ψ と表そう．第二量子化では，最低エネルギー状態にボソンを生成，消滅する演算子をそれぞれ $a_0^\dagger, a_0$ とすると，$\langle a_0^\dagger \rangle = \langle a_0 \rangle^* = \Psi$ として Ψ が定義される[4]．系の体積を V とすると，波動関数は $\sqrt{V}$ で規格化されるから，

$$\Psi = \frac{a_0}{\sqrt{V}} \tag{2.16}$$

と定義される．最低エネルギー状態に入る粒子の個数 N_0 は温度により，また粒子間に相互作用があれば，これにもよる．

単位体積当たりのこの個数を $n_0 = N_0/V$ と表すと，結局

$$\Psi = \sqrt{n_0}\, e^{-i\varphi} \tag{2.17}$$

と表される．ここでは，φ は Ψ の位相で，Ψ が一般には複素数であることを露わに表現した．

普通の波動関数であれば，波動関数の（複素数としての）位相は，どうでもよい（つまり，ゲージ変換という変換で，どんな値にでもできる）量なので，普通は波動関数は実数にとる．ところが，ゲージ変換が自発的に破れたボース–アインシュタイン凝縮体の波動関数では，この位相が本質的になる．実際，この位相は物理的に意味をもっており，系がもつ粒子の流れの密度は

---

4) ボソンの生成，消滅演算子は，$[a_0, a_0^\dagger] = 1$ という交換関係を満たす量子力学的な演算子であるが，$a_0^\dagger a_0$ の期待値が $\sim N \sim 10^{23}$ という巨視的な数なので，交換関係からくる非対角要素の 1 は無視でき，$a_0^\dagger, a_0$ のそれぞれを q 数か c 数を区別せずに扱ってよい．

$$j = \frac{i\hbar}{2m}(\Psi\nabla\Psi^* - \Psi^*\nabla\Psi) \tag{2.18}$$

で表され，

$$j = \frac{\hbar}{m}n_0\nabla\varphi \tag{2.19}$$

となり，この量が位相の勾配に比例することがわかる．なお，この表式では，1粒子波動関数に対する流れの密度の式が，N粒子系を表すボース–アインシュタイン凝縮体の波動関数Ψにも適用できるとした．

ここで重要なことは，この流れが，外的条件として粒子密度に差をつけたりして平衡状態を崩すことにより駆動されたのではなく，熱平衡下で，エネルギーの散逸なしに起こることである．このようなことが起こるのは超流動体，つまりボース–アインシュタイン凝縮体に特有な現象である．

次に，本題である超伝導体にいこう．ここでは，クーパー・ペアという電子（フェルミオン）2個がある意味でボース–アインシュタイン凝縮しており，この詳細はミクロな理論で扱う必要があるので，ここでは現象論的に，超伝導体がボース系と同様に，凝縮体の波動関数Ψで表されることを仮定しよう．これはやはり複素量であり，

$$\Psi = \sqrt{n_\mathrm{s}}\,e^{-i\varphi} \tag{2.20}$$

と表される．ここで$n_\mathrm{s} = |\Psi|^2$は，超伝導体に対して定義される**超流動密度**（superfluid density）であり，元の電子密度とは全く異なる量である．上と同様，

$$j = -\frac{e\hbar}{2m}n_\mathrm{s}\nabla\varphi \tag{2.21}$$

が電流密度となる．

電子系では，電荷$-e$をもった粒子の流れとなるので，電荷を掛けて電流密度として定義した．これが，超伝導体の超電流に対応する．また，分母に2が加わっているが，これは，電子2個から成るクーパー・ペアの凝縮であることに対応して導入した因子である．Ψは，ミクロにはBCS理論，より正確にはグリーン関数を用いて厳密に定義することができる．

2.3.3 ギンツブルグ‐ランダウの自由エネルギー展開

　超伝導への相転移が 2 次相転移であることを見たので，一般の 2 次相転移を現象論的に扱うギンツブルグ‐ランダウ理論により，まず扱ってみよう．ギンツブルグ‐ランダウ理論の一般論は，以下のようである．

　2 次相転移においては，秩序パラメータ η が存在して，転移の前（普通は高温側）では $\eta = 0$ であり，転移の後（普通は低温側）では $\eta \neq 0$ である．転移の片側で平衡において $\eta \neq 0$ となることは，ミクロな模型から出発して統計力学を適用すれば自動的に出てくるべきことであるが，ギンツブルグ‐ランダウ理論では，熱力学関数が通常のように熱力学変数（例えば温度 T と圧力 P）の関数であることに加えて，秩序パラメータ η の関数でもあるとして現象論を展開する．

　転移温度 T_c においては $\eta = 0$ であり，この近傍で系の自由エネルギー F（単位体積当たり）が η の連続関数であるとすると，F をテイラー展開することができ，

$$F(T, P, \eta) = F_0 + \alpha\eta + A\eta^2 + C\eta^3 + B\eta^4 + O(\eta^5) \qquad (2.22)$$

となる．ここで，係数 α, A, B, C はそれぞれ T, P の関数であり，F_0 は η に依存しない部分である．

　この展開において，次のことがいえる．

（ i ）　もし η が有限の値 η_0 をもつとき，$\eta = \eta_0$ の状態と $\eta = -\eta_0$ の状態が等価であるならば（秩序パラメータが，例えば磁化のようなベクトル量（空間反転で符号が反転する量）ならば，この性質をもつ），上の展開は η の偶数べき項のみから成る．

（ ii ）　2 次相転移において，$\eta = 0$ の相と $\eta \neq 0$ の相の対称性が異なるためには，$\alpha \neq 0$ が必要（群論から示される）．

（iii）　上の展開式は，簡単な 4 次関数であるから，
　　　　$T > T_c$ において $\eta = 0$ が F の極小を与えるためには，この温度域では

$$A(T) > 0, \qquad B(T) > 0$$

　　　　$T < T_c$ において $\eta \neq 0$ が F の極小を与えるためには，この温度域では

$$A(T) < 0, \qquad B(T) > 0$$

となっている必要があることがすぐにわかる．したがって，2つの温度領域の境目である $T = T_c$ では $A(T_c) = 0$ であり，この点でも $\eta = 0$ が F の極小を与えるためには $C(T_c) = 0$ である．

(iv)　$T \neq T_c$ における $C(T)$ については，普通は $C \equiv 0$ とする．この場合，相転移する場所は $A(T_c, P_c) = 0$ という等式で与えられ，T, P パラメータ空間上では1本の線（相境界）となる[5]．

　$T = T_c$ では $A(T_c) = 0$ ということなので，この近傍で，$A(T, P) \simeq a(P)(T - T_c)$ と表せるとしよう．これは妥当に見えるが，実は重大な近似（平均場近似）をしたことに対応する．一方，係数 B の方は $T = T_c$ の前後で符号を変えないから，$B(T, P) \simeq b > 0$ という定数とする．

以上から，自由エネルギーは（P を固定したときに）

$$F = F_0 + a(T - T_c)\eta^2 + b\eta^4 \tag{2.23}$$

と展開される（図 2.2）．平衡においては，この F を最小にする η が実現されるので，$\partial F/\partial \eta = 0$ から，

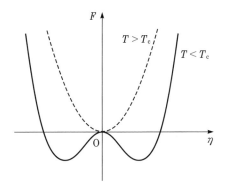

図 **2.2**　ギンツブルグ - ランダウ理論における自由エネルギー F の秩序パラメータ η 依存性を，相転移温度 T_c の上下に対して示す．

---

5)　原理的には C が恒等的にはゼロでない場合も考えられるが，このときは相転移は T, P パラメータ空間上で1点になってしまう．

36   2. 統計力学の復習と超伝導の現象論

$$\eta = \pm\sqrt{\frac{a}{2b}(T_c - T)} \qquad (T \le T_c)$$
$$= 0 \qquad\qquad (T \ge T_c) \qquad (2.24)$$

となる．ここでは $a > 0$（これが普通）とした．

さて，本題の超伝導では，(2.20) で導入した Ψ が秩序パラメータであるから，超伝導相の自由エネルギー F_S は

$$F_S = F_N + A|\Psi|^2 + B|\Psi|^4 \qquad (2.25)$$

となる．ここで F_N は常伝導相の自由エネルギー，また展開には絶対値 $|\Psi|$ が入るとした．これを最小にする Ψ の値は

$$|\Psi| = \sqrt{\frac{a}{2b}(T_c - T)} \qquad (2.26)$$

となり，常伝導状態の自由エネルギーと超伝導状態の自由エネルギーの差は

$$F_N - F_S = \frac{a^2}{b}(T_c - T)^2 \qquad (2.27)$$

で与えられる．これから，系の比熱 C（電子に関与する部分）は，

$$C = T\frac{\partial S}{\partial T}, \qquad S = -\frac{\partial F}{\partial T} \qquad (2.28)$$

で与えられる．ここで S はエントロピーである．自由エネルギー F，エントロピー S，比熱 C の温度依存性を，常伝導相，超伝導相のそれぞれに対して図 2.3 に示す．

超伝導になったことによる自由エネルギーの低下が，第 1 章で述べた，

$$F_N - F_S = \frac{H_c^2}{8\pi} \qquad (2.29)$$

に対応する[6]．

---

6) 自由エネルギーの低下量と，次章の BCS 理論におけるペアリング・エネルギー（1 電子当たり Δ）が，同じエネルギー次元をもつからといって混同してはならない．(3.47) で示すように，$T = 0$ で $F_N - F_S = D(E_F)\Delta^2$ という関係がある．

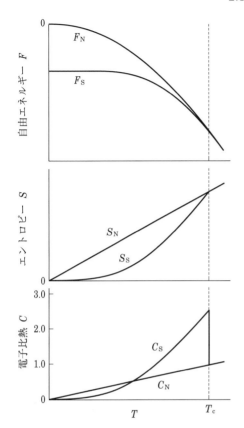

図 2.3 超伝導体に対して,自由エネルギー(常伝導状態に対しては F_N,超伝導状態に対しては F_S),エントロピー S,電子比熱 C を,それぞれ温度 T の関数として示す. T_c は超伝導転移温度.

2.3.4 第一種超伝導体と第二種超伝導体

第1章で,超伝導体は外部磁場を完全に排除する完全反磁性体であると述べた.しかし,正確にいうと,物質の性質に応じては,外部磁場により超伝導状態が壊れる前に,磁場が試料内部に部分的に侵入する.この場合を**第二種超伝導体**という.この物理的理由,および物質のどの性質に応じてこのようなことが起こるかは,現象論であるギンツブルグ-ランダウ理論により理解できるので,見てみよう.

磁場が試料内部に侵入する際には,磁場が一様に侵入するのではなく,磁束が格子を成して入る.つまり,試料内の磁場は場所によって変動し,これにともない,超伝導の秩序パラメータ Ψ も場所によって変動する.このよう

38   2. 統計力学の復習と超伝導の現象論

な空間依存性と，その起源を扱うためには，ギンツブルグ‐ランダウ理論を
拡張する必要がある．つまり，上で説明したギンツブルグ‐ランダウ理論に
おいては，秩序パラメータ η は，考えている系全体に亘って一定と仮定して
いるので，一種の平均場近似となっている．平均値からの揺らぎを入れるに
はどうしたらよいだろうか．

　一般に平衡においては，物理系は自由エネルギー F を最小にする状態をと
るが，この状態から時間的・空間的に不均一に揺らいでいる．揺らぐと自由
エネルギーは δF だけ上昇するが，熱力学が教えるように，揺らぎが生じる確
率は $\exp(-\delta F/k_{\mathrm{B}}T)$ に比例する．そこで，ギンツブルグ‐ランダウ理論に
おいてこのような揺らぎも記述するために，各場所における自由エネルギー
密度 $f(\boldsymbol{r})$ というものを考え，全自由エネルギーはこの積分と考えよう．自由
エネルギー密度としては，

$$f(\boldsymbol{r}) = at\,[\delta\eta(\boldsymbol{r})]^2 + g[\nabla\eta(\boldsymbol{r})]^2 \tag{2.30}$$

をとる．

　右辺第 1 項では，秩序パラメータ η の平衡値からのずれを $\delta\eta(\boldsymbol{r})$ と定義し，
また a は (2.23) に現れる係数，$t \equiv T - T_{\mathrm{c}}$ である．$\delta\eta(\boldsymbol{r})$ の 2 乗のみを含め
たのは，いまは簡単のために相転移の高温側（$T > T_{\mathrm{c}}$）を考えているからで
ある．右辺第 2 項では，空間座標の関数として変動する秩序パラメータ $\eta(\boldsymbol{r})$
において，その変動が激しくないとして，自由エネルギーに対する変動の影
響の主要項（最低次の項），つまり 1 次微分の 2 乗を取り入れた．ここで g は
その係数であり，微視的な理論により決まる．揺らぎがある方が自由エネル
ギーは増えるから，$g > 0$ である．

　$\delta\eta(\boldsymbol{r}), \nabla\eta(\boldsymbol{r})$ をそれぞれフーリエ変換して

$$\delta\eta(\boldsymbol{r}) = \sum_{\boldsymbol{k}} \delta\eta_{\boldsymbol{k}} e^{i\boldsymbol{k}\cdot\boldsymbol{r}}, \qquad \nabla\eta(\boldsymbol{r}) = \sum_{\boldsymbol{k}} i\boldsymbol{k}\,\delta\eta_{\boldsymbol{k}}\,c^{i\boldsymbol{k}\cdot\boldsymbol{r}} \tag{2.31}$$

とすると，全自由エネルギーの式は

$$F = \sum_{\boldsymbol{k},\boldsymbol{k}'} \int (at\,\delta\eta_{\boldsymbol{k}}\,\delta\eta_{\boldsymbol{k}'} - g\boldsymbol{k}\cdot\boldsymbol{k}'\,\delta\eta_{\boldsymbol{k}}\,\delta\eta_{\boldsymbol{k}'})e^{i(\boldsymbol{k}+\boldsymbol{k}')\cdot\boldsymbol{r}}\,d\boldsymbol{r} \tag{2.32}$$

となる. $\int e^{i(\boldsymbol{k}+\boldsymbol{k}')\cdot\boldsymbol{r}}\,d\boldsymbol{r} = V\delta_{\boldsymbol{k},-\boldsymbol{k}'}$ や, η が実数のため $\delta\eta_{-\boldsymbol{k}} = \delta\eta_{\boldsymbol{k}}^*$ (* は複素共役) に注意すると, 結局

$$F = V\sum_{\boldsymbol{k}}|\delta\eta_{\boldsymbol{k}}|^2(at + gk^2) \tag{2.33}$$

となる. よって, 揺らぎのフーリエ $\boldsymbol{k}$ 成分の熱統計力学的期待値は

$$\langle|\delta\eta_{\boldsymbol{k}}|^2\rangle = \frac{\displaystyle\int |\delta\eta_{\boldsymbol{k}}|^2 \exp\left[-\frac{|\delta\eta_{\boldsymbol{k}}|^2(at+gk^2)}{k_{\mathrm{B}}T}\right]d\delta\eta_{\boldsymbol{k}}}{\displaystyle\int \exp\left[-\frac{|\delta\eta_{\boldsymbol{k}}|^2(at+gk^2)}{k_{\mathrm{B}}T}\right]d\delta\eta_{\boldsymbol{k}}} = \frac{k_{\mathrm{B}}T}{2(at+gk^2)} \tag{2.34}$$

で与えられる.

物理的に重要なのは, このような揺らぎは全くランダムに起こっているのではなく, ある場所 $\boldsymbol{R}$ での η の値と, そこから $\boldsymbol{r}$ だけ離れた場所での値は無関係ではなく相関しているということである. これは**相関関数**

$$G(\boldsymbol{r}) = \langle\eta(\boldsymbol{R}+\boldsymbol{r})\,\eta(\boldsymbol{R})\rangle_{\boldsymbol{R}} \tag{2.35}$$

という量で定量化される ($\langle\ \rangle_{\boldsymbol{R}}$ は $\boldsymbol{R}$ についての平均). フーリエ成分で書けば

$$G(\boldsymbol{r}) = \sum_{\boldsymbol{k}}\langle|\eta_{\boldsymbol{k}}|^2\rangle e^{i\boldsymbol{k}\cdot\boldsymbol{r}} \tag{2.36}$$

となる. ここで $\delta\eta(\boldsymbol{r})$ における δ を落としたのは, 相転移の高温側を考えているので, $\langle\eta\rangle = 0$ だからである.

フーリエ成分に対して上で求めた式を代入し, $\boldsymbol{k}$ についての和を $\displaystyle\int \frac{1}{(2\pi)^3}d\boldsymbol{k}$ に置き換え, 積分公式

$$\int \frac{e^{i\boldsymbol{k}\cdot\boldsymbol{r}}}{k^2+a^2}\frac{1}{(2\pi)^3}\,d\boldsymbol{k} = \frac{e^{-ar}}{4\pi r} \tag{2.37}$$

を使うと,

$$G(\boldsymbol{r}) \propto \frac{1}{r}\exp\left(-\frac{r}{\sqrt{g/at}}\right) \tag{2.38}$$

となり, 相関関数は指数関数的に減衰することがわかる. この減衰の長さ

40　**2. 統計力学の復習と超伝導の現象論**

$$\xi \equiv \sqrt{\frac{g}{a\,|T - T_{\mathrm{c}}|}} \tag{2.39}$$

を相関長（correlation length）という.

さて，以上の一般論を本題の超伝導体に適用すると，超伝導の（場所 $\boldsymbol{r}$ に依存する）秩序パラメータを $\Psi(\boldsymbol{r})$ として，（常伝導状態での自由エネルギーから測った）超伝導体の自由エネルギーは

$$F = \int \left[A\,|\Psi(\boldsymbol{r})|^2 + B\,|\Psi(\boldsymbol{r})|^4 + \frac{\hbar^2}{4m}\,|\nabla\Psi(\boldsymbol{r})|^2 \right] d\boldsymbol{r} \tag{2.40}$$

で与えられる. 右辺最後の項が，空間不均一性から来る項である. この項の係数を $\hbar^2/4m$ ととったのは，以下の理由による.

超伝導体が不均一であると，電流が流れる. 1.2.4 項で述べたように，（一般に外部磁場 $\boldsymbol{B} = \mathrm{rot}\,\boldsymbol{A}$ の中での）電流密度は

$$\boldsymbol{j} = -\frac{iq\hbar}{2m}\,(\Psi^*\nabla\Psi - \Psi\nabla\Psi^*) - \frac{q^2}{mc}\,|\Psi|^2\boldsymbol{A} \tag{2.41}$$

で与えられる. 外部磁場中では，(1.14) でも述べたように，上の自由エネルギーの式において，微分 $\nabla\Psi$ はゲージ不変なもの $[\nabla - (iq/\hbar c)\boldsymbol{A}]\Psi$ に置き換えなければならない[7]. この自由エネルギーが，ベクトル・ポテンシャル $\boldsymbol{A}$ に関して停留（$\boldsymbol{A}$ について変分するとゼロ）という条件を課すと，マクスウェル方程式 $\mathrm{rot}\,\boldsymbol{B} = (4\pi/c)\boldsymbol{j}$，および電流 $\boldsymbol{j}$ に対する式が得られる. ギンツブルグ‐ランダウの式における微分の入った項の係数は，この $\boldsymbol{j}$ が (2.41) の電流の式と一致するように選んだのである.

このように決まると，上で導入した相関長は，

$$\xi(T) = \frac{\hbar}{2\sqrt{ma(T_{\mathrm{c}} - T)}} \tag{2.42}$$

で与えられる. これを，超伝導体におけるコヒーレンス長（coherence length）という. つまり，超伝導の秩序パラメータが空間的に変動する際に，急峻には変われず，必ず ξ 程度の距離でしか変化できない. 特に，絶対零度においては

---

7)　q は粒子のもつ電荷であり，超伝導体においては第 3 章で述べるクーパー・ペアの電荷と考えるので，$q = -2e$ である.

$$\xi_0 \equiv \xi(0) \tag{2.43}$$

となり，これをピパード（Pippard）のコヒーレンス長という．

一方，電流 j に対する式をマクスウェル方程式 $\mathrm{rot}\boldsymbol{B} = (4\pi/c)\boldsymbol{j}$ に代入し，超伝導秩序パラメータは平衡値 $|\Psi|^2 = a|t|/2b$ とすると，ロンドン方程式 $\nabla^2 \boldsymbol{B} = \boldsymbol{B}/\lambda^2(T)$ が得られ，外部磁場が超伝導体に侵入する長さは

$$\lambda(T) = \left[\frac{mc^2 b}{8\pi e^2 a(T_{\mathrm{c}} - T)} \right]^{1/2} \tag{2.44}$$

であることがわかる．(1.18) で示したロンドンの磁場侵入長 λ は，ここでの $\lambda(0)$ に対応する．

一方，自由エネルギーが，超伝導秩序パラメータ Ψ について変分するとゼロという条件を課すと，

$$A\Psi + B|\Psi|^2\Psi + \frac{1}{4m}\left(-i\hbar\nabla - \frac{q}{c}\boldsymbol{A}\right)^2 \Psi = 0 \tag{2.45}$$

という式が得られる．

ここで，磁場侵入長 λ とコヒーレンス長 ξ の比

$$\kappa \equiv \frac{\lambda}{\xi} \tag{2.46}$$

に注目しよう．分子，分母ともに $1/|T - T_{\mathrm{c}}|^{1/2}$ に比例するような温度依存性をもつので，$\kappa \sim \lambda(0)/\xi(0)$ である．不純物や乱れの少ない超伝導体では λ は数 $100\,\text{Å}$，ξ は数 $1000\,\text{Å}$ のオーダーなので，$\lambda \ll \xi$ である．この場合には，図 2.4 に示したように，磁場が超伝導体表面から侵入する長さに比べて長い距離で超伝導は壊れる．

逆の，$\lambda > \xi$ の場合はどうであろうか．この場合は，実は磁場が，超伝導体内部に図 2.5 のように空間的に周期的に入る磁束（渦糸（vortex）という）として侵入することがわかる．これは，電磁場のエネルギーも考慮した自由エネルギーの式を最小化することで示せる．これが，アブリコソフ（Alexei Abrikosov）が 1957 年に示した**磁束格子**（Abrikosov lattice, vortex lattice）である[8]．磁束格子状態の方が自由エネルギーが低いのは，正確には

---

8) アブリコソフは，ギンツブルグ（ギンツブルグ-ランダウ理論のギンツブルグである），レゲット（Anthony Leggett）と共に，2003 年にノーベル物理学賞を受賞した．

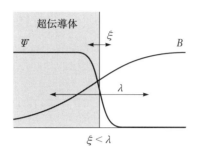 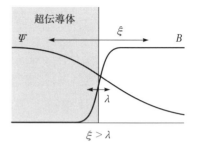

図 2.4 磁場侵入長 λ とコヒーレンス長 ξ の超伝導体表面近傍での振る舞いを，$\kappa \equiv \lambda/\xi > 1$（左）と $\kappa < 1$（右）のそれぞれの場合に対して示す．

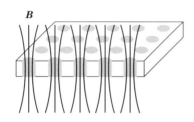

図 2.5 第二種超伝導体における磁束格子の概念図

$$\kappa > \frac{1}{\sqrt{2}} \tag{2.47}$$

の場合であり，これは (2.45) の Ψ について変分した式から示すことができる．このような超伝導体を第二種超伝導体（type II superconductor）といい，そうでないものを第一種超伝導体（type I superconductor）という．

個々の試料に対して何が κ を決めているかというと，λ が基本的には電磁気的性質であるのに対して，ξ の方は，試料がどの程度不規則か（不純物が混ざっているか，結晶格子の乱れがあるか，など）に影響される．ピパードは現象論的に $\xi^{-1} = \xi_0^{-1} + l^{-1}$（$l$ は平均自由行程）とした[9]．

第二種超伝導体では，図 2.6(a) に示すような相図となる．T_c 以下のある

---

9) ξ, λ は，正確には BCS 理論と組み合わせて求める必要がある．ここでは結果だけを T_c の近傍に対して示すと，$l \gg \xi$ の clean limit では $\xi(T) \simeq \xi_0/(1-T/T_\mathrm{c})^{1/2}$，$\lambda(T) \simeq \lambda_\mathrm{L}/(1-T/T_\mathrm{c})^{1/2}$ であり，一方 $l \ll \xi$ の dirty limit では $\xi(T) \simeq (\xi_0 l)^{1/2}/(1-T/T_\mathrm{c})^{1/2}$，$\lambda(T) \simeq \lambda_\mathrm{L}(\xi_0/l)^{1/2}/(1-T/T_\mathrm{c})^{1/2}$ となる．ここで λ_L はロンドンの侵入長であり，1 のオーダーの係数は省略している．

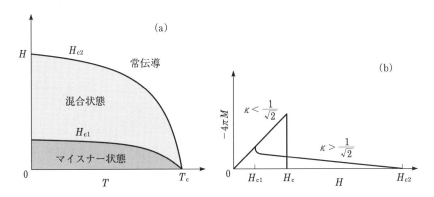

図 2.6 (a) 第二種超伝導体に対する相図. H_{c1} は下部臨界磁場, H_{c2} は上部臨界磁場. (b) 磁化 M の磁場依存性を κ の 2 つの場合に対して示す.

温度 T で超伝導体に磁場をかけ, 磁場の値を増やすと, まずある磁場 H_{c1} において, 渦糸が初めて 1 本入るようになる. 磁場を強くするにつれて, より多数の磁束が入り, 格子を成していく. 磁場が強くなり, ある臨界値 H_{c2} を超えると超伝導が壊れ, 試料は常伝導となる. H_{c1} を**下部臨界磁場**(lower critical field), H_{c2} を**上部臨界磁場**(upper critical field) という.

H_{c1}, H_{c2} はそれぞれ T の関数であり, この間にある磁場のもとでとる状態を**混合状態**(mixed state) という. これに対応して, 第 1 章で示した, 磁化

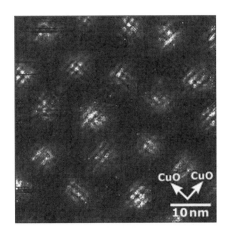

図 2.7 走査型トンネル顕微鏡 (STM) で可視化された Bi 系銅酸化物高温超伝導体 (磁場 14.5T, 温度 4.2K) における磁束格子 (画像は, 西田信彦氏 提供)

M と磁場 H の関係は，図 2.6(b) のようになる．図 2.7 には，実験で可視化された磁束格子を示す．

磁場中の超伝導体に関しては，次のような注意が必要である．磁場中ではスピン↑電子と↓電子のエネルギーの間には，ゼーマン・エネルギーだけの差が生じる．このため，スピン・シングレット・ペア（3.2 節）において磁場 H が大きすぎると，超伝導状態の自由エネルギーは常伝導状態より高くなり，超伝導は壊れる．外部磁場ではなく，磁性的な交換相互作用が存在する場合も，交換相互作用が強すぎると超伝導は壊れる．臨界値は $g\mu_B H_P = \sqrt{2}\,\Delta(0)$ となることを示すことができる．ここで $\Delta(0)$ は温度ゼロ，外部磁場（あるいは交換相互作用）もゼロの場合のギャップ関数の値である．このような超伝導の臨界値は，Clogston - Chandrasekhar limit あるいは Pauli limit とよばれる．第 3 章で述べる BCS 理論においては $\Delta = 1.76 k_B T_c$（式 (3.43)）であり，電子に対しては g 因子は $g = 2$ なので，$\mu_B H_P = 1.24 T_c$ となる．

2.3.5 磁束量子化とジョゼフソン効果

磁束格子を，第 1 章で強調した波動関数の位相という観点から見てみよう．それには，まず第二種超伝導体を離れて，普通の超伝導体に穴が開いていて，そこに外部磁場を通すことを考えよう．この穴を貫通する磁束の大きさは，常伝導体ならばもちろん任意の値にできる．しかし，超伝導体の場合は，ある値の整数倍しか許されない．これを，ロンドンにならってフラクソイド（fluxoid）という．

出発点は，何度も出てきた，超伝導体における電流密度の式

$$\boldsymbol{j} = \frac{q\hbar}{4m} n_s \left(\nabla\phi - \frac{q}{\hbar c} \boldsymbol{A} \right) \tag{2.48}$$

である．ここで ϕ は，超伝導秩序パラメータを $\Psi = |\Psi| e^{i\phi}$ と書いたときの位相，$\boldsymbol{A}$ は $\mathrm{rot}\,\boldsymbol{A} = \boldsymbol{B}$ となるようなベクトル・ポテンシャル，n_s は超流動密度（superfluid density）であり，全電子密度ではなく超伝導に寄与している密度であるが，いまはその値は問わない．前節同様，電荷 q は，超伝導体においてはクーパー・ペアの電荷 $q = 2e$ である．

いま図 2.8 のように，超伝導体の内部を通り，穴を 1 周するような経路 C

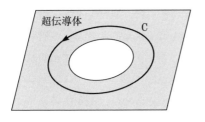

図 2.8 穴の開いた超伝導体．C は，超伝導体内部を通って穴を 1 周する経路．

を考えよう．この経路に沿って (2.48) を線積分してみよう．まず，右辺第 1 項に現れる $\nabla\phi$ を線積分すると（この量がフラクソイドの値），Ψ の位相の微分 $\nabla\phi$ の線積分であり，積分値は C を 1 周したときの位相の変化 $\delta\Phi$ となるが，Ψ は空間座標の一価関数でなければならないから，n を整数として $\delta\Phi = 2\pi n$ でなければならない．

一方，(2.48) の右辺第 2 項は，C に沿った $\boldsymbol{A}$ の線積分

$$\oint \boldsymbol{A} \cdot d\boldsymbol{r} = \int \mathrm{rot}\,\boldsymbol{A} \cdot d\boldsymbol{S} = \int \boldsymbol{B} \cdot d\boldsymbol{S} = \Phi \tag{2.49}$$

（に $q/\hbar c$ を掛けたもの）を与える．ここで $\int d\boldsymbol{S}$ は，C を縁とする領域に亘る面積分，Φ は穴を通る磁束（穴の領域に亘る磁束密度の面積分）である．超伝導体中では，穴の縁近傍では磁場が侵入して電流が流れるが，C をこの領域から十分離しておけば $\boldsymbol{j}=0$ なので $\boldsymbol{j}$ の線積分は消えて，結局 $\delta\Phi = (q/\hbar c)\Phi$ でなければならない．つまり，超伝導体の穴を貫通する磁束は勝手な値はとれず，

$$\Phi = n\Phi_0 \tag{2.50}$$

となり，これを**磁束の量子化**という．量子化の単位となる $\Phi_0 = hc/|q| = hc/2e = 2 \times 10^{-7}\,\mathrm{G\,cm^2}$ は，クーパー・ペアの電荷 $q = -2e$ が電子の電荷の 2 倍であるために，常伝導体の AB 効果などで用いられる磁束量子（magnetic flux quantum）と因子 2 だけ異なる．穴を開けた議論は人工的と感じられるかもしれないが，実際に磁束量子化の効果は実験で観測される[10]．

さらに，**リトル – パークス（Little - Parks）振動**とよばれる現象がある[11]．

---

[10] B.S. Deaver and W. M. Fairbank：Phys. Rev. Lett. **7**, 43（1961）．

[11] W.A. Little and R.D. Parks：Phys. Rev. Lett. **9**, 9（1962）．巻末の参考文献 [2] に挙げた Tinkham のテキストに詳しい．

これは，環（シリンダー）状にした超伝導試料に，シリンダーに沿った方向の外部磁場を加えると，電気伝導度が環を貫く磁束の関数として周期的に変動する現象で，周期が $hc/(2e)$ であることが，クーパー・ペアが伝導を担っていることを示す．

ここで第二種超伝導体に戻ると，$\lambda \gg \xi$ の極限では，磁束格子を，フラクソイドが周期的に存在すると見なすことができる．この極限では超伝導秩序 Ψ は，磁束が貫通している箇所のごく近傍のみで値が小さくなり，それ以外では一定値をとる．一方，磁束密度は，より広がっている（図 2.9）．

そこで，電流密度の (2.48) において $\mathrm{rot}\,\boldsymbol{B} = (4\pi/c)\boldsymbol{j}$ に注意すると，

$$\boldsymbol{A} + \lambda^2 \mathrm{rot}\,\boldsymbol{B} = \frac{\Phi_0}{2\pi} \nabla \phi \quad (2.51)$$

となる．磁束を囲む経路 C に亘ってこの式を線積分し，ストークスの定理を再び用いると，

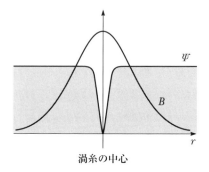

図 2.9 貫通している磁束近傍における超伝導秩序 Ψ と磁束密度 B の振る舞いを，$\lambda \gg \xi$ に対して模式的に示す．

$$\int (\boldsymbol{B} + \lambda^2 \mathrm{rot}\,\mathrm{rot}\,\boldsymbol{B}) \cdot d\boldsymbol{S} = \Phi_0 \quad (2.52)$$

となり，この式は積分前には

$$\boldsymbol{B} - \lambda^2 \Delta \boldsymbol{B} = \Phi_0 \delta(\boldsymbol{r}) \quad (2.53)$$

に等しい．ここで，div がゼロであるベクトル場について，rot rot $= -\Delta$（Δ はラプラシアン）を用いた．また，$\delta(\boldsymbol{r})$ はデルタ関数である．このように，磁束格子では，(2.53) のデルタ関数で表されたフラクソイドが周期的に存在すると見なせる．

以上でカギとなったのは，超伝導秩序 Ψ の位相が物理量に反映する点であった．これを反映する重要な効果にジョゼフソン効果（Josephson effect）がある．

図 2.10 ジョゼフソン接合

2.3 ギンツブルグ−ランダウ理論 **47**

図 2.10 のように，2 つの超伝導体を，絶縁体の薄膜を挟んで接合しよう（ジョゼフソン接合（Josephson junction）とよばれる）．絶縁体薄膜は電子にとってはポテンシャル障壁となるので，電子は古典的には透過できないが，量子力学的にはある確率でトンネルできる．このトンネル確率がたとえ小さい場合でも，超伝導に特有な現象が起こる．2 つの常伝導体を絶縁体薄膜を挟んで接合したときは，もちろん 2 つの導体の間に電位差をかけなければ電流は流れない．

ところが，超伝導体接合の場合には電位差がゼロでも流れるのである．これは，1 つの超伝導体内ですら，Ψ の位相 ϕ に勾配があれば，$\nabla\phi$ に比例した電流が流れるが，これが接合系でどうなるか，という問題である．

一方の超伝導体の秩序パラメータを $\Psi_1 = |\Psi_1|e^{i\phi_1}$，他方を $\Psi_2 = |\Psi_2|e^{i\phi_2}$ としよう．ここで，絶縁体薄膜は十分（コヒーレンス長 ξ より）薄く，Ψ の位相は超伝導体でそれぞれ一定と仮定した．2 つの超伝導体の間を流れる電流 j は，位相差 $\phi_2 - \phi_1$ のみに依存するであろうから，

$$j(\phi_2 - \phi_1) \tag{2.54}$$

という関数形で，位相が 2π だけ異なっても等価だから，2π の周期をもつ．系に時間反転を施すと，j の符号は反転し，Ψ は複素共役になって ϕ の符号も反転するので，j は $\phi_2 - \phi_1$ の奇関数である．

さて，いまの場合，超伝導体は絶縁体との接合部で途切れているので，端をもつ超伝導体を扱う必要がある．これには以下のようにする．ギンツブルグ−ランダウ理論において，(2.40) で Ψ に関する変分をして自由エネルギーの変化分 δF を求めると，$\delta F = \int (\Psi \text{の 3 次式})\delta\Psi^* \, dV + \int (\Psi \text{の 1 次式})\delta\Psi^* \, d\boldsymbol{S}$ となり，右辺第 1 項＝0 から Ψ に対する (2.45) が得られた．

一方，右辺第 2 項は，超伝導体の端における面積分となっており，この項をゼロとおくと $-i\hbar\nabla\Psi - (q/c)\boldsymbol{A}\Psi = 0$ となる．ところが，絶縁体の先に他方の超伝導体があると，そこから染み出した Ψ があるので，上式の右辺はゼロではなく，染み出した Ψ となる．他方の超伝導体の内部での値 Ψ_2 に比べてこの染み出しは ε 倍だけ小さいとすると，接合面に垂直な方向を x として

$$\frac{\partial \Psi_1}{\partial x} - \frac{iq}{\hbar c} A_x \Psi_1 = \varepsilon \Psi_2$$
$$\frac{\partial \Psi_2}{\partial x} - \frac{iq}{\hbar c} A_x \Psi_2 = \varepsilon \Psi_1$$

となる．これを，電流の式 (2.41) に代入すると $j = (iq\hbar\varepsilon/4m)(\Psi_1^*\Psi_2 - \Psi_1\Psi_2^*)$ となり，2 つの超伝導体が同じ物質であるとして $|\Psi_1| = |\Psi_2|$ とすると，結局

$$j \propto \sin(\phi_2 - \phi_1) \tag{2.55}$$

となる．これがジョゼフソン効果である．

2 つの超伝導体の間に電位差 V をかけた場合は，$j \propto \sin[\phi_2 - \phi_1 - (e/\hbar)Vt]$ のように電流が振動することも，同様な議論により示すことができ，**ac** ジョゼフソン効果とよばれている．

ジョゼフソン

ジョゼフソン（Brian Josephson）は，ピパード（Brian Pippard）の指導の元にケンブリッジ大学キャヴェンディッシュ研究所で 22 歳の大学院生として研究していた．アンダーソン（Philip Anderson）が講義に来て，超伝導を"対称性の破れ"という観点から解説した．ジョゼフソンは，この破れを観測可能量に結び付けられないか，という疑問を抱いた．「位相そのものは不定性があるが，2 つの超伝導体の位相差ならよいのでは？」と考えたわけである．アンダーソンは，1987 年のアメリカ物理学会の "History of superconductivity" セッションにおいて，このときの模様に触れている（P.W. Anderson：*A career in theoretical physics* 2nd ed. (World Scientific, 2004), p.629.）

彼は，江崎玲於奈，ジェーバー（Ivar Giaever）と共に 1973 年のノーベル物理学賞を受賞した．筆者が 1980 年代にキャヴェンディッシュ研究所に客員研究員として滞在した折に，自転車通勤する彼の姿などを親しく目にした．彼のインタビューは

http://nobelprize.org/nobel_prizes/physics/laureates/1973/josephson-interview.html

で見ることができる．

また，図 2.11 のように，環状のジョゼフソン接合をつくると，穴を通過する磁束により，ジョゼフソン効果による電流は敏感に影響される．つまり，(2.55) に至る導出で，ベクトル・ポテンシャル A が入っていたことからわかるように，この効果は外部磁場に敏感であり，穴を通過する磁束が，磁束

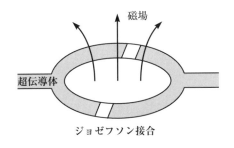

図 2.11 SQUID

量子程度で影響される．このようなデバイスを，**SQUID** (superconducting quantum interference device) という．

結局，本章では，超伝導秩序パラメータ Ψ の位相が要ということがポイントになる．

演習問題

[1] ボース気体において，ボソンの間の平均距離が，熱ド・ブロイ (de Broglie) 波長より小さくなったところでボース凝縮するとして，ボース凝縮温度 T_0 を見積もれ．ここで熱ド・ブロイ波長とは，$k_B T$ 程度のエネルギーをもつ粒子のド・ブロイ波長のことである．

[2] ギンツブルグ - ランダウ理論において，超伝導転移における電子比熱の跳びは $C_S - C_N = a^2 T_c/b$ で与えられることを示せ．

[3] (1) 第二種超伝導体（例えば高温超伝導体）の上に磁石を置き，磁気浮上させた状態から手で磁石を持ち上げると，超伝導体が（隙間は保ったままで）引っ張られて浮上する（図 2.12）．この現象はマイスナー効果では説明できない．磁束が，第二種超伝導体内部で自由に動けず，ピン止めされている (flux pinning) として，これが説明できるだろうか．

図 2.12 超伝導体の「釣り上げ」

(2) 磁束がピン止めされているならば，第二種超伝導体の上に円盤状の磁石を磁気浮上させた状態から手で磁石を回転させると回るか回らないか，理由を付して答えよ．

［4］ Pauli limit の式（44 頁を参照）を導け．

BCS 理論

本章では,超伝導理論の基本中の基本である BCS 理論を解説する.前半では,通常の超伝導の機構であるフォノン機構を概観し,後半では BCS 波動関数,BCS ギャップ関数を中心に解説する.

3.1 フォノン媒介引力

金属などの電気伝導体においては,電子が多数(10^{23} 個程度)存在し,これが伝導を担う.超伝導の BCS 理論では,もし電子と電子の間に引力相互作用がはたらけば,電子の集団は,十分低温では超伝導状態への相転移を起こすことを示すことができる.電子は負電荷を帯びているから,もちろん電子はクーロン斥力を及ぼし合っている.それなのに,引力というのは何であろうか.この引力(図 3.1(a))は,電子と結晶格子との相互作用によって発生するものである.

結晶格子では原子が規則正しく並んでいるが,これは原子スケールで見れば固定されたものではなく,図 3.1(b) のように,原子間がバネで組まれた網目のようにつながった弾性体と考えることができる(1 つ 1 つのバネは,原子と原子の間の相互作用を表す).弾性体ということは,全体としては押せば縮むだけではなく,バネの網目は空間的に不均一に揺らぎ,ゴム膜において伝わる波のように,原子の変位(変位の方向と波の波数とが平行なら伸縮波)が存在する.この弾性波を量子化したものがフォノンとよばれるボソンである.フォノンと電子とは以下に示すように相互作用し,そのために電子はフォノンを発射したり吸収したりする.

金属は,個々の原子から解離して結晶中をある程度自由に動く電子と,

3. BCS 理論

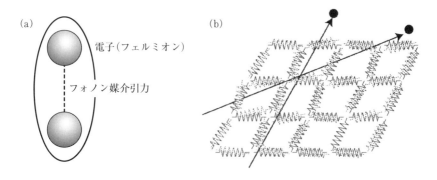

図 3.1 (a) フォノン媒介引力
(b) 結晶格子を、バネでつながれた原子（イオン）の並びから成る弾性体と考える。黒点はイオン格子の中を走る電子を象徴的に表す。

原子核に束縛された電子から成る。各原子は電気的に中性だから、電子（負電荷）が解離すれば、残った原子（原子核＋束縛電子）は正に帯電し、これをイオンとよぶ。したがって、動く電子は正電荷（イオン）の成す格子の中を動くことになり、この格子が伸縮すれば、正電荷が部分的に濃いところや薄いところができるため、その濃淡と相互作用する。これが電子 – フォノン相互作用の起源である。格子振動は古典的には波であるが、量子力学では粒子（ボソン）となり、電子 – フォノン相互作用のために電子はフォノンを発射・吸収することになる。

電子 – 格子相互作用により、2個の電子の間には引力が発生する。古典的には、この相互作用は次のように説明される。

電子とイオンの間はクーロン引力相互作用するから、電子は自分の近くの格子を引き付け、格子間隔を局所的に縮ませる。これを、電

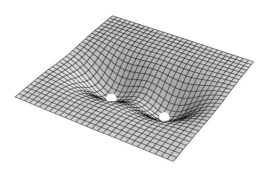

図 3.2 電子 – 格子相互作用を考える際の、ゴム膜の上に乗ったボールのアナロジー。

子が格子歪みの"着物"を着た,とよぶことにしよう.これを図3.2では,ゴム膜に乗ったボールの周りの凹みで象徴している.ここで2個の電子を考えると,それぞれが着物を着ているので,2電子は離れているよりは,近づいて着物を共有した方がエネルギー的に得になる.

量子力学では,電子–格子相互作用により発生する電子間引力は,2電子がフォノンを交換することにより発生すると捉えることができる.相互作用する粒子系の一般論を構築したファインマンにより考案されたダイアグラムとして表すと,図3.3のようになる.これを理解するためには,まずフォノンを理解する必要がある.これを第二量子化で扱うために,まずフォノンを導入しよう.

結晶の弾性を扱うために,原子の間がバネ定数Kの弾性相互作用で結ばれているとすると,弾性エネルギーに関するハミルトニアンは

$$\mathscr{H} = \sum_j \left[\frac{1}{2M} p_j^2 + \frac{K}{2}(u_j - u_{j+1})^2 \right] \tag{3.1}$$

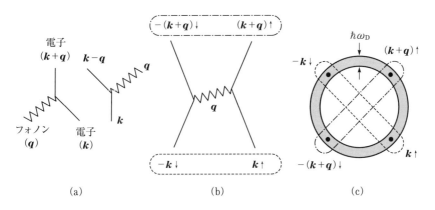

図 3.3 (a) 電子–格子相互作用.電子(実線)によるフォノン(波線)の吸収(左)および発射(右)に対するファインマン・ダイアグラム,kなどは各粒子の波数.
(b) フォノンを交換することによる,クーパー・ペア(楕円で囲んだ)の散乱.↑,↓は電子のスピン.
(c) フェルミ面近傍(灰色の円)におけるクーパー・ペア(楕円で囲んだ)の散乱.灰色の領域は,フェルミ面の厚さ$\hbar\omega_D$に亘る近傍.

54   3. BCS 理論

となる．ここで M は原子の質量，p_i は i 番目の原子の運動量，u_i は i 番目の原子の平衡位置からの変位であり，ここでは簡単のために結晶は 1 次元（原子の鎖）と仮定している．結晶は周期性をもっているから，フーリエ変換をして（正確には，電子のバンド構造でも出てくる，逆格子 (k) 空間に移って），

$$Q_k = \frac{1}{\sqrt{L}} \sum_j e^{-ikj} u_j \tag{3.2}$$

により，k 空間における変位 Q_k を定義する（L は結晶のサイズ，格子定数は 1 とした）．

この Q_k に正準共役な運動量を

$$P_k = \frac{1}{\sqrt{L}} \sum_j e^{ikj} p_j \tag{3.3}$$

で定義する．実際，交換関係 $[u_i, p_j] = i\hbar\delta_{ij}$ から，$[Q_k, P_{k'}] = i\hbar\delta_{kk'}$ を示すことができる．この変換を代入するとハミルトニアンは

$$\mathscr{H} = \sum_k \left(\frac{1}{2M} P_k P_{-k} + \frac{1}{2} M\omega_k^2 Q_k Q_{-k} \right) \tag{3.4}$$

となり，ここで

$$\omega_k = \sqrt{\frac{4K}{M}} \sin\frac{k}{2} \tag{3.5}$$

である．

(3.4) の形は，独立な 1 次元調和振動子の和となっており，これをフォノンとよぶ．また，量子化されたエネルギーは $E_n = (n+1/2)\hbar\omega_k$ $(n = 0, 1, 2, \cdots)$ となり，これがフォノンのエネルギーである．

調和振動子に対する第二量子化は量子力学で習うが，思い出すと，

$$a_k^\dagger = \frac{1}{\sqrt{2M\hbar\omega_k}}(M\omega_k Q_{-k} - iP_k) \tag{3.6}$$

$$a_k = \frac{1}{\sqrt{2M\hbar\omega_k}}(M\omega_k Q_k + iP_{-k}) \tag{3.7}$$

により，フォノンの生成演算子 $a_k^\dagger$，消滅演算子 a_k を定義する．これらは，ボソンの生成・消滅演算子の交換関係 $[a_k, a_{k'}^\dagger] = \delta_{kk'}$ を満たす．これにより，ハミルトニアンは

$$\mathscr{H} = \sum_k \hbar\omega_k \left(a_k^\dagger a_k + \frac{1}{2} \right) \tag{3.8}$$

と表せる．ここでは，簡単のために 1 次元系におけるフォノンを考えたが，現実の 3 次元系におけるフォノンも同様に導入することができる．

次に，電子とフォノンの間の相互作用を考えよう．金属を考えると，各原子において，電子が原子から解離して電気伝導を担い，残された原子はイオンとなるので，イオンの格子がつくるポテンシャル $V(r)$ の中を電子が走る．したがって，格子が上で記述したような格子振動をすると，電子は当然この影響を受ける．

格子振動による変位 u は微小とすると，格子振動によるポテンシャル $V(r)$ の変化分は $\delta V(r) = -u \cdot \nabla V(r)$ となる．これを，電子の平面波（正確にはブロッホ波 $\propto e^{ik\cdot r} v_k(r), v$ は周期関数）の基底 $|k\rangle$ を用いて，電子の生成・消滅演算子 $c^\dagger, c$ で表すと，

$$\mathscr{H}_{\mathrm{el-ph}} = \sum_{k,k'} \langle k'|\delta V(r)|k\rangle\, c_{k'}^\dagger c_k \tag{3.9}$$

となる．また，変位 u を上記の k 空間における変位（の 3 次元版）で表すと，

$$\langle k'|\delta V|k\rangle = \sum_q Q_q e \cdot \int \nabla V\, v_{k'}^* v_k c^{i(k+q-k')\cdot r} dr \tag{3.10}$$

となる（e はフォノンの偏極を表すベクトル）．

ここで，$v_k(r)$ は結晶の周期をもった周期関数であることを思い出すと，この積分は $\delta_{k+q-k',K}$（K は逆格子ベクトル）に比例する．さらに，上で導入したフォノンの生成・消滅演算子（の 3 次元版）を代入すると，電子とフォノンの相互作用は，

$$H_{\mathrm{el-ph}} = \frac{1}{\sqrt{N}} \sum_{k,q,\sigma} \alpha(q)(a_q + a_{-q}^\dagger) c_{k+q\sigma}^\dagger c_{k\sigma} \tag{3.11}$$

という形で与えられる．ここで $a_q^\dagger (a_q)$ は波数 q のフォノンの生成（消滅）演算子，$c_{k\sigma}^\dagger (c_{k\sigma})$ は波数 k，スピン $\sigma(=\uparrow,\downarrow)$ の電子の生成（消滅）演算子，

56　3．BCS 理論

N はイオン総数，$\alpha(\boldsymbol{q})$ は電子‐フォノン結合定数であり，フォノンの分散を $\omega(\boldsymbol{q})$，イオンの質量を M として

$$\alpha(\boldsymbol{q}) \propto \frac{|\boldsymbol{q}|}{\sqrt{M\omega(\boldsymbol{q})}} \tag{3.12}$$

である．比例記号で表した理由は，格子変形が電子に与える影響（変形ポテンシャル）の詳細が物質により，したがって上式でもこれに影響される係数が掛かるからである．

　(3.11) の $(a^{\boldsymbol{q}} + a^{\dagger}_{-\boldsymbol{q}})c^{\dagger}_{\boldsymbol{k}+\boldsymbol{q}\sigma}c_{\boldsymbol{k}\sigma}$ という部分を展開すると，第 1 項は $a_{\boldsymbol{q}}c^{\dagger}_{\boldsymbol{k}+\boldsymbol{q}\sigma}c_{\boldsymbol{k}\sigma}$ であり，これは波数 $\boldsymbol{k}$ の電子が波数 $\boldsymbol{q}$ のフォノンを吸収し（消滅させ），波数 $\boldsymbol{k}+\boldsymbol{q}$ の電子となる過程を表す．同様に，第 2 項 $a^{\dagger}_{-\boldsymbol{q}}c^{\dagger}_{\boldsymbol{k}+\boldsymbol{q}\sigma}c_{\boldsymbol{k}\sigma}$ は，波数 $\boldsymbol{k}$ の電子が波数 $-\boldsymbol{q}$ のフォノンを発射し（生成させ），波数 $\boldsymbol{k}+\boldsymbol{q}$ の電子となる過程を表す（図 3.3(a)）．ただし，3 次元での格子振動には，縦（伸縮）波と横波という 2 種類のモードがあるが，ここでは縦波を考え，また，逆格子ベクトルは略した．

　それでは，電子‐フォノン相互作用を媒介とした電子間引力が生じることを見てみよう．電子‐格子結合 $\alpha(\boldsymbol{q})$ が十分小さく，摂動として扱ってよいと仮定すると，まず摂動過程として，フェルミ面上の波数 $\boldsymbol{k}$ をもった電子が遷移振幅 $\alpha(\boldsymbol{q})$ で波数 $\boldsymbol{q}$ をもつフォノンを励起し，フェルミ面上での別の波数 $\boldsymbol{k}-\boldsymbol{q}$ に移ったとする（図 3.3(b)）．この状態は元の状態に比べてフォノンのエネルギー $\omega(\boldsymbol{q})$ の分だけ高いので，摂動の中間的な状態であり，終状態では元のエネルギーに戻る必要がある．それには，フェルミ面上の波数 $\boldsymbol{k}'$ をもった電子が，励起されたフォノンを（遷移振幅 $\alpha(\boldsymbol{q})$ で）吸収してフェルミ面上の別の波数 $\boldsymbol{k}'+\boldsymbol{q}$ に散乱されればよい．

　このような 2 次摂動過程によって電子間に生じる有効的な相互作用は，2 次摂動論エネルギーが $-(遷移振幅)^2/(中間状態のエネルギー)$ で与えられる，という一般論に従い，

$$H_{\text{eff}} = -\sum_{\boldsymbol{k},\boldsymbol{k}',\boldsymbol{q},\sigma,\sigma'} \frac{\alpha^2(\boldsymbol{q})}{\omega(\boldsymbol{q})} c^{\dagger}_{\boldsymbol{k}-\boldsymbol{q}\sigma} c^{\dagger}_{\boldsymbol{k}'+\boldsymbol{q}\sigma'} c_{\boldsymbol{k}'\sigma'} c_{\boldsymbol{k}\sigma} \tag{3.13}$$

と表される．なお，ここでの電子の波数はフェルミ面近傍の（詳しくいうと，フェルミ・エネルギーとのエネルギー差が $\omega(\boldsymbol{q})$ に比べて小さい）ものに限

られると仮定している（図3.3(c)）．2次摂動の一般論通り，摂動エネルギーは負であり，つまり，電子間に有効的に引力が発生する（この導出からわかるように，電子が交換するボソンはフォノンに限らず何であってもよい）．

元々の電子間クーロン斥力はもちろん別に存在するから，これが電子‐格子相互作用からくる引力と共存することになるが，普通の（低温）超伝導においては，後者の効果を主要と見なして，前者は引力による超伝導を不利にする要因として取り入れる（詳しくは3.3.1項を参照）．また，引力の説明もここでは大幅に単純化していて，正確にいうと，引力は瞬間的にはたらくのではなく，時間の遅れをともなう．

3.2 BCS 理論

3.2.1 クーパー不安定性

BCS 理論の出発点となったのは，クーパーによる次のような問題提起である．前節のように，電子間にフォノン媒介の引力相互作用がある場合を考えよう（いまは簡単のために，電子間のクーロン斥力は考えないことにする）．電子間に相互作用がない場合は，第2章で復習したように，電子は縮退したフェルミ気体，すなわちフェルミ球という状態をとる．ここで電子間引力を入れると，このフェルミ球はどうなるだろうか．クーパーが示したのは，たとえこのフェルミ球にただ2個の電子を加えて，その2電子の間の引力を考えただけでも，フェルミ球は以下の意味で不安定化するということである．

2電子だけの間の引力を考えるなら，単に2電子の束縛状態の有無の問題と思えるかも知れないが，実は問題はそう簡単ではない．この2電子はフェルミ球（これに対応する状態ベクトルを $|F\rangle$ とする）に付け加えるのだから，パウリの排他律のために，2電子はすでに占有されている状態をとることはできない．

2電子状態を k 空間で考えよう．2電子の重心は止まっているとすると，1つの電子が $+k$（スピンは↑）をもち，他方が $-k$（スピンは↓とする）をもった状態となるが，2電子＋$|F\rangle$ 状態は，これを様々な k の値に亘って線形結合をとった，

58   3. BCS 理論

$$\Psi^{\text{Cooper}} = \sum_{k > k_{\text{F}}} g_{\boldsymbol{k}} c_{\boldsymbol{k}\uparrow}^{\dagger} c_{-\boldsymbol{k}\downarrow}^{\dagger} |\text{F}\rangle \tag{3.14}$$

という形になるであろう．ここで $g_{\boldsymbol{k}}$ は線形結合の係数で，またパウリの排他律のために，和において $k > k_{\text{F}}$ (k_{F} はフェルミ波数) という制限をつけている．2 電子間の相互作用としては，2 電子の散乱前後で運動量保存則は守らなければならないので，2 電子が $(\boldsymbol{k}, -\boldsymbol{k})$ という値をもつ状態と，$(\boldsymbol{k}', -\boldsymbol{k}')$ という値をもつ状態の間の行列要素を考えればよい．ハミルトニアンで書けば，

$$\mathscr{H} = \sum_{\boldsymbol{k},\sigma} c_{\boldsymbol{k}\sigma}^{\dagger} c_{\boldsymbol{k}\sigma} + \sum_{\boldsymbol{k},\boldsymbol{k}'} V(\boldsymbol{k}, \boldsymbol{k}') c_{\boldsymbol{k}\uparrow}^{\dagger} c_{-\boldsymbol{k}\downarrow}^{\dagger} c_{-\boldsymbol{k}'\downarrow} c_{\boldsymbol{k}'\uparrow} \tag{3.15}$$

であり，$\varepsilon_{\boldsymbol{k}}$ は電子の運動エネルギー，$V(\boldsymbol{k}, \boldsymbol{k}')$ は行列要素であり，(3.12) で導いたように，フォノン媒介引力に対しては，$V(\boldsymbol{k}, \boldsymbol{k}') = -|\alpha(\boldsymbol{k} - \boldsymbol{k}')|^2 / \omega(\boldsymbol{k} - \boldsymbol{k}')$ となる．

(3.14) の波動関数に対して，このハミルトニアンの期待値は

$$E = \langle \Psi^{\text{cooper}} | \mathscr{H} | \Psi^{\text{cooper}} \rangle = 2 \sum_{k > k_{\text{F}}} \varepsilon_{\boldsymbol{k}} |g_{\boldsymbol{k}}|^2 + \sum_{k, k' > k_{\text{F}}} V(\boldsymbol{k}, \boldsymbol{k}') g*_{\boldsymbol{k}} g_{\boldsymbol{k}'} \tag{3.16}$$

となり，波動関数の規格化条件 $\sum_{k > k_{\text{F}}} |g_{\boldsymbol{k}}|^2 = 1$ をラグランジュの未定乗数として入れると，$g_{\boldsymbol{k}}$ の決定方程式は

$$(2\varepsilon_{\boldsymbol{k}} - E) g_{\boldsymbol{k}} + \sum_{k' > k_{\text{F}}} V(\boldsymbol{k}, \boldsymbol{k}') g_{\boldsymbol{k}'} = 0 \tag{3.17}$$

となる．ここで，行列要素 $V(\boldsymbol{k}, \boldsymbol{k}')$ は $\boldsymbol{k}, \boldsymbol{k}'$ の値にはよらないと仮定して定数とおくと，この方程式の最低エネルギー解は，すべての $\varepsilon_{\boldsymbol{k}}$ より低くなることがわかる．つまり，縮退した電子気体において，電子間引力を印加すると，2 電子間の引力だけを考えた段階で，フェルミ球全体も組み替えないと最低エネルギー状態ではあり得なくなる．

これは，よく考えると異常なことである．なぜかというと，普通は 2 粒子の束縛問題では，粒子間引力がある一定の強さを超えない限りは束縛状態は発生しない（つまり，散乱状態が解となる）．ただし，1 次元系のような低次

元系では，どんなに弱い引力でも束縛してしまう[1]．実は，縮退した電子気体はフェルミ面があるために，実質上，1次元系のようになっている．これをフェルミ面効果（Fermi surface effect）とよぶ．

これを露わに見るために，$V(\boldsymbol{k}, \boldsymbol{k}') = -V < 0$ としたときの $g_{\boldsymbol{k}}$ の解を元の方程式に代入すると，

$$1 = V \sum_{k > k_{\mathrm{F}}} \frac{1}{2\varepsilon_k - E} = V D(E_{\mathrm{F}}) \int \frac{d\varepsilon}{2\varepsilon - E} \tag{3.18}$$

となる．ここで，$\boldsymbol{k}$ についての和をエネルギーについての積分に置き換え，その際に電子の状態密度 $D(E)$ を導入した（フェルミ・エネルギー E_{F} 近傍では値は一定とした）．この方程式は，1次元系における束縛状態を決める式と同形である．積分の上限をフォノンのエネルギー $\hbar\omega_{\mathrm{D}}$（デバイ（Debye）・エネルギーとよばれる）程度とすると，束縛エネルギーは $E \sim 2\hbar\omega_{\mathrm{D}} \exp[-2/D(E_{\mathrm{F}})V]$ のように求められる．以上を，クーパー不安定性（Cooper instability）とよぶ．

3.2.2 BCS 波動関数と BCS ギャップ関数

このように，電子間に引力があると，フェルミ面は不安定化することを見たが，それでは，フェルミ面上のすべての電子を考えたときに，どのような基底状態をとるであろうか．これを見るためには，フェルミ面上のあらゆる可能な 2 電子状態（クーパー・ペア）の間の量子力学的遷移確率を考え，それを取り入れた固有状態を探すことになる．これを行ったのがバーディーン（Bardeen），クーパー（Cooper），シュリーファー（Schrieffer）の 1957 年の論文で，**BCS 理論**とよばれるものである．

フェルミ面上のあらゆる可能なクーパー・ペアの間の遷移における始状態と終状態には様々なものがあるが，普通は，電子対の全運動量はゼロであり，反平行スピンをもつ場合を考える．つまり，クーパー・ペア間の遷移は，

$$(\boldsymbol{k}\uparrow, -\boldsymbol{k}\downarrow) \quad \rightarrow \quad (\boldsymbol{k}'\uparrow, -\boldsymbol{k}'\downarrow) \tag{3.19}$$

---

1) 例えば，L.D. Landau and L.M. Lifshitz：*Quantum Mechanics*：*Non-relativistic theory* 3rd ed.（Pergamon, 1981）の 4.5 節を参照．

のような過程（図 3.3(c)）のみを取り出すという **BCS** 近似をしよう[2]．これはスピン・シングレット・クーパー・ペアの形成による超伝導状態を考えることに対応する．

スピン・シングレットというのは以下のことである．クーパー・ペアは電子 2 個の状態であるが，各電子はスピン 1/2 をもっているので，量子力学でいうところの「2 個のスピン 1/2 の合成」を考えなければならない．これは，（古典的にはスピンが反対向きの）スピン・シングレット状態と，（古典的にはスピンが同方向に向いた）スピン・トリプレット状態から成る．5.4 節で述べるように，トリプレットが凝縮した超伝導も可能ではあるが，普通はシングレットが凝縮する．このために，↑,↓ のペアを考えるわけである．

この場合，BCS 近似ハミルトニアンとしては

$$\mathscr{H} = \sum_{\boldsymbol{k},\sigma} \xi(\boldsymbol{k}) c^\dagger_{\boldsymbol{k}\sigma} c_{\boldsymbol{k}\sigma} + \sum_{\boldsymbol{k},\boldsymbol{k}'} V(\boldsymbol{k},\boldsymbol{k}') c^\dagger_{\boldsymbol{k}\downarrow} c^\dagger_{-\boldsymbol{k}\uparrow} c_{-\boldsymbol{k}'\uparrow} c_{\boldsymbol{k}'\downarrow} \qquad (3.20)$$

をとることになる．ここで $\xi(\boldsymbol{k}) = \varepsilon(\boldsymbol{k}) - \mu$ は化学ポテンシャル μ から測った電子のバンド分散 $\varepsilon(\boldsymbol{k})$ である．第 2 項の $V(\boldsymbol{k},\boldsymbol{k}')$ は (3.13) で求めたフォノン起因の引力相互作用が念頭にあるが，ここでは一般的な形に書いておく．この項があるために多体問題となり，(3.20) は厳密には解けない．これを 2 通りの近似的方法で解いてみよう．

平均場近似

超伝導という難しい問題にいかずとも，一般に多体問題を解くのはやさしくはない．第二量子化でいうと，ハミルトニアンにおいて相互作用項は電子の生成・消滅演算子 4 個の積から成るが，この固有関数は一般には解けない．

---

[2] 散乱過程において，全運動量がノンゼロのペアの間の散乱 $(\boldsymbol{k}_1,\boldsymbol{k}_2) \to (\boldsymbol{k}_3,\boldsymbol{k}_4)$ も存在はする．しかし，$\boldsymbol{k}_1+\boldsymbol{k}_2 = \boldsymbol{k}_3+\boldsymbol{k}_4$ を満たし，かつ $\boldsymbol{k}_1,\boldsymbol{k}_2,\boldsymbol{k}_3,\boldsymbol{k}_4$ がすべて E_F 上にあるペア散乱は，図 3.4 のように，フェルミ面上のある線上のペアの間にしか存在しないので，無視できる．

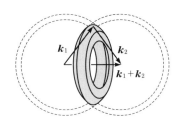

図 3.4

通常まず行われる方法は，$c^\dagger c^\dagger cc \to \langle c^\dagger c\rangle c^\dagger c$ と近似して 1 体問題に落とすハートリー－フォック（Hartree - Fock）近似（平均場近似の一種）である．$\langle c^\dagger c\rangle$ が平均場に対応する．

一方，超伝導状態を記述するためには平均場として $\langle c_{\boldsymbol{k}\uparrow}c_{-\boldsymbol{k}\downarrow}\rangle$ や $\langle c^\dagger_{-\boldsymbol{k}\downarrow}c^\dagger_{\boldsymbol{k}\uparrow}\rangle$ の形（下で述べる南部表示では非対角とよばれる項）を導入する必要がある．これは 2.3 節で解説した，ゲージ対称性が自発的に破れた状態を記述するには必須のことである．実際，普通の $\langle c^\dagger c\rangle$ の形の秩序パラメータは，電子の生成・消滅演算子にゲージ変換を施して，$c \to c e^{i\phi}$, $c^\dagger \to c^\dagger e^{-i\phi}$ と変換しても不変であるが，$\langle cc\rangle$ や $\langle c^\dagger c^\dagger\rangle$ の形の秩序パラメータは，ゲージ不変性を露わに破っている．

この平均場近似をすると，ハミルトニアンは

$$\mathscr{H}_{\mathrm{BCS}} = \sum_{\boldsymbol{k},\sigma} \xi(\boldsymbol{k})\, c^\dagger_{\boldsymbol{k}\sigma}c_{\boldsymbol{k}\sigma} - \sum_{\boldsymbol{k}} \left[\Delta(\boldsymbol{k})c^\dagger_{-\boldsymbol{k}\downarrow}c^\dagger_{\boldsymbol{k}\uparrow} + \Delta^*(\boldsymbol{k})c_{\boldsymbol{k}\uparrow}c_{-\boldsymbol{k}\downarrow} \right]$$
$$+ \sum_{\boldsymbol{k}} \Delta(\boldsymbol{k})\langle c^\dagger_{-\boldsymbol{k}\downarrow}c^\dagger_{\boldsymbol{k}\uparrow}\rangle \tag{3.21}$$

となる．ここで平均場 Δ は，$\langle cc\rangle$ を $\boldsymbol{k}$ について和をとった

$$\Delta(\boldsymbol{k}) = -\sum_{\boldsymbol{k}'} V(\boldsymbol{k},\boldsymbol{k}')\langle c_{\boldsymbol{k}'\uparrow}c_{-\boldsymbol{k}'\downarrow}\rangle \tag{3.22}$$

という形をしており，**BCS ギャップ関数**（gap function）とよばれる[3]．これがゼロでない状態が超伝導秩序状態になる．また (3.20) で (3.19) の形の散乱しか考えなかったのは，平均場の非対角項のうち $\langle c_{\boldsymbol{k}+\boldsymbol{q}\uparrow}c_{-\boldsymbol{k}\downarrow}\rangle$ $(\boldsymbol{q} \neq 0)$ のものはゼロとすることに対応する．

上で大事な役割をする $\langle c_{\boldsymbol{k}\uparrow}c_{-\boldsymbol{k}\downarrow}\rangle$ や $\langle c^\dagger_{\boldsymbol{k}\uparrow}c^\dagger_{-\boldsymbol{k}\downarrow}\rangle$ を非対角形とよぶ謂れは，南部による．

$$\psi_{\boldsymbol{k}} \equiv (c_{\boldsymbol{k}\uparrow},\, c^\dagger_{-\boldsymbol{k}\downarrow})^{\mathrm{t}} \tag{3.23}$$

$$\psi^\dagger_{\boldsymbol{k}} \equiv (c^\dagger_{\boldsymbol{k}\uparrow},\, c_{-\boldsymbol{k}\downarrow}) \tag{3.24}$$

---

3)　ギャップ関数（示強性の量）を超伝導の秩序パラメータと混同してはならない．秩序パラメータは，2.3.1 項で述べたように超流動密度（示量性）であり，超流動密度の具体的な表式は (8.3) で触れる．

62   3. BCS 理論

のような2成分場（南部表示）を導入すると，非対角項は非対角成分をもつ
パウリ行列 σ_x を用いて $\psi_{\bm{k}}^\dagger \sigma_x \psi_{\bm{k}} = c_{\bm{k}\uparrow}^\dagger c_{-\bm{k}\downarrow}^\dagger + c_{\bm{k}\uparrow} c_{-\bm{k}\downarrow}$ のように表せること
による．これは，相対論的量子力学に現れるスピノール場（そこでは σ は粒
子のスピンを表す）と同じ形で，いまの問題では相対論というわけではない
が，粒子と正孔が混ざる物理現象を2成分場で表すと，スピノールと似た形
になるということである．

　平均場ハミルトニアン (3.21) は，$c, c^\dagger$ に関しての2次形式だから，線形代
数が教えるように，線形変換

$$\begin{cases} \alpha_{\bm{k}\uparrow} = u_{\bm{k}} c_{\bm{k}\uparrow} - v_{\bm{k}} c_{-\bm{k}\downarrow}^\dagger \\ \alpha_{-\bm{k}\downarrow}^\dagger = u_{\bm{k}} c_{-\bm{k}\downarrow} + v_{\bm{k}}^* c_{\bm{k}\uparrow}^\dagger \end{cases} \tag{3.25}$$

により対角化する（普通の $c^\dagger c$ の形にする）ことができる[4]．これはボゴリュー
ボフ (Bogoliubov) 変換とよばれる．$\mathscr{H}_{\mathrm{BCS}}$ において $c^\dagger c$ だけでなく $c^\dagger c^\dagger$ や
cc の形が混ざっていることに対応して，この変換は粒子の消滅演算子 c と生
成演算子 $c^\dagger$ を混ぜる（電子と，電子の反粒子である正孔を混ぜる）変換に
なっているのが，普通の（常伝導状態の）場合と本質的に違うところである．

　ボゴリューボフ変換は，超伝導状態を出発状態として，そこから系を励起
したときに生じる一種の粒子（準粒子）に対する生成・消滅演算子をつくっ
たと見なすことができる．つまり，

$$u_{\bm{k}}^2 + |v_{\bm{k}}|^2 = 1 \tag{3.26}$$

の条件を課せば,普通のフェルミオンの生成・消滅演算子の交換関係 $\{\alpha_{\bm{k}\sigma}^\dagger, \alpha_{\bm{k}\sigma}\}$
$= 1$ を満たす．(3.25) の逆変換を (3.21) の $\mathscr{H}_{\mathrm{BCS}}$ に代入して非対角項（$\alpha\alpha$
および $\alpha^\dagger \alpha^\dagger$）の係数をゼロにするために，

$$2\xi(\bm{k}) u_{\bm{k}} v_{\bm{k}}^* - \Delta(\bm{k}) v_{\bm{k}}^{*2} + \Delta(\bm{k})^* u_{\bm{k}}^2 = 0 \tag{3.27}$$

とおくと，(3.26), (3.27) から

$$u_{\bm{k}}^2 = \frac{1}{2}\left[1 + \frac{\xi(\bm{k})}{E(\bm{k})}\right], \qquad |v_{\bm{k}}|^2 = \frac{1}{2}\left[1 - \frac{\xi(\bm{k})}{E(\bm{k})}\right] \tag{3.28}$$

$$E(\bm{k}) = \sqrt{\xi(\bm{k})^2 + |\Delta(\bm{k})|^2} \tag{3.29}$$

---

4)　係数の片方 $u_{\bm{k}}$ は，一般性を失うことなく実数にとれる．

となる.

ボゴリューボフ変換と変分法による解法

普通の超伝導体（高温超伝導体や第 6, 7 章で説明するエキゾチックな超伝導体以外のもの）では，クーパー・ペアは s 波（ペアを成す 2 電子の相対角運動量がゼロ）であり，このときは $\Delta(\boldsymbol{k})$ が $\boldsymbol{k}$ に依存せず，$u_{\boldsymbol{k}}, v_{\boldsymbol{k}}$ は図 3.5 のようなエネルギー依存性をもつ．特に $v_{\boldsymbol{k}}$ は絶対零度であっても，超伝導状態では有限温度におけるフェルミ分布関数のような形をもつ．

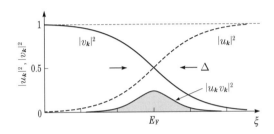

図 **3.5** BCS 波動関数に現れる係数 $u_{\boldsymbol{k}}, v_{\boldsymbol{k}}$ の絶対値のエネルギー依存性．両者の積 $|u_{\boldsymbol{k}} v_{\boldsymbol{k}}|^2$ の振る舞いも示す．Δ は BCS ギャップの大きさ．

また，対角化されたエネルギー $E(\boldsymbol{k})$ は図 3.6 のように振る舞う．これによって対角化されたハミルトニアンは

$$\mathscr{H} = E_{\mathrm{GS}} + \sum_{\boldsymbol{k}} E(\boldsymbol{k})(\alpha_{\boldsymbol{k}\uparrow}^{\dagger}\alpha_{\boldsymbol{k}\uparrow} + \alpha_{-\boldsymbol{k}\downarrow}^{\dagger}\alpha_{-\boldsymbol{k}\downarrow}) \tag{3.30}$$

$$E_{\mathrm{GS}} = \sum_{\boldsymbol{k}} \left[2\xi(\boldsymbol{k})|v_{\boldsymbol{k}}|^2 + 2\Delta(\boldsymbol{k}) u_{\boldsymbol{k}} v_{\boldsymbol{k}}^* + \Delta(\boldsymbol{k})\langle c_{-\boldsymbol{k}\downarrow}^{\dagger} c_{\boldsymbol{k}\uparrow}^{\dagger}\rangle \right] \tag{3.31}$$

となる．E_{GS} は基底状態のエネルギーを与え，$\mathscr{H}$ の第 2 項（$\alpha^{\dagger}\alpha$ の形）は基底状態からの準粒子の励起エネルギーを与える．準粒子励起の分散 $E(\boldsymbol{k})$ には，ギャップ $|\Delta(\boldsymbol{k})|$ が存在することに注意しよう（図 3.6）．

基底状態 $|\Psi_{\mathrm{BCS}}\rangle$ は準粒子の真空(励起されていない状態)，つまり $\alpha_{\boldsymbol{k}\uparrow}|\Psi_{\mathrm{BCS}}\rangle = \alpha_{-\boldsymbol{k}\downarrow}|\Psi_{\mathrm{BCS}}\rangle = 0$ を満たす状態であり，有名な **BCS 波動関数**

$$|\Psi_{\mathrm{BCS}}\rangle = \prod_{\boldsymbol{k}} \left(u_{\boldsymbol{k}} + v_{\boldsymbol{k}} c_{\boldsymbol{k}\uparrow}^{\dagger} c_{-\boldsymbol{k}\downarrow}^{\dagger} \right) |0\rangle \tag{3.32}$$

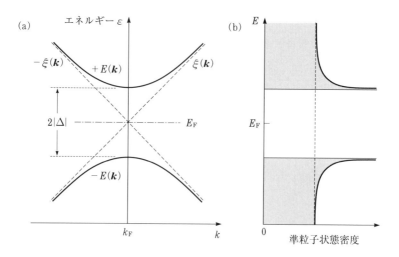

図 **3.6** BCS 基底状態からの準粒子励起について，(a) は分散（波数 k の関数としての励起エネルギー），(b) は状態密度．Δ は BCS ギャップの大きさ．

を得る（本章の演習問題 [6]）．ここで，$|0\rangle$ は電子に対する真空である．

一方，$\Delta(\boldsymbol{k})$ は通常の平均場近似と同じく，理論がセルフコンシステントであるための条件から決まる．すなわち，(3.22) の右辺の $\langle\ \rangle$ をハミルトニアン (3.30) で評価することにより右辺を $\Delta(\boldsymbol{k})$ を用いて表せば，$\Delta(\boldsymbol{k})$ を決定する方程式が得られる．準粒子は自由な（BCS 理論では相互作用しない）フェルミオンだから，温度 $k_\mathrm{B}T \equiv 1/\beta$ での平均個数は

$$\langle \alpha^\dagger_{\boldsymbol{k}\uparrow}\alpha_{\boldsymbol{k}\uparrow}\rangle = \langle \alpha^\dagger_{-\boldsymbol{k}\downarrow}\alpha_{-\boldsymbol{k}\downarrow}\rangle = f(E(\boldsymbol{k})) \tag{3.33}$$

で与えられる．ここで，$f(E) \equiv 1/(e^{\beta E}+1)$ はフェルミ分布関数である（いまは，電子のエネルギーは化学ポテンシャル μ から測っている）．これと (3.25) から

$$\langle c_{\boldsymbol{k}\uparrow}c_{-\boldsymbol{k}\downarrow}\rangle = \frac{\Delta(\boldsymbol{k})}{2E(\boldsymbol{k})}\tanh\left[\frac{1}{2}\beta E(\boldsymbol{k})\right] \tag{3.34}$$

となり，$\Delta(\boldsymbol{k})$ の決定方程式（ギャップ方程式）は

$$\Delta(\boldsymbol{k}) = -\sum_{\boldsymbol{k}'} V(\boldsymbol{k},\boldsymbol{k}')\frac{\Delta(\boldsymbol{k}')}{2E(\boldsymbol{k}')}\tanh\left[\frac{1}{2}\beta E(\boldsymbol{k}')\right] \tag{3.35}$$

で与えられる.

ここで, 相互作用 $V(\boldsymbol{k}, \boldsymbol{k}')$ をフェルミ面上の平均値 $-V \equiv \langle V(\boldsymbol{k}, \boldsymbol{k}') \rangle_{\mathrm{FS}}$ で近似して $\boldsymbol{k}$ 依存性を無視しよう. いまは V として有効引力 (3.13) を考えているので $-V < 0$ である. すると

$$\Delta = V \sum_{\boldsymbol{k}'} \frac{\Delta}{2E(\boldsymbol{k}')} \tanh\left[\frac{1}{2}\beta E(\boldsymbol{k}')\right] \tag{3.36}$$

となり, 右辺は $\boldsymbol{k}$ によらなくなるので, $\Delta(\boldsymbol{k})$ の波数依存性は消える.

温度を下げたときに Δ が初めてゼロでなくなる温度, すなわち超伝導転移温度 T_{c} を求めるために, (3.36) の両辺を Δ で割った後に $E(\boldsymbol{k}')$ 中で $\Delta \to 0$ とすると

$$1 = V \sum_{\boldsymbol{k}'} \frac{1}{2\xi(\boldsymbol{k}')} \tanh\left[\frac{1}{2}\frac{\xi(\boldsymbol{k}')}{k_{\mathrm{B}}T_{\mathrm{c}}}\right] \tag{3.37}$$

となる. 右辺の $\displaystyle\sum_{\boldsymbol{k}'}$ は, フォノン媒介相互作用が効く範囲であるフェルミ・エネルギーから ω_{D} 以内のエネルギーにある状態に関する和であり,

$$1 \simeq V D(E_{\mathrm{F}}) \int_{-\omega_{\mathrm{D}}}^{\omega_{\mathrm{D}}} \frac{1}{2\xi} \tanh\left[\frac{1}{2}\frac{\xi(\boldsymbol{k}')}{k_{\mathrm{B}}T_{\mathrm{c}}}\right] d\xi \simeq \lambda \log\left(\frac{2\gamma\omega_{\mathrm{D}}}{\pi k_{\mathrm{B}}T_{\mathrm{c}}}\right) \tag{3.38}$$

と近似される. ここで第 1 の等式では, ω_{D} が電子のエネルギー・スケールに比べて小さいとして, 積分範囲内における状態密度を一定値 $= D(E_{\mathrm{F}})$ (フェルミ・エネルギーにおける状態密度) とした. また, 第 2 の等式では $x \equiv \xi/2k_{\mathrm{B}}T_{\mathrm{c}}$ を変数として部分積分を行った後に, $k_{\mathrm{B}}T_{\mathrm{c}} \ll \omega_{\mathrm{D}}$ を仮定して

$$\int_{0}^{\omega_{\mathrm{D}}/2k_{\mathrm{B}}T_{\mathrm{c}}} dx \frac{\log x}{\cosh^2 x} \simeq \int_{0}^{\infty} dx \frac{\log x}{\cosh^2 x} = -\log\frac{4\gamma}{\pi} \tag{3.39}$$

と近似した. ここで $\log\gamma = 0.577\cdots$ はオイラー定数である. また,

$$\lambda \equiv V D(E_{\mathrm{F}})$$

は, 状態密度を掛けて無次元化した相互作用である.

(3.38) から, $\lambda > 0$ (引力) のときに限って T_{c} (> 0) が存在することがわかり, T_{c} の表式

66　3. BCS理論

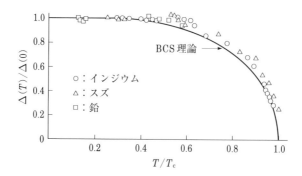

図 3.7　BCS ギャップ Δ の温度依存性．データ点は，様々な超伝導物質に対する実験結果．(I. Giaever and K. Megerle：Phys. Rev. **122**, 1101 (1961).)

$$k_B T_c = 1.13 \omega_D \exp\left(-\frac{1}{\lambda}\right) \tag{3.40}$$

を得る．(3.40) を見ると，$k_B T_c \ll \omega_D$ という仮定は，結果的に $\lambda \equiv V D(E_F) \ll 1$（弱い電子-フォノン相互作用）を仮定したことになっている．$T < T_c$ での Δ は (3.36) に戻って求めることができ，その温度依存性を図 3.7 に示す．

一方，絶対零度における $\Delta(0)$ は，(3.36) で $T = 0$ とおいた後に，T_c を求める場合と同様の変形をして

$$1 = \lambda \int_{-\omega_D}^{\omega_D} \frac{d\xi}{2\sqrt{\xi^2 + \Delta^2(0)}} \simeq \lambda \log \frac{2\omega_D}{\Delta(0)} \tag{3.41}$$

すなわち，

$$\Delta(0) = 2\omega_D \exp\left(-\frac{1}{\lambda}\right) \tag{3.42}$$

を得る．(3.40) と (3.42) より，BCS 理論の範囲では，BCS ギャップ $\Delta(0)$ と超伝導転移温度 T_c とは，物質によらない比例関係式

$$\frac{2\Delta(0)}{k_B T_c} = 3.53 \tag{3.43}$$

で結ばれている．普通は $T_c \sim 10\,\mathrm{K}$ なので，$\Delta \sim 1\,\mathrm{meV}$ である．ギャップは，実験的にはトンネル分光などで観測する．図 3.8 に典型例を示す．

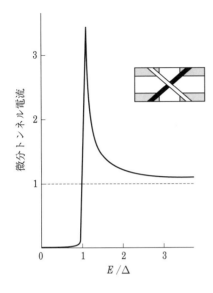

図 3.8 トンネル接合の実験により求められた BCS ギャップ (I. Giaever, et al.: Phys. Rev. **126**, 941 (1962)). 挿図は，接合の概念図.

このように BCS 状態がわかると，以下のことが言える．BCS 状態は，粗くはクーパー・ペアのボース凝縮であるが，正確には，単純なボース凝縮状態（何らかのボソン演算子を $a^\dagger$ として，$(a^\dagger)^N|0\rangle$ といったような状態）ではなく，BCS 波動関数という，膨大な数のフェルミオン対状態の重ね合わせで表される．すると，ペアのボース凝縮というよりは，ギャップ関数 Δ 程度のエネルギー幅に亘る k 状態を組み替えて重ね合わせたものであり，k 空間でのこの分布幅は $\delta k \sim \Delta/\hbar v_\mathrm{F}$（$v_\mathrm{F}$ はフェルミ面近傍での電子の速度）となる．

実空間では，この幅は

$$\xi_0 \sim \frac{\hbar v_\mathrm{F}}{\Delta} \tag{3.44}$$

となり，BCS 状態になったための効果（電子の運動量が電子気体の場合のように独立な値をとるのではなく，粒子が BCS 状態が記述するような一定の相関をもつ効果）が ξ_0 程度の長さに亘って生じる．この長さが，第 2 章で導入したコヒーレンス長に対する BCS 理論での表式となる．

様々な系に対するコヒーレンス長は，

物　質	コヒーレンス長 ξ
Al（通常の低温超伝導体の典型）	16000 Å
超流動 ^{3}He	800 Å
高温超伝導体	20 Å

のようになり，つまり，普通は $k_F\xi \gg 1$ が成り立つが，高温超伝導体は例外である．ここで k_F はフェルミ波数で，普通は結晶の格子定数の逆数程度の値をもつ．$k_F = (\hbar/m_0)v_F$ なので（m_0 は粒子の有効質量），$E_F \gg \Delta$ ならば $k_F\xi \gg 1$ となる．

クーパー・カルテットはないのか？

超伝導はおおざっぱに言って，クーパー・ペア（2個の電子（フェルミオン）から成り，ボソン）がボース-アインシュタイン凝縮をする．もっと一般に，偶数個のフェルミオンはボソンであるから，例えば4個の電子が，いわばクーパー・カルテットを組んで，それがボース-アインシュタイン凝縮することは可能であろうか？原理的には可能であるが，単純に実現するとは思えない．というのは，スピン 1/2 をもつ電子では，2個でスピン・シングレットという閉じた状態をつくるので，まずはペアが凝縮するはずであり，カルテットだけが凝縮という状況は普通は考えにくい．

より複雑な内部自由度をもつ場合については最近では，質量が異なる2成分フェルミオン系の複合体（軽いフェルミオン1つ＋重いフェルミオン3つ）による quartet superfluid の可能性が考えられている[5]．機構としては，重いフェルミオンの間に，軽いフェルミオンに媒介された長距離有効引力が生じるとされている．また，電子・正孔液体において，bi-exciton のようなクーパー・カルテットが凝縮する可能性も考えられている[6]．

BCS 状態を記述する1つの方法として，アンダーソンによる擬スピン表示があり，この形式は，9.1節の超伝導におけるヒッグス・モードの理論的記述にも役立つので，そこで解説する．

---

[5] R. Liu, *et al.*: Phys. Rev. Lett. **131**, 193401（2023）.
[6] Y. Guo, *et al.*: Phys. Rev. Research **4**, 023152（2022）.

3.2.3 BCS 状態の熱力学

さて，以上で BCS 状態がわかったが，本書の第 2 章で強調したように，超伝導状態への転移は相転移の一種であり，自由エネルギーが常伝導相より低い．これを見てみよう．

前項のボゴリューボフ変換において，$\alpha^\dagger, \alpha$ という準粒子の生成消滅演算子を導入した．そこでは，BCS 状態は準粒子が存在しない状態に相当する．第二量子化の言葉でいうと，ハミルトニアンを $\sum \alpha^\dagger \alpha$ という対角形にした表示において，準粒子の真空（消滅演算子 α を演算するとゼロになる状態）である．実際，$\alpha_{\bm{k}\sigma}|\mathrm{BCS}\rangle = 0$ を示すことができる．つまり，この表示の真空ということは，最低エネルギー状態をとったことと等価である．逆に，準粒子を励起するということは，クーパー・ペアを壊して単一の電子を生成することになり，生成するためには超伝導ギャップを跨がなければならないので，エネルギー Δ が必要というわけである．

自由エネルギー

このことを用いて，一般に有限温度での自由エネルギーを計算することができる．計算の流れとしては，有限温度では準粒子が熱励起されるので，その熱平均を計算する．自由エネルギーとしては，第 2 章では F という記号を用いたが，ここでは，粒子数が不定の大正準集合における自由エネルギーであることを明示するために Ω という記号で表そう．Ω とハミルトニアン $\mathscr{H}$ とは，

$$e^{-\frac{\Omega}{k_\mathrm{B}T}} = \mathrm{Tr}\, e^{-\frac{\mathscr{H}}{k_\mathrm{B}T}} \tag{3.45}$$

により結ばれ，$\mathscr{H}$ は (3.30) で与えられる．その式において，演算子ではない項 E_GS では，$u_{\bm{k}}, v_{\bm{k}}$ に対しては (3.28) を代入し，$\langle c^\dagger_{-\bm{k}\downarrow} c^\dagger_{\bm{k}\uparrow}\rangle$ では，(3.22) で $V(\bm{k}, \bm{k}') = -V$ としたものを代入する．また，$\alpha^\dagger \alpha$ を含む項では，(3.33) を用いることにより，

$$\Omega = \frac{\Delta^2}{V} - \sum_k \left[\sqrt{\xi_k^2 + \Delta^2} - \xi_k\right] - 2k_\mathrm{B}T \sum_k \ln\left[1 + \exp\left(-\frac{\sqrt{\xi_k^2 + \Delta^2}}{k_\mathrm{B}T}\right)\right] \tag{3.46}$$

となる．ここで T が T_c の近くであるとして Δ は小さいとすると，上の式を

70　3.　BCS 理論

Δ のべき乗に展開でき，（面倒な計算の後）Δ の 4 次まででは（定数は除いて）

$$\Omega = D(E_\mathrm{F}) \left(\frac{T - T_\mathrm{c}}{T_\mathrm{c}} \right) \Delta^2 + \frac{7\zeta(3)D(E_\mathrm{F})}{8\pi^2 k_\mathrm{B}^2 T_\mathrm{c}^2} \frac{\Delta^4}{2} \tag{3.47}$$

となる．これは，第 2 章におけるギンツブルグ–ランダウ理論の式を，BCS 理論というミクロな理論から導いたことになる[7]（ζ はゼータ関数）．

以上の BCS 理論では，電子–フォノン結合定数 λ が弱いという仮定の元であり，さらに，電子間のクーロン斥力の効果も取り込まれていない．その効果を上記の枠組みの中に取り込む試みは，まずマクミラン（McMillan）[8] によって

$$k_\mathrm{B}T_\mathrm{c} = 1.13\hbar\omega_\mathrm{D} \, \exp\left(-\frac{1+\lambda}{\lambda - \mu^*} \right) \tag{3.48}$$

のようになることが示され（ここでは簡単のために 1 程度のファクターは省略），これはマクミラン理論とよばれる（3.3.1 項も参照）．

まず，λ 依存性については，指数の肩の分子と分母の双方に λ が入っており，電子–フォノン結合定数を強くしたときに T_c は際限なく上昇するのではなく，頭打ちになる．さらに，クーロン相互作用の効果が，$\mu^* = D(E_\mathrm{F})v_\mathrm{c}$ というパラメータで入っており，$D(E_\mathrm{F})$ はフェルミ・エネルギーにおける状態密度，v_c は遮蔽されたクーロン相互作用である．クーロン斥力によって引力が $\lambda \to \lambda - \mu^*$ のように弱められ，超伝導の転移温度が抑えられることを表現している．

こうして，超伝導転移温度はデバイ温度（〜 数 100 K）の 10％程度が上限であると考えられてきた．このため，T_c は 20 〜 30 K 程度で頭打ちになるのでは，という考えが 1980 年代までは大勢を占めていた（3.3.1 項を参照）．

以上で重要な点は，次の 3 点である．

（ⅰ）超伝導を引き起こすのに要因となるのは (3.19) のような “クーパー・ペアの散乱” である．ここで散乱というのは，多体相互作用（ここでは電子・

---

7)　結合定数 V について，自由エネルギーを積分して求めることもできる．例えば，Landau and Lifshitz Course of theoretical physics, *Statistical Physics* Part 2（Pergamon, 1980）の Ch.5 を参照．

8)　W.L. McMillan：Phys. Rev. **167**, 331（1968）.

フォノン結合）のために，或るクーパー・ペアの始状態が，別の終状態に量子力学的に遷移する過程のことである．特に，Δ が波数依存性をもたない s 波超伝導は電子間引力（$-V < 0$）によって引き起こされる．

（ii）　電子－フォノン相互作用を支配しているエネルギー・スケールはフォノンの代表的なエネルギーであるデバイ・エネルギー $\hbar\omega_D$（通常 100 K のオーダー）であり，これは，電子の代表的なエネルギーであるフェルミ・エネルギー（通常 1 eV ～ 10000 K のオーダー）より 2 桁程度小さい．超伝導転移に際しては，縮退したフェルミ気体（Fermi sea）はフェルミ面の $\hbar\omega_D$ の近傍内のみで組み替えを受けるので，組み替え領域は非常に薄皮ということになる．

（iii）　さらに，ギャップ方程式を解くことで，組み替わるエネルギー範囲の指標である Δ は $\hbar\omega_D$ よりさらに小さく，$\hbar\omega_D$ に指数関数的に小さい因子を掛けたもの（(3.42)）であることがわかる．この指数関数が $\exp(-1/\lambda)$ のように，無次元化した引力相互作用 $\lambda \equiv V D(E_F)$ の関数として $\lambda \to 0$ としたときに真性特異点（essential singularity）をもつことからわかるように，超伝導転移は非摂動効果である．

つまり，相互作用 λ をゼロから連続的に増やしたときに，新しい状態は λ の 1 次，2 次，$\cdots$ というようにじわじわ生じてくるのではなく，一気に組み替わる．それに対応して，Δ は λ の 1 次，2 次，$\cdots$ のようには成長せず，特異的に小さい．このように，超伝導を特徴づけるゲージ対称性の自発的破れは，相互作用に対する非摂動効果である．

同位体効果

普通の（低温）超伝導体において，超伝導が電子－格子機構であることは，転移温度 T_c の実験値が，（強結合超伝導体も含めて）理論値と大体合う，などの状況証拠の他に，直接的な証拠として，同位体効果がある．

超伝導の機構が電子－格子相互作用だとすると，その転移温度は

$$T_c \propto \frac{1}{\sqrt{M}} \tag{3.49}$$

のように物質の原子核の質量 M の平方根に反比例するはずである．これは，(3.42)，(3.43) から $T_c \propto \Delta(0)$ の係数にフォノン・エネルギー ω_D が掛かっ

ており，これは (3.5) のように $1/\sqrt{M}$ に比例することからわかる．

図 3.9 に，実験結果の例を示す．ただし実際には低温超伝導体といえども電子 – 電子相互作用はあり，これの共存を考えると，質量依存性は変わり得て，実験的にもこれが観測されている．

スピン帯磁率と磁場侵入長

BCS 理論を用いると，スピン帯磁率を計算することができる．ハミルトニアンに磁場 H からくる項 $-\mu_{\rm B} H \sum_{\bm k}(n_{\bm k\uparrow} - n_{\bm k\downarrow})$ を加

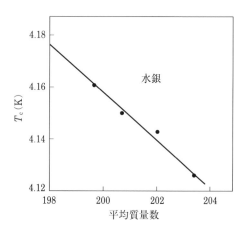

図 3.9 超伝導体（水銀）における同位体効果の実験結果．(C.A. Reynolds, *et al.*: Phys. Rev. **78**, 487（1950）．)

え，線形応答理論から帯磁率を計算する．結果を表した図 3.10(a) では，超伝導状態での帯磁率 $\chi_{\rm S}$ と，常状態での帯磁率 $\chi_{\rm N}$ の比を温度に対してプロッ

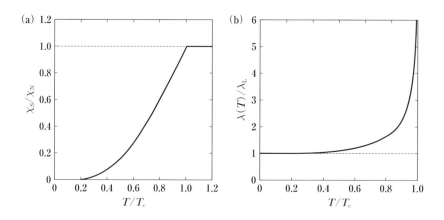

図 3.10 (a) 超伝導状態での帯磁率 $\chi_{\rm S}$ と，常伝導状態での帯磁率 $\chi_{\rm N}$ の比を温度に対してプロット．
(b) 磁場侵入長 $\lambda(T)$ とロンドンの磁場侵入長 $\lambda_{\rm L}$ との比を温度に対してプロット．

トした．T_c 以下でこの量は下がり始め，$T = 0$ では，すべての電子のスピンがシングレット・ペアを形成するためにゼロとなる．

磁場をかけたときに超伝導体から磁束が排除される効果も，BCS 状態が空間依存し，磁場も空間依存するとして線形応答理論を適用すると，磁場侵入長に対して第 1 章の (1.10) が得られる．計算を有限温度で行えば，図 3.10(b) のような磁場侵入長の温度依存性 $\lambda(T)$ が得られる．ここで λ_L は $T = 0$ での磁場侵入長で，第 1 章で導入したロンドンの磁場侵入長である．

粒子数不定と位相確定

BCS 波動関数は極めて特徴的な形をしているが，物理的に重要なのは，この波動関数は「粒子（電子）数が不定で，波動関数の位相が確定した状態」を表現していることをここで改めて強調したい．これを露わに見るために，BCS 波動関数を，

$$\Psi_\theta = \prod_k (u_k + e^{i\theta} v_k c_{-k\downarrow}^\dagger c_{k\uparrow}^\dagger)|0\rangle \tag{3.50}$$

の形に書こう．ここでは，$c_{-k\downarrow}^\dagger c_{k\uparrow}^\dagger$ の係数に，わざと位相因子 $e^{i\theta}$ を掛けてある（こうしても，$u_k^2 + |v_k|^2 = 1$ の条件はそのままでよい）．超伝導の平均場を計算すると，

$$\langle \Psi_\theta | c_\uparrow(r) c_\downarrow(r) | \Psi_\theta \rangle = e^{i\theta} \sum_k u_k v_k \tag{3.51}$$

となる（ここで $c_\sigma(r) = \sum_k e^{ik \cdot r} c_{k\sigma}$）．

この式を $e^{i\theta}$ のべき乗で展開し，クーパー・ペアの生成演算子 $B_k^\dagger \equiv c_{-k\downarrow}^\dagger c_{k\uparrow}^\dagger$ を導入すると，

$$\Psi_\theta \propto \left[1 + e^{i\theta} \sum_k h_k B_k^\dagger + \cdots + \frac{1}{n!} e^{in\theta} \left(\sum_k h_k B_k^\dagger \right)^n + \cdots \right] \Big| 0 \Big\rangle \tag{3.52}$$

となる．ここで $h_k \equiv v_k/u_k$ である．つまり，BCS 状態は，電子数が 0 個の状態，2 個の状態，4 個の状態，$\cdots$ の線形結合である．電子数が $N = 2n$ 個

の状態の係数には $e^{in\theta}$ が入っている.電子数が N 個の状態 Ψ_N だけを取り出したければ,

$$\Psi_N = \frac{1}{\sqrt{A_N}} \int_0^{2\pi} \frac{d\theta}{2\pi} e^{-i\frac{N\theta}{2}} \Psi_\theta \tag{3.53}$$

として計算され(ここで A_N は規格化定数),このフーリエ逆変換として,

$$\Psi_\theta = \sum_{N=0}^{\infty} \sqrt{A_N} e^{i\frac{N\theta}{2}} \Psi_N \tag{3.54}$$

と表すこともできる.

ここで,相転移としての超伝導に関して1つコメントしておくと,BCS 理論は基本的には平均場であり,これを超えると,例えば相転移における臨界指数や,転移の次数といった基本的な性質が変わる.すなわち,平均場からの揺らぎを考慮すると,超伝導相転移は2次ではなく,弱い1次転移である,という示唆がある[9].また,層状物質や2次元系では,2次元超伝導体における BKT 転移の物理も大きな興味であるが,これについては 8.1 節で解説する.

 朝永振一郎と BCS 波動関数

BCS 理論の根幹を成す BCS 波動関数は,粒子数が不定という非常に特異な形をしている.アメリカ物理学会(創立 1899 年)が,創立 100 周年を 1999 年に祝って Reviews of Modern Physics 誌の特集号を出版したときに,シュリーファーが超伝導の歴史を語った(J.R. Schrieffer and M. Tinkham:Rev. Mod. Phys. **71**, S313 (1999)).そこで,BCS 波動関数の形は「π 中間子と核子の問題を扱った朝永振一郎のアプローチとのアナロジーから構成した」と述べている.シュリーファーは,1992 年の Physics Today のバーディーン特集号でも同じことを述べている

---

9) B.I. Halperin, *et al.*:Phys. Rev. Lett. **32**, 292 (1974);D.J. Amit and V. Martin-mayor:*Field theory, the renormalization group, and critical phenomena*, 3rd ed. (World Scientific, 2005), Ch.4;H. Kleinert:Cond. Matter Phys. **8**, 75 (2005);池田隆介:「超伝導転移の物理」(丸善出版,2012).第 5 章;カラー超伝導の観点では T. Matsuura, *et al.*:Phys. Rev. D **69**, 074012 (2004).

（J.R. Schrieffer：Phys. Today **45**, No.4, 46（1992））. 朝永の論文は, *Progress of theoretical physics* という日本の専門誌に 1947 年に出版されたもので, 当時彼は, 現在の言葉でいえば π 中間子と核子の波動関数を求めようとしており, π 中間子が 0 個, 2 個, 4 個, ··· の場合を包括する定式化を議論した. この論文（S. Tomonaga：Progr. Theoret. Phys. **2**, 6（1947））は, 1946 年に創刊されたこの専門誌の創刊 2 年目に当たり, 粗悪な紙質が終戦直後の時代を偲ばせるが, 10 年後の BCS 理論を触発したわけである.

これについては, より最近の F. Palumbo, *et al.*: Supercond. Nov. Magn. **29**, 3107（2016）が朝永理論と BCS 波動関数の関係をわかりやすく解説しており, 歴史的考察（BCS 状態（ペアが空間的に広がり, 重なりも大きい）と BEC 状態（ペアはコンパクト）との関係についての当時の議論や, 朝永の別の理論である中間結合理論と BCS 理論との関連, など）も行われている.

また, 朝永と超伝導については以下のような間接的な関わりもある. 1 次元の相関電子系に対しては, 一種のボソン化を行って扱うことができることを示した「朝永理論」（アメリカなどでは Tomonaga-Luttinger 理論とよばれるが, 朝永で基本は提示されている）があり, これは朝永が 1950 年にプリンストン高等研究所にいたときの仕事（S. Tomonaga：Progr. Theoret. Phys. **5**, 544（1950））である.

一方, それ以前に, ブロッホ定理で有名なブロッホ（Felix Bloch）が, 超伝導に関する別のブロッホ定理（電子間相互作用を考慮しても, ゲージ対称性の破れが存在しない限り, 永久電流状態は自由エネルギーが低い状態とはなり得ない）を提出している. あまり知られていないこの定理を, ボーム（David Bohm）が議論しているが（D. Bohm：Phys. Rev. **75**, 502（1949）), 上記の朝永の論文では, 縮退した電子気体におけるプラズマ振動についてはボームの論文において超伝導との関連で予見されていた, という文脈で引用している（ブロッホについては, 青木秀夫：日本物理学会誌 **57**, 118（2002）も参照).

BCS 理論の還暦

　バーディーン，クーパー，シューリーファーにより BCS 理論が提出されたのは 1957 年なので，もう還暦をだいぶ過ぎたことになる．50 周年記念を迎えた 2007 年には，これを記念した Leon N. Cooper and Dmitri Feldman（eds.）: *BCS: 50 Years*（World Scientific, Singapore, 2011）という書籍が上梓された．様々な著者による 23 の章から成り，編集には BCS の一人であるクーパーも加わっている．BCS 理論の成立が興味深いのは，バーディーンは，本来は半導体が専門であり，クーパーも自らの章で述べるように，1955 年にバーディーンのポスドクになった時点では，超伝導の素人どころか，超伝導という概念すら知らなかったが，これが却ってよかった．このように，バーディーン，クーパー，シューリーファー自身による章がまずは面白い．

　クーパーの章に戻ると，彼は，当時最新のファインマン・ダイアグラムや繰り込みの手法を駆使しようとしたが，出発点のエネルギー・スケールに比べ，超伝導状態になったためのエネルギー利得が桁違いに小さい，という壁にまず突き当たった（これは，強相関系である高温超伝導酸化物で，同じ問題が，さらに桁の違うエネルギー・スケールで生じたことを思い出させる）．これが逆に，フェルミ面上で膨大に縮退した電子の間にフォノン媒介引力（その存在は Frölich などにより示唆されていた）がはたらいたときの問題（フェルミ面の不安定性）となることをクーパーに気づかせた．

　電子対がボース凝縮すればマイスナー効果が生じることも示唆されていたが，クーパーは，ペアは重なり合っているので単純なボース - アインシュタイン凝縮（BEC）はしないと考えた．現在の目で見た BCS - BEC クロスオーバーは，冷却原子系に関して Ketterle, Baym の著した章で述べられている．しかし，クーパー不安定性から，多体系全体の状態への道程は一筋縄ではなかった．ゲージ不変性が気になったところであるが，ゲージ不変性が BCS 状態においてすら保てることは，BCS の後に，Gor'kov や南部により証明されたわけである．これは，南部自身が「エネルギー・ギャップ，質量ギャップと対称性の自発的破れ」の章で述べている（南部理論は，本書の 9.1 節のコラムで解説）．

　シューリーファーの章では，朝永理論が BCS 波動関数のヒントになったこと（本コラム直前のコラムを参照）が言及されている．

　バーディーンの講演録では，超伝導においてフォノンの効果を摂動で扱ってもマイスナー効果は出ないことを Schafroth が示したので，摂動を超える必要が認識され，クーパー不安定性を経て BCS 波動関数に到達する．この波動関数はコヒー

レンスをもつが，バーディーンのイリノイでの同僚に Hebel と Slichter がいて，彼らが（いまでは NMR の Hebel‐Slichter ピークとよばれる）現象を 1957 年に実験的に発見し，バーディーンは，それがコヒーレンスと関係していることにすぐ気づいた由である．

BCS を始めとする様々な概念は半世紀経つ間に，ハドロン物理などへのスピンオフや，MRI などのデバイスへも影響を与えたため，この本も内容は多岐に亘っている．様々な著者の章を紹介する紙幅はないが（詳細は，青木秀夫：日本物理学会誌 **67**, 414（2012）の書評を参照），例えばアンダーソンは，超伝導は 1957 年に一目惚れしてから生涯の恋人になり，ゲージ不変性についても，南部理論を経て，アンダーソン‐ヒッグス機構に至ることに触れている．

このように，様々な概念が有機的に，あるいは思いがけず絡み合う様は圧巻といえる．ちなみに，BEC は 1924 ～ 25 年に提出された論文なので，もう百寿を迎える．

3.3　BCS 理論をめぐるいくつかの話題

3.3.1　強結合超伝導体

以上の BCS 理論では，(3.13) で最低次の摂動を使ったことからもわかるように，そこでは，電子‐格子相互作用が弱いとして，格子の自由度を消去して電子に対する有効ハミルトニアンを導き，それを平均場近似の出発点とした．しかし多くの超伝導体（単体でいえば，鉛や水銀）は強い電子‐格子相互作用をもち，このような場合には以上の近似は定量的に正しい結果を与えない．これらは**強結合超伝導体**とよばれる．

(3.48) で説明したマクミラン理論の後，アレン（Allen）とダインズ（Dynes）が，より精密な経験式

$$k_B T_c = \frac{\hbar \omega_{\log}}{1.2} \exp\left[-\frac{1.04(1+\lambda)}{\lambda - \mu^*} \right] \tag{3.55}$$

を提出し，これがしばしば使われるようになった[10]．ここで $\omega_{\log}$ はフォノンのエネルギー・スペクトルの対数平均である．

微視理論的には，電子と格子の自由度の両方を露わに含むハミルトニアンを扱う必要がある．このような場合に対しては，**強結合理論**とよばれる理論

10)　P.B. Allen and R.C. Dynes：Phys. Rev. B **12**, 905（1975）.

形式が開発されている．これにより，エリアシュベルグ（Eliashberg）理論を用いて T_c の評価ができる．この理論は，超伝導の現象論であるギンツブルグ–ランダウ理論と微視的理論とのつながりも明確に与える．しかし，これにはグリーン関数の知識が必要となるので，ここでは省略する[11]．

図 3.11 には，超伝導 T_c の電子–フォノン結合定数 λ 依存性を，BCS 理論（点線），アレン–ダインズ理論（実線），エリアシュベルグ理論（星型）に亙って比較した．これにより，まず，λ を大きくしたときに，T_c は BCS 理論の与えるものより大幅に下がること，また μ^* を 0 から 0.1 程度（通常の

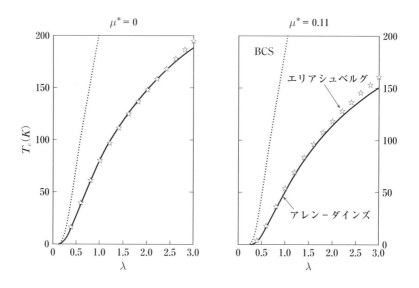

図 **3.11** 超伝導 T_c の電子–フォノン結合定数 λ 依存性を，BCS 理論（点線），アレン–ダインズ理論（実線），エリアシュベルグ理論（星印）に亙って比較．ここでは，フォノンはアインシュタイン型を仮定し，クーロン斥力相互作用の効果を表す μ^* の 2 つの値に対して左右のパネルで示す．（J.A. Flores-Livas, *et al*.: Phys. Rep. **856**, 1 (2020).）

---

11) そこでもなお，電子のエネルギー・スケール（〜1eV 〜1万K）とフォノンのエネルギー・スケール（〜100K）が通常 100 倍程度異なるために，ある種の近似をして構わないというミグダル（Migdal）定理を用いている（強結合理論の詳細に関しては，例えば巻末の参考文献 [1], [6] を参照）．

（従来型）超伝導体に対して見積もられる代表値）にすると，T_c はさらに抑えられるものの，大幅にではないことがわかる．この結果は，ギャップ方程式の精密化版であるエリアシュベルグ方程式を解いて得られる T_c と良い一致を示している．

フォノンについては，$\alpha^2 F(\omega)$ と記される量が重要であるが[12]，この量については，わが国で最近稼働を始めている J-PARC [13] という実験施設において，フォノン・スペクトルが中性子散乱などにより，短時間で直接観測できるようになり，進展が期待される．

3.3.2 ゲージ対称性の自発的破れとゼロ抵抗の間の関係

超伝導においては，ゼロ抵抗よりもマイスナー効果の方が本質的であり，マイスナー効果はゲージ対称性の自発的破れから生じることを強調した．物性物理学において，対称性の自発的破れは重要な概念として，様々な形で現れる．詳細は 1.2.4 項および 2.3.1 項で述べたが，超伝導状態を特徴づけるのは "ゲージ対称性の自発的破れ" であり，電気抵抗ゼロは，その属性の一つに過ぎない．また，超伝導ギャップ関数が超伝導状態を特徴づけることも説明した．ここで，これらの間の論理的関係をもう一度整理しておこう．

まず，BCS ギャップがあれば，なぜゼロ抵抗なのか[14]．よくある説明に，ギャップがあれば，ゼロ・エネルギーに近い励起ができないので，電流が流れる際にエネルギー散逸しない，というのがあるが，これだと，ギャップの原因は何でもよくなってしまう．正解は，ゲージ対称性が破れる（電子が凝集する）ためである．

それでは，波動関数の巨視的位相をもう一度おさらいしよう．波動関数 Ψ は，$\Psi = |\Psi| e^{i\varphi}$ のように絶対値 $|\Psi|$ と位相 φ で特徴づけられる．横軸を実

---

12) 巻末の参考文献 [1] を参照．

13) https://j-parc.jp/

14) これに関連して，超流動・超伝導に関するランダウの判定法（Landau's criterion）というのがあり，エネルギー・ギャップの役割が明らかにされている．ただし，Landau and Lifshitz：*Statistical Physics* Part 2（Pergamon, 1980），p.157 で注意されているように，この判定法はボソン系（^{4}He）の超流動（ロトンという励起が存在）とフェルミオン系の超伝導（超伝導ギャップが存在）とでは意味が異なる．

数部,縦軸を虚数部でプロットすると,ちょうどx軸からの角度がφを表すといってもよい.普通は,この位相は気にしなくてよい.存在確率$|\Psi|^2$は位相と関わりがないからである.

ところが,ある特殊な状態では位相が一斉に(空間の広い範囲に亘って)揃う.ちょうど,磁性体において,スピンの向きが高温ではバラバラだが,強磁性相転移温度より低温にすると,特定の方向に揃うのに似ている.一般には,巨視的な物体では,波動関数の位相は様々な理由により乱されており,巨視的なスケールで揃うことはあり得ない.ところが,ボース凝縮状態ではこれが揃う.

一方,電子のようなフェルミ粒子は1個の状態に1個しか入れないが,フェルミ粒子を2個(一般に偶数個)束ねて1つの粒子と見なしたとき,これはボソンと見なせる.超伝導では,電子が引力のために2個束ねられ(クーパー・ペア),粗くいえば,このボソンが凝縮する.凝縮状態では電子は超流動となり,電荷をもったものが超流動というわけだから超伝導となる.ボース凝縮とBCS状態は,詳しくいえば異なるが,位相が揃うという点では同様である.位相が揃っている1つの証拠が,図1.8に示した磁気浮上である.

ただし,超伝導体における電気伝導度については微妙な点があり,第一種超伝導体であれば超伝導相では厳密にゼロであるが,第二種超伝導体においては磁束が試料内部に入ることができて,これが試料内のピン止め中心(不純物,欠陥など)にひっかかるために,伝導度は一般的に厳密にはゼロにならない.

1960年代にはアンダーソンが,**磁束のピンニング**やそれが外れて動く(flux creepとよばれる)様子を理論的に議論した[15].ただ,この磁束ピンニングの様子は,試料が((2.46)で定義したκでいって)どの程度第二種か,また試料がどの程度空間的に不均一か,などに依存するので,一般的なことをいうのは難しい.この状況は,強磁場下では特に微妙になり,低温にしたときの伝導度は様々な関数形でゼロに近づき得る.

この点は,第4章で解説する銅酸化物高温超伝導体では層状物質であるた

---

15) P.W. Anderson:Phys. Rev. Lett. **9**, 309 (1962);P.W. Anderson and Y.B. Kim:Rev. Mod. Phys. **36**, 39 (1964).

めにさらに微妙になり，2次元超伝導体におけるBKT転移（8.1節を参照）と見なせる温度・磁場領域と，3次元超伝導の領域でも振る舞いが違う．これは，層間の結合がどの程度ジョゼフソン結合と思えるかなどによる．このような事情があるので，第二種超伝導体（特に高温超伝導体）に強磁場をかけた場合の上部臨界磁場（H_{c2}）はどのように定義されるかというのは，意外と非自明な問題となっている．

 磁気浮上は超伝導を用いなければ不可能か？

普通の電磁気学においては，磁気浮上は原理的に不可能である（静電磁場中の古典電荷から成る系が重力場の元で空中で安定となることはあり得ない）．これはマクスウェル方程式から証明でき，アーンショウ（Earnshaw）が19世紀（1842年）に示したので，アーンショウの定理とよばれる．ということは，磁気浮上は超伝導体の専売特許であろうか．

実は，この定理の前提には，「考える系は一般の荷電粒子系であるが，反磁性の効果は考えない」という条件がある．実際，反磁性体（外部磁場に対して反対向きの磁化を発生させるような，負の帯磁率をもつ物質）は，（非一様）磁場の中で浮き得る．これは超強磁場の中で実現させることができる（M.V. Berry and A.K. Geim：Eur. J. Phys. **18**, 307 (1997)）．2000年にはイグノーベル賞をガイム（Andre Geim；グラフェンの発見で2010年に本物のノーベル賞）がこのテーマで受賞している．

静電磁気学という条件を除いて，動力学に行けば（例えば独楽（こま）は）空中で安定になり得て，そのような玩具もある．反磁性も元を正せば電子の運動による効果である．しかし，超伝導体がユニークであるのは，ゲージ対称性の破れのために完全反磁性という，"可能な限り大きな反磁性"が巨視的量子効果のために保証されるという点にある．

3.3.3 BCS状態とボース–アインシュタイン凝縮の間のクロスオーバー

超伝導は，2個のフェルミオン（電子）がクーパー・ペアをつくって，「荒っぽくいえば」それがボース–アインシュタイン凝縮（BEC）したものだが，

電子はフェルミオンなので，パウリの排他律に支配され，単純な BEC ではあり得ない．すると，超伝導とボース凝縮との関係は一体どうなっているのだろうか．

具体的に，2個の電子が束縛されてクーパー・ペアになるとき，通常の（低温）超伝導体では，フォノン媒介引力は弱いので，このペアは弱く束縛され，空間的サイズ（コヒーレンス長 ξ の程度の値をもつ）は結晶の格子定数や電子の平均間隔（$\sim 1/k_\mathrm{F}$）に比べて大きいので，ボソンの凝縮とは大きく異なる．

一方，思考実験として，電子間引力を強くして2電子を強く束縛させると，その空間的サイズもコンパクトになり，2個全体としてボソンと見なせるであろうから，超伝導状態は強束縛の極限ではボース凝縮と見てもよいであろう．

引力の強さを，弱い領域から強い領域まで連続的に変化させたときには，状態はどうなるであろうか．これが **BCS－BEC クロスオーバー**とよばれる問題であり，様々なコンテクストから研究されている．BCS から BEC への移行領域は **BCS－BEC クロスオーバー領域**とよばれ，そこでは $k_\mathrm{F}\xi \sim 1$ であり，そのときは BCS 理論からは $\Delta \sim E_\mathrm{F}$（Δ は超伝導ギャップ，E_F はフェルミ・エネルギー）となる．

この様子について，例えば，電子間引力 U を電子の運動エネルギー t で規格化した量で T_c をプロットすると，図3.12のような概念図となる．ここでは，第5章で出てくるハバード模型という模型において，電子間相互作用 U を引力と仮定している．

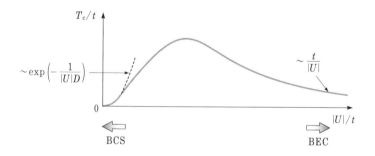

図 3.12 電子間引力の大きさ $|U|$ を電子の運動エネルギー t で割った無次元量に対して，超伝導の T_c を概念的に示す．

3.3 BCS 理論をめぐるいくつかの話題　83

　特に近年では，冷却原子系において，相互作用の強さを，思考実験ではなくフェッシュバッハ（Feshbach）共鳴という現象を用いて実際に変えることができるので，現実的な問題でもある．理論的には，引力の強さを U が小さい領域（BCS 極限）から，U が大きい領域（BEC 極限）まで連続変化させた際に，相転移のようなことは起こらず，つまり BCS 状態と BEC 状態は連続的に移行（クロスオーバー）する．詳しくいうと，以下のようである．

　簡単のために，連続空間で，コンタクト相互作用とよばれる短距離引力がはたらくフェルミオン系を考えよう．この状況では，相互作用は，量子力学の散乱問題でいう部分波展開における s 波の散乱長 a で特徴づけられる．引力の強さを弱いところから連続的に強くすると，a の逆数は負の値をもち，あるところで正に符号を変える（次頁の図 3.13(c)）．符号を変えるところで a は発散し，この点はユニタリティー極限とよばれ，それは散乱振幅（$f(k) \sim -1/ik$）がユニタリ性が許す最大値をとるためである．この点に興味がもたれるのは，そこで $T_{\rm c}$ は（ゆるやかながらも）ピークをもち，特に BCS - BEC クロスオーバーの中心に位置するためである．

　ユニタリテイー極限という点は存在するが，相転移点ではない．図 3.12 のように，弱い引力 $|U|$ では BCS 理論が成立し，$T_{\rm c} \sim \exp[-1/(|U|D)]$ となる．引力をある程度強くしても，3.3.1 項で述べたように，強結合超伝導理論に拡張すれば，現実の（低温）超伝導体を比較的良く記述できる．他方，強い引力の極限では BEC に対する $T_{\rm c}$ となる．両極限は滑らかな曲線でつながれ，中間ではなだらかなピークとなる．図 3.13 には，クーパー・ペアのサイズも概念的に表示した．

　この問題が近年脚光を浴びたのは，いくつかの理由がある．まず，上述のような冷却原子系での実験の発展である．固体物理系では話は簡単ではなく，相互作用を変えることは難しく，また，銅酸化物高温超伝導体に代表される強相関超伝導体では，電子間相互作用が引力ではなく斥力であり，またクーパー・ペアは始めから空間的にコンパクト（格子定数の程度）である．銅酸化物以外でも，$\Delta \sim E_{\rm F}$ を実現するような物質が様々発見されてきており，代表的には以下のような系が BCS - BEC クロスオーバー領域にあることが報告されている．

84   3. BCS 理論

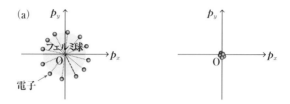

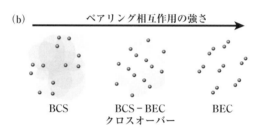

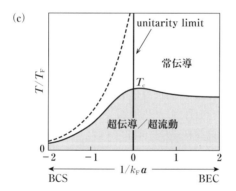

図 3.13 BCS‐BEC クロスオーバーの概念図. 横軸は相互作用の強さ.
(a) 運動量空間におけるフェルミオンの占有.
(b) 実空間におけるペア (灰色の円) 形成の様子.
(c) 縦軸を温度にとった相図. この図の横軸は $1/k_F a$ (a は s 波の散乱長). 破線は束縛エネルギー.
(Y. Ohashi, *et al.*: Progr. Particle Nuclear Phys. **111**, 103739 (2020) に基づく.)

3.3 BCS 理論をめぐるいくつかの話題　85

(a)　鉄系超伝導体（6.1 節）に属する FeSe

普通の鉄系超伝導体においてはフェルミ面は電子ポケットと正孔ポケット
から成るのに対して，FeSe, $FeSe_{1-x}S_x$ という鉄系族では正孔ポケットが欠
如する傾向にある．それでも，正孔バンドの頂点はフェルミ・エネルギー E_F
のすぐ下に位置し，これは incipient な状況とよばれている．$Fe_{1+y}Se_xTe_{1-x}$
において鉄の組成 y を減らすと正孔バンドは浅くなり，$\Delta/E_F \simeq 0.5$ まで達す
る[16]（総説としては，例えば T. Shibauchi, T. Hanaguri and Y Matsuda：
J. Phys. Soc. Japan **89**, 102002（2020）を参照）．

(b)　Li をインターカレートしたハフニウムやジルコニウムの窒化塩化物

Li_xHfNCl という超伝導体において，電界ドーピングにより電子密度を変
化させると $\Delta/E_F \simeq 0.1$ にでき，擬ギャップ的な振る舞いも観測されてい
る[17]．

(c)　捻じれた 3 層グラフェン（7.2 節）

有効電子密度を，モアレ・パターン（その周期は捻じれ角で決まる）によ
り制御した系で[18]，捻じれた 2 層グラフェンでも超伝導が生じるが，3 層の
方がチューニングしやすいために，BCS-BEC クロスオーバーに近づきや
すいとされている．

(d)　有機超伝導体（BEDT-TTF 族）

有機分子の結晶層の間に挟まった無機元素から成る層の組成で，ドーピン
グを制御する[19]．

　一般に，電子（あるいは正孔）密度 n を変化させることができる系では，密
度を小さくすれば平均電子間隔が大きくなり，$k_F\xi \propto$ 平均電子間隔 $\sim 1/n$
を 1 に近づけやすくなるので，以上の系でも n を制御している．

---

16)　Y. Lubashevsky, *et al.*: Nat. Phys. **8**, 309（2012）；S. Kasahara, *et al.*: Proc.
Natl. Acad. Sci. USA **111**, 16309（2014）；K. Okazaki, *et al.*: Sci. Rep. **4**, 4109
（2014）；S. Rinott, *et al.*: Sci. Adv. **3**, e1602372（2017）；T. Hashimoto, *et al.*: Sci.
Adv. **6**, eabb9052（2020）．

17)　Y. Nakagawa, *et al.*, Science **372**, 190（2021）．

18)　J.M. Park, *et al.*: Nature **590**, 249（2021）．

19)　Y. Suzuki, *et al.*: Phys. Rev. X **12**, 011016（2022）．

第2章で解説した「超流動密度(superfluid density)」(全電子の中で超伝導に関与している電子の割合)がどうなるかを見るのが、ボース凝縮との違いを見るための1つの指標となる。超流動密度は、実験的に、外部磁場が超伝導体内部に侵入する長さを通して測定することができる。磁場侵入長は、代表的に**μSR**(muon spin rotation)という実験(素粒子の1つであるミューオンを超伝導体に打ち込み、ミューオンのスピンの回転を観測する)により求めることができる。

これから、様々な超伝導体について、T_cを超流動密度n_s(を温度に換算したもの、基本的にフェルミ温度)に対してプロットすると、図3.14のようになり、これを**植村プロット**とよぶ。

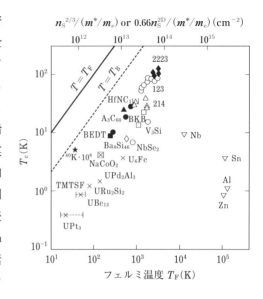

図 3.14 様々な超伝導体に対して、T_cをフェルミ温度T_F(下端の横軸)に対してプロットしたもの(植村プロット)。ボース凝縮温度T_Bも示す。上端の横軸は、超流動密度n_sとの関連を、3次元系(軸のラベルの左)あるいは2次元系(軸のラベルの右)に対して表示。3次元では$T_F \propto n_s^{2/3}/m^*$、2次元では$T_F \propto n_s^{2D}/m^* = n_s/m^* \times c_{int}$ (c_{int}は2次元層の間の間隔)である。星印は、比較のために、冷却フェルミオン原子系の超流動温度を図に入るようにシフトしたものである。(Y.J. Uemura: J. Phys. Condens. Matter **16**, S4515 (2004)に基づく。)

第2章の演習問題[1]で触れたように、ボース気体では3次元空間においてはボース凝縮温度は$T_0 \sim n_s^{2/3}/m$ (mはボソンの質量)となる。図3.14には、2個の電子が単純にボース凝縮したと考えたときのボース凝縮温度(T_0の式において、mは電子質量の2倍にとり、ボソンの超流動密度としては電子に対してμSRから評価された超流動密度の半分にとったもの)がT_Bとして破線で記入されているが、いままでに知られているすべての超伝導体(高

温超伝導体を含む）は，たかだかこれより約 1 桁小さい T_c しかもたない．この理由は，現在でも精力的に探られている．

さらに，問題を複雑化させるのは，いわゆる擬ギャップ（pseudo gap）とよばれるものの存在である．これは，高温超伝導の初期の段階から概念的に問題にされた現象で，超伝導の T_c よりずっと高い温度から冷やしたときに，クーパー・ペアが超伝導（BCS）状態になる手前のある温度（擬ギャップ温度とよばれる）において，ペアは予備的にできるが（preformed pair とよばれる），BCS 状態には相転移しない，ということが起こってもおかしくはなく，物性の上でも反映されるのではないか，という考えである．ただ，その実態は現在に至るまで，理論的にも実験的にも諸説あり，一致した理解はあまり得られていない．

BCS‒BEC クロスオーバーについては，巻末の参考文献 [26] も参照してほしい．

引力相互作用するボソン系

引力相互作用するフェルミオン（電子）系は超伝導となる．それでは，ボソンの集合体において，ボソンの間に引力相互作用がはたらく場合にボース‒アインシュタイン凝縮するであろうか．意外なことに，この答えは no，つまり，引力相互作用するボソンの集合体はボース‒アインシュタイン凝縮しない（ちなみに，斥力相互作用するボソンの集合体は凝縮する）．

実際，レーザー冷却された原子の集合では，フェッシュバッハ共鳴というものを用いて，原子間相互作用を斥力にも引力にも調整できる．これにより，ボソンのボース‒アインシュタイン凝縮体において，相互作用を斥力から引力に突然変えると凝縮体は崩壊することが，実験で観測されている．超新星の爆発と似ている，ということで Bose nova という名でよばれる場合もある．

演習問題

[1] $T = T_c$ においてギャップは $\Delta(T_c) = 0$ となるのに，ここで電子比熱は跳ぶ．それはなぜか．

[2] (3.28), (3.31) を導け．

[3] (3.53) の A_N を具体的に求め，その振る舞いを論ぜよ．

[4] BCS 理論で与えられる $\Delta = 1.76 k_B T_c$ ((3.43)) と，臨界磁場程度の磁場中での電子のゼーマン・エネルギー $\mu_B H_c$ (μ_B はボーア磁子) では，どちらが大きいか．ここでは $T_c \sim 10\,\mathrm{K}$, $H_c \sim 0.1\,\mathrm{T}$ とせよ．

[5] クーパー・ペアの波動関数として，2 電子波動関数 $\phi(\boldsymbol{r}_1, \boldsymbol{r}_2)$ を用意して，これに電子を詰めようとしても，4 電子しか詰まらない ($\phi(\boldsymbol{r}_1, \boldsymbol{r}_2)\phi(\boldsymbol{r}_3, \boldsymbol{r}_4)$, $\boldsymbol{r}_i$ は i 番目の電子の座標)．かつ，多電子波動関数としての必要条件 (任意の 2 電子の交換に対して反対称) を満たしていない．これを，例えば 4 電子に対して満たすにはどうしたらよいか．

[6] (3.32) において，$\alpha_{\boldsymbol{k}\sigma}|\mathrm{BCS}\rangle = 0$ の条件を課すことにより，BCS 波動関数が求められることを実際に示せ．

4 高温超伝導

　普通の超伝導は，おおむね，第3章で解説したように，電子がフォノンを交換することにより生じる電子間引力相互作用から生じる．ところが，理論的により広く考えれば，フォノンを媒介とした相互作用以外の相互作用からも，電子がクーパー・ペアを形成して，超伝導状態になることは可能である．銅酸化物の高温超伝導では，これが実際に起こっていると考えられている．本章では，高温超伝導を解説し，これが電子機構と考えられることを説明する．

4.1 超伝導の非フォノン機構

　フォノン以外の超伝導機構は，高温超伝導発見以前からも精力的に研究されてきており，長い歴史をもっている．"超伝導の非フォノン機構"は，以下のような系で考えられてきた．

　まず，超伝導という現象は，第10章で解説するように，超流動という現象と，巨視的量子現象という点で同じカテゴリーに属する現象である．超伝導は電子の超流動といえるが，電子は電荷をもっているために電流が流れ，超伝導となる．超流動は20世紀初頭に，**液体ヘリウム**において（普通に存在する ^{4}He という同位体に対して）発見された．この同位体はボソン（原子核を構成する陽子，中性子と，電子の集合体としての原子全体として，ボース粒子として振る舞う）であるが，ヘリウムには，^{3}He という同位体もわずかながら存在し，この同位体はフェルミオンである．

　液体 ^{3}He において超流動がオシェロフらにより発見されたのは，1971年（この発見により1996年にはノーベル物理学賞を受賞）である．超流動 ^{3}He では，2個のヘリウム原子がペアをつくり，それがボース凝縮する．ヘリウ

ムは，化学で習うように "貴ガス元素" といわれるもので，原子の量子力学で習う 1s という電子軌道に，電子が定員の 2 個だけ詰まった閉殻電子配置をもつので，波動関数は球対称な形をしている．このために，2 個のヘリウム原子の間には，硬いボールの間のような斥力相互作用がはたらく（hard core 相互作用とよばれる）．斥力なのに，2 個の粒子がペアを組み，凝縮するのである．これが，斥力からのペアリングの大先輩である．

　実際，後で説明するように，斥力からのペアリングにおいては，ペアを構成する 2 粒子は，互いにもう一方の周りをゼロでない角運動量をもって回るような "異方的ペア" というものになる．そのために斥力は必ずしもペアリングを妨げず，超流動 ^{3}He でも（プランク定数 $\hbar$ を単位に）1 という角運動量をもった異方的ペアとなっている．

　次に，電子系に目を向けると，重い電子系（heavy fermion）とよばれる系がある（7.6 節と巻末文献 [16] も参照）．周期表（図 1.6）において，遷移金属（関与する原子軌道は d 軌道）の下に，f 軌道をもつ元素があり，これらの化合物を重い電子系とよぶ．f 軌道は d 軌道よりさらにコンパクトなので（波動関数が符号を変える節（node）の数が多いので），電子が原子間を飛び移る遷移確率が小さく，そのために f 軌道から成るバンド幅は狭い．バンド幅は，電子のもつ有効質量（電子のエネルギーを $\varepsilon \sim \hbar^2 k^2 / 2m^*$ としたときの m^*）に反比例するので，バンド幅が狭いということは有効質量が重いということで，これが重い電子系とよばれる所以である．重い電子系で超伝導になる物質がいくつも存在し，転移温度 T_c は低いものの，第 5 章で解説する電子相関の観点から興味深い．（電子相関の強さは，電子間相互作用の大きさを，電子の運動エネルギーの大きさであるバンド幅で割った無次元量で定義される．重い電子系ではバンド幅が狭いので，この量が比較的大きい．）実際，重い電子系では，スピン揺らぎを媒介とした引力による超伝導が以前から考えられていた．

　その他，まだ実現はしていないが，リトル（Little）とバーディーンにより，金属が，隣接した半導体などと相互作用する場合に，半導体中に存在する励起子（電子の励起状態は結晶全体を伝わり得るが，これを量子化したもので，ボソンである）を媒介として，金属電子の間に引力がはたらき得て，これに

よる超伝導も理論的には考えられている．また，金属中の電子は，平均としては全電荷密度は一定であるが，空間的・時間的に揺らいでいる．この揺らぎはプラズモンとよばれるが，これを媒介とした引力による超伝導も考えられている（7.5 節）．以上が，超伝導の非フォノン機構の例である．

電子系においては，電子間の相互作用を起源とした超伝導なので，**超伝導の電子機構**ともよばれる．つまり電子間相互作用はクーロン斥力なので，電子機構による超伝導が興味深いのは，

(a) 通常の超伝導では，第 3 章で解説したように電子間の引力から生じるのとは対照的に，斥力相互作用からの超伝導である．

(b) 一般に，電子間相互作用が強い系は**強相関電子系**とよばれ，超伝導だけでなく，磁性や伝導特性などについて様々な特異な性質をもつ．

(c) 伝統的なフォノン機構超伝導では電子間斥力は転移温度を下げる要因となるが，電子機構では超伝導の起源になる．

という点である．

4.2 銅酸化物高温超伝導の発見

超伝導の電子的機構の研究に画期的なブレークスルーが，1986 年のベドノルツ（Bednorz）とミュラー（Müller）による銅酸化物における高温超伝導の発見である [6] ~ [9]（図 4.1）．

これにより，転移温度が初めて液体窒素温度（77 K）を超えて 100 K 以上に達した（図 4.2）．現在での最高の T_c は，水銀化合物 $HgBa_2Ca_{n-1}Cu_nO_y$ のうち $n = 3$ の場合（Hg1223）において，23 GPa の高圧下で観測された 166 K である[1]．

---

1) 詳しくいうと，これは抵抗が落ち始める温度として観測された．高圧下での抵抗測定は簡単ではないが，その後ゼロ抵抗も観測され，Hg1223 での $T_c = 153$ K がゼロ抵抗としては今のところ最高の観測となっている．（N. Takeshita, *et al.*: J. Phys. Soc. Jpn. **82**, 023711（2013）；A. Yamamoto, *et al.*: Nature Commun. **6**, 8990（2015）．）

4. 高温超伝導

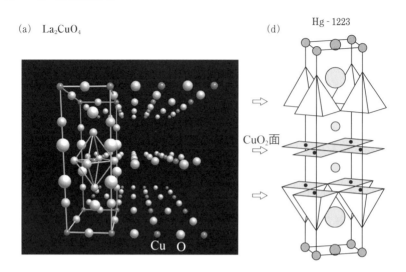

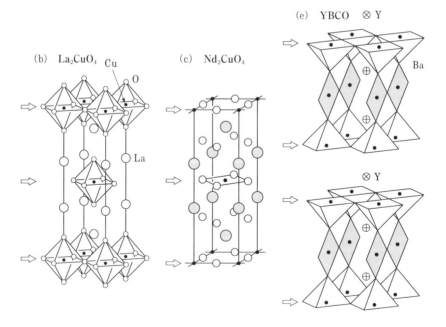

図 4.1　高温超伝導銅酸化物の結晶構造．(a), (b) は La_2CuO_4 の結晶構造, (c) は Nd_2CuO_4 （電子ドープ型）, (d) は $HgBa_2Ca_2Cu_3O_8$ （現在最高の T_c）, (e) は $YBa_2Cu_3O_{7-y}$. ●は銅, ○は酸素, 矢印は CuO_2 面, 灰色は他の元素を示す.

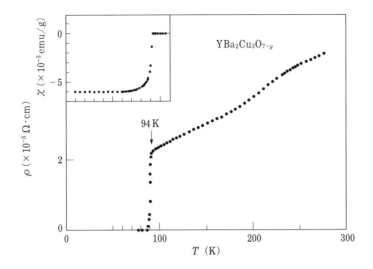

図 4.2 高温超伝導銅酸化物 YBa$_2$Cu$_3$O$_{7-y}$ における，抵抗率 ρ と帯磁率 χ の温度変化に対する実験結果．(T. Ito, *et al*.: Phys. Rev. Lett. **70**, 3995 (1993).)

　　　　　　　　　　ベドノルツとミュラー

　超伝導研究の画期的な分野を拓いたミュラー (Karl Alex Müller) がこの大発見をしたのは，IBM がスイスのチューリッヒ近郊に設けている研究所であった．ミュラーは元々は超伝導の専門家ではなく，誘電体の研究をしていた．超伝導になりやすい物質を見つけようと思ったら，なるべく電気が流れやすい金属を使おうとするのが常識であろうが，ベドノルツ (J. Georg Bednorz) とミュラーは，正反対の絶縁体セラミックスから出発したことになる．1987 年のノーベル物理学賞のスウェーデン王立科学院によるプレスリリースでは，ベドノルツとミュラーは斯様な新たな路に集中する audacity（大胆さ）をもった，と表現している．

　動機としては，誘電体で重要な現象に，"強誘電性" という，電気分極が自発的に起こる現象がある．これが起こる代表的な物質に，ペロブスカイト型の結晶構造（金属元素の周りに酸素が 8 面体的に囲んだユニットから成り，最近ではペロブスカイト構造太陽電池の名称でよく知られている）をとる金属酸化物がある．ミュラーは，この物質におけるポーラロン（8 面体ユニットが歪むと電子準位も変化するヤン‐テラー (Jahn-Teller) 相互作用があるが，これにより電子と格子歪みが結合し

たもの）が超伝導に有利なのでは，という考えから，超伝導の研究を始めた．発見された超伝導体は，本文で解説するように層状のペロブスカイト構造をもつ．

彼のノーベル賞講演（J.G. Bednorz and K. Alex Müller：Rev. Mod. Phys. **60**, 585（1988））を読むといろいろドラマティックだが，例えば，超伝導に興味をもったきっかけは，同僚のローラー（Rohrer），ビニッヒ（Binnig）から受けた，金属酸化物の超伝導についての電話だったという．なお，高温超伝導が潜んでいた La_2CuO_4 という物質自体は，以前から知られていた（C. Michel and B. Raveau：Rev. Chim. Minerale **21**, 407（1984）).

『物質構造と誘電体入門』（裳華房，2003）を執筆された高重正明氏も，高温超伝導発見の初期にミュラーの研究室に滞在し，重要な貢献をした．すなわち，本書では繰り返し強調したように，超伝導の本質はゼロ抵抗ではなく，マイスナー効果として現れるゲージ対称性の破れである．そのため，ある物質が超伝導であることを実験的に示すには，電気抵抗が消えるだけでなく，マイスナー効果の観測が欠かせない．ベドノルツとミュラーの最初の論文では抵抗しか測っていなかったので，論文の題にも「超伝導の可能性」という言葉が使われていた．1986 年 2 月に彼らのグループに加わった高重氏がマイスナー効果の測定をして，超伝導を確実なものにした（J.G. Bednorz, M. Takashige and K.A. Müller：Europhys. Lett. **3**, 379-385 (1987)；Science **236**, 73（1987））．この論文の仕上げをしている最中に，ビニッヒとローラーが（走査トンネル顕微鏡で）ノーベル物理学賞を受賞したというニュースが IBM チューリッヒ研究所内の放送でアナウンスされた．

また，酸化物超伝導体には $BaPbBiO$ などの一群があり，これを精力的に研究していたのが東京大学工学部の田中昭二氏のグループで，実際，ベドノルツとミュラーの発見の直後に，この高温超伝導の追試や，結晶構造の同定をいち早く行った（北澤宏一：パリティ別冊「高温超伝導」（丸善出版，1988））．

この超伝導が驚きであったのは何よりも，

(a) それ以前は，T_c はわずかずつは上昇していたが，20 ～ 30K で頭打ちになっており，原理的にこのあたりが上限であろう（"20K の壁"）との主張もあったが，これを打ち破った．

(b) この高温超伝導が実現した系が，通常の金属ではなく，普通は絶縁体である遷移金属酸化物というカテゴリーの物質であった．

という点である．

発見の当初から，上記 (a), (b) の点で，従来とは異なる機構の超伝導では

ないかということが問題になった．特にアンダーソン（Anderson）は，電子間の強いクーロン斥力こそが高温超伝導発現に本質的ということを初期の段階から主張した[29]．彼の理論はそのままの形では適用できなかったが，強相関系における超伝導という意味では正鵠を射ており，慧眼だったといえる．その後の研究により，この系は**強相関電子系**であり，これが上記の (a), (b) と直接関連していることがだんだん明らかになり，新たな分野が発展したわけである．

銅酸化物において高温超伝導が電子機構からくることを強く示唆する点は，出発物質は絶縁体であり，しかもこれは普通の絶縁体ではなく，電子が互いに強く相互作用しているために生じる絶縁体状態（5.1 節で解説するモット絶縁体）に正孔または電子といった電荷キャリアーを注入（ドープ）することにより超伝導が発生するという点である．しかも，この絶縁状態は低温で反強磁性的なスピン秩序（この起源も電子間斥力）をもつが，キャリアーをドープすると，この磁性が消えた後に超伝導が生じる．また，斥力からの超伝導では，クーパー・ペアにおける 2 電子がゼロでない相対角運動量（通常はゼロであるが，銅酸化物では 2 という値）をもつ（5.3 節）という実験事実も，電子機構超伝導を強く示唆する．

最初に発見されたランタン系銅酸化物高温超伝導体 La_2CuO_4 の結晶構造を図 4.1 に示す．この図からわかるように，銅の酸化物で層状ペロブスカイト構造をもつものであり，層と層の間にランタンという希土類元素が入っている．この物質自身は絶縁体であるが，ランタンを，原子価（化学的に問題になる外殻電子の 1 原子当たりの個数，上記のランタン化合物では 3＋）を異にする別の元素（例えばストロンチウム，原子価は 2＋）に何％か置き換えると，電気伝導性が生じる．混ぜた元素は，電気が流れる層（酸化銅）とは別の層に入り，“伝導層”の電子密度を制御する，という巧妙なことになっている．最初に発見された銅酸化物は $La_{2-x}Sr_xCuO_4$ であり，超伝導の T_c は約 40 K であった．

これに触発されて多くの研究が勃発したが，その直後に，イットリウムという元素を含むイットリウム系銅酸化物高温超伝導体 $YBa_2Cu_3O_{7-y}$ が発見された．この化合物は，やはり酸化銅の層をもち，この場合には酸素量を一

定の割合（y）だけ変化させることにより電子密度が制御され，超伝導の T_c は 100 K を超えた．$La_{2-x}Sr_xCuO_4$ における x や $YBa_2Cu_3O_{7-y}$ における y を，ドープ量とよぶ．

その後，様々な銅酸化物が発見されたが，最初の La_2CuO_4（以下では LSCO と略記）は，これらの理解の基本となるものである．この物質では，各銅原子の周りを酸素原子 6 個が囲んでいる．これを頂点とするユニットは 8 面体になり，このユニットが平面状に並んで 1 つの層を構成する．これは，鉱物学や結晶学の方で "層状ペロブスカイト" として知られていた構造である[2]．この物質は絶縁体であり，反強磁性をもつ磁性体である．

この物質の化学式は，形式的な原子価も添えると $La_2^{3+}Cu^{2+}O_4^{2-}$ となるが，La 原子の一部を Sr に置き換えると，$La_{2-x}^{3+}Sr_x^{2+}Cu^{2+x}O_4^{2-}$ となることからわかるように，Cu の原子価が増える（電子が抜かれる，すなわち正孔が注入（ドープ）される）ことになる[3]．これにともない，反強磁性の転移温度（ネール（Néel）温度）が下がり，磁性が消えた後に $T_c \simeq 40$ K の超伝導が発生する（図 4.3(a)）．超伝導転移温度は，初めにドープ量と共に増大し（これを低ドープ（underdoped）領域とよぶ），あるところでピークに達し（最適ドープ（opitmally doped）領域），その後は減少し（過剰ドープ（overdoped）領域），最後にゼロとなる．T_c はドープ量の関数として上に凸になるので，これを T_c ドームとよぶ．

$YBa_2Cu_3O_{7-y}$（YBCO と略記）の結晶構造は，図 4.1 に示したように，ユニットが CuO_6 8 面体ではなく，Cu の周りを 5 個の酸素が囲んだピラミッドが平面上に並んだ層から成り，結晶の単位胞は，このような層 2 枚が底面を向き合わせた構造から成る．形式的な原子価は，例えば $y = 0.5$ に対しては $Y^{3+}Ba_2^{2+}Cu_3^{2+}O_{6.5}^{2-}$ である．

その後，十倉らにより，Nd_2CuO_4 という化合物に Ce をドープした

---

2) 実際，鉱物学は興味深い結晶構造の宝庫であり，これと固体物理学とを融合させて考えるのは面白い可能性を与える．例えば，*Physics Meets Mineralogy — Condensed-Matter Physics in Geosciences*, ed. by H. Aoki, Y. Syono and R. J. Hemley (Cambridge Univ. Press, 2000) が，この観点からの成書である．

3) 正確には，酸素の電荷も変わるので，それも考慮する必要がある．

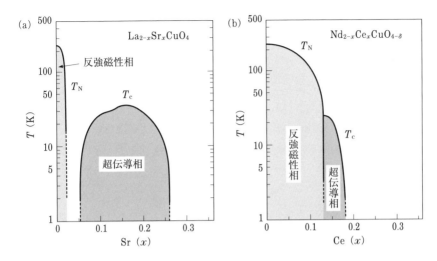

図 4.3 (a) はホール・ドープ型高温超伝導銅酸化物 $La_{2-x}Sr_xCuO_4$, (b) は電子・ドープ型 $Nd_{2-x}Ce_xCuO_{4-\delta}$ に対する相図. 縦軸は温度, 横軸はドーパント濃度 x.

$Nd_{2-x}Ce_xCuO_4$ (NCCO と略記) が発見され (図 4.3(b)), この場合は Nd^{3+} を Ce^{4+} で置き換えるために, 酸化銅層にドープされるのは正孔ではなく, 電子である. いずれの物質においても, Cu の周りを O が囲んだ層が存在し, 超電流はこの層を流れる.

まず誰もが抱いたのは, この超伝導は電子 – 格子相互作用による伝統的なものなのか, 全然別のエキゾチックなものか, という疑問である. そのカギは, 銅の酸化物という点にある. 一般に, 様々な物質がなぜあるものは絶縁体, 半導体であり, あるものは金属なのか, という問題は固体物理の基礎的な問題であるが, これは, 量子力学が構築された 20 世紀前半に, バンド理論というものでおおむね理解された (つまり E_F がバンド中にあれば金属, ギャップ中にあれば絶縁体, 半導体). ところが, これでは理解できない重要な別のカテゴリーの物質が存在し, それが遷移金属化合物である. これはモット (Mott) により, すでに 1940 年代に気づかれていた. これが電子間の相互作用の効果であることは, 本章で順次解説する.

このように相互作用のために絶縁化している物質に, 電子を加えたり抜

き取ったりする（ドープする）と金属化させることができる．これが高温超伝導の起こる舞台である．つまり，直感的には，同じ軌道には斥力のために2つの電子が来にくいために，酸化物（例えば La_2CuO_4）では絶縁体になっている．このように身動きできない状態から，電子をある割合で取り除くと隙間があく．隙間は動き得るが，電子間は依然として斥力相互作用しているため，この動きも複雑な多体の過程を必要とする．このような系は，あまり良い金属になりそうもなく思えるが，ここで高温超伝導が起こる．

銅は遷移金属である．遷移金属というのは，元素の周期表（図1.6）でいうと全体の中ほどに位置し，電子配置がd軌道をもつことで特徴づけられる．原子における電子の量子力学的準位は，軌道角運動量 l でラベルされる準位から成る．$l = 0, 1, 2, \cdots$ をもつ軌道には，それぞれ s, p, d, $\cdots$ という名が付いており，各軌道はそれぞれ $2l+1 = 1, 3, 5, \cdots$ 重に縮退している．これらの

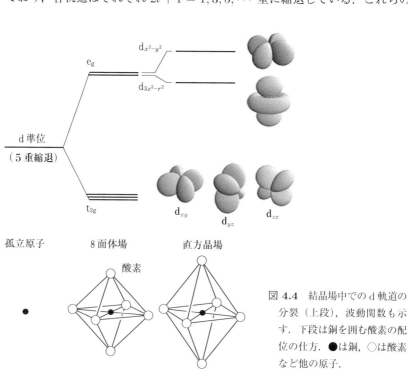

図 4.4 結晶場中でのd軌道の分裂（上段），波動関数も示す．下段は銅を囲む酸素の配位の仕方．●は銅，○は酸素など他の原子．

軌道に下から電子を詰めたものが，元素の電子配置である．詰まっている一番上の軌道がその元素の性質を決めるが，遷移元素ではこれがd軌道である．

例えば銅原子では，電子配置は

$$Cu = Ar + (4s)^1 (3d)^{10}$$

であり，正孔をドープしてCu^{2+}などにするとd軌道が最外殻を成す．図4.4に示すように，d軌道はs, p軌道に比べて空間的にコンパクト，かつ，波動関数は節（node）を2枚もつ異方的な形をしている．このために，強束縛（tight - binding）模型でよく記述され，電子間相互作用の効果は比較的強い（強束縛模型は第5章で解説する）．

4.3 電子構造

4.3.1 d軌道

原子の量子力学で習うように，孤立した原子は，球対称性を反映してd軌道は5重に縮退している．この原子を結晶中で考えたときに，ある原子にとっての他の原子の影響を，他の原子が与えるポテンシャル・エネルギーだと考えたときに，これを結晶場（crystal field）とよび，この中では縮退はとける．

図4.4のように，周囲の原子が正8面体的の場合には，d軌道の5重縮退は3重縮退と2重縮退に分かれ，前者を（群論の用語を用いて）t_{2g}軌道，後者をe_g軌道とよぶ．8面体が歪んだ場合は，e_g軌道の2重縮退はとけ，図4.4に示したような波動関数をもつ$d_{x^2-y^2}$軌道と$d_{3z^2-r^2}$軌道に分裂する．結晶においては，これらの軌道の間を電子が飛び移るので，準位はバンドに広がるが，そのバンドの位置は軌道エネルギー分裂を反映する．

銅酸化物高温超伝導体では，上で説明した$d_{x^2-y^2}$軌道に由来したバンドにE_Fがかかっている．詳しくいうと，酸化物であるから，銅と銅の原子の間に図4.5に示すように酸素原子が挟まっている．電子は，この酸素の2p軌道を介して銅の3d軌道の間を飛び移る．図4.5に示すように，結晶構造の銅酸化物面内の単位胞は銅の$d_{x^2-y^2}$軌道1個と酸素の2p軌道2個（CuO_2面内に向いた$2p_x, 2p_y$）という計3軌道を含むので，バンドは3枚生じるが，E_Fはその一番上にかかっている．詳しくいうと，酸素2p軌道の準位と，銅3d

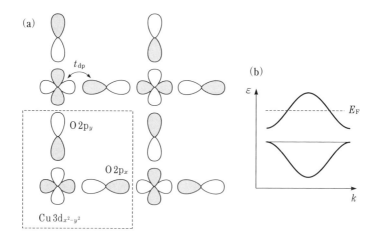

図 4.5 (a) CuO_2 面における銅 3d 軌道（四葉）と酸素 2p 軌道（二葉），白・灰色は波動関数の符号を表す．
(b) 電子間相互作用を無視した場合のバンド構造．1 単位胞当たり 1 正孔の場合の E_F も示す．

軌道の準位の間にはエネルギー差 $\Delta\varepsilon$ があり，これと，第 5 章で解説する電子間斥力相互作用 U との大小関係に応じて電子構造が異なる．銅酸化物では $\Delta\varepsilon < U$（電荷移動型）である（図 4.6）．$\Delta\varepsilon > U$ の場合はモット–ハバード型とよぶ．

このような複雑性はあるが，102 頁の図 4.7 のように，銅の軌道と酸素の軌道に亘って一定の線形結合をとった状態（一般に多重項（multiplet）とよばれ，銅酸化物の場合はスピン状態が一重項であることも含めて Zhang-Rice singlet とよばれる）を考えると，これを基底とした強束縛模型を考えることができ，ここではあたかも 1 種類の軌道から成る模型と見なせる．図 4.5 に示したように，バンドは 3 枚あるが，関与するのは E_F が横切る 1 枚のバンドで，この基底となる．

一体問題の基底としてはこれでよいが，電子間相互作用については簡単ではない．ただし，電子が跳ぶ際の素過程を詳細に見ると，102 頁の図 4.8 のように，銅の d 軌道から酸素の p 軌道を経て隣りの銅の d 軌道へ跳ぶ過程が複数あり，これらを考えることにより，低エネルギーに関して有効的な相互

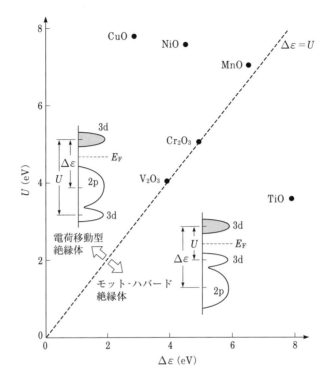

図 4.6 様々な酸化物における d 軌道と p 軌道のエネルギー差 $\Delta\varepsilon$ と，電子間斥力 U の値を種々な物質に対して示す．

作用を導入することができる．このときも，図 4.8 に現れるエネルギー準位，ホッピング，相互作用についてのある極限では，やはり 1 種類の軌道から成る模型に落とすことは可能である[4]．

---

4) 黒木和彦，青木秀夫：『超伝導』（東京大学出版会，1999）の第 3 章を参照．

102 　4. 高温超伝導

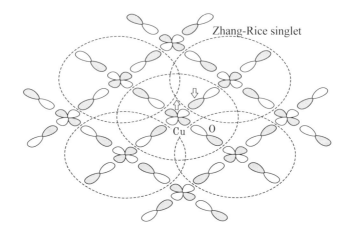

図 4.7 　CuO$_2$ 面における，銅の軌道と酸素の軌道について一定の線形結合をとった状態（楕円）．矢印は電子のスピン．

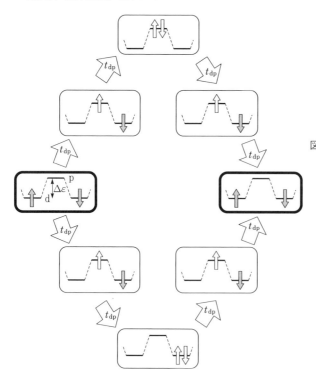

図 4.8 　銅の軌道と酸素の軌道を考えた模型における，電子の跳び移りの様々な経路．左の太枠は，2 個の銅 d 軌道と，それらに挟まる酸素 p 軌道を考えたときの始状態，右の太枠が終状態．上下向きの矢印は電子のスピンの向き，大きな矢印の中に記した $t_{\rm dp}$ は d 軌道と p 軌道の間のホッピング．

4.3.2 電子構造を探る実験的手段

強相関電子系を含めて，一般に物質の電子構造（電子のバンド構造や，励起スペクトルなど）を測定する実験的手段は様々ある．ここではまず，常伝導相に対するものを解説する．超伝導相に対するものは，4.3.4項の「超伝導相の物性」のところで述べることにする．

(1) 光電子分光

光電子分光では，試料に光子を照射し，これによって叩き出された電子（光電子）のもつエネルギーを測定して，電子が叩き出される前に占有していた状態を知る．特に，光電子のもつ運動量まで測定する方法を**角度分解光電子分光**（angle-resolved photoemission spectroscopy：**ARPES**）」という．光電子スペクトルのピークを与えるエネルギーを波数に対してプロットすれば，占有状態に対するバンド構造が得られるし，このバンド構造がフェルミ・エネルギーと交差する波数をブリルアン・ゾーン内にプロットすれば，フェルミ面が得られる．

ドープされた銅酸化物に対する，角度分解光電子分光によって得られたバンド分散およびフェルミ面の典型例を図4.9に示す．フェルミ面の形はバンド計算が予想するものと似ている．波数(π,π)を中心に考えれば，閉じたフェルミ面である．バンド計算は，ドープしていない銅酸化物の母物質（実験的に絶縁体）に関しても金属を予言してしまい，モット絶縁体を記述できない

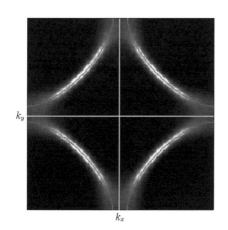

図 4.9 角度分解光電子分光（ARPES）により求められた高温超伝導銅酸化物のフェルミ面（藤森 淳氏，吉田鉄平氏提供）．

が，ドープして金属化した後では，フェルミ面の形状に関する限りはバンド計算もそれほど悪くはない．ただし，バンド幅はバンド計算で予想されるものよりも狭い，など定量的な差は存在する．

より重要なこととして，超伝導などの物性では，フェルミ面上で，どのような軌道成分の分布をもつかがカギとなるので，フェルミ面の形状だけでは議論は済まないことも多い．

(2) 光学吸収

試料に光を当てて，その反射スペクトルを測定する．光学反射率からクラマース‐クローニッヒ（Kramers‐Kronig）変換によって周波数 ω に対する光学伝導度 $\sigma(\omega)$ を得ることができる．図 4.10 では，$La_{2-x}Sr_xCuO_4$ に対して室温（300 K）で測定された 2 次元面内の光学伝導度を示す．ドープされていない絶縁体では，$\sigma(\omega)$ は $\omega = 1\,eV$ 辺りから下のエネルギーでは消失し，これが絶縁体のギャップに対応する．少量の正孔ドープによって $\omega \sim 0.5\,eV$ 辺りに構造が現れ，さらにドープしていくと，金属化を反映して $\omega \sim 0$ 近傍のピーク（ドルーデ（Drude）の重みとよばれる）が成長する．

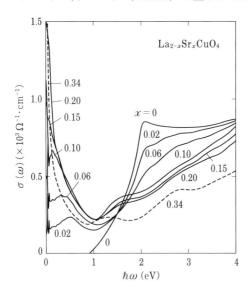

図 4.10 $La_{2-x}Sr_xCuO_4$ における光学伝導度 $\sigma(\omega)$ の，様々な x に対する実験結果．(S. Uchida, et al.: Phys. Rev. B **43**, 7943 (1991).)

(3) 中性子散乱

磁気的な性質を測定する代表的な手段が中性子散乱である．試料に中性子線を当て，波数 q, エネルギー ω をもって散乱されてくる中性子の強度を測定する．中性子の磁気的な散乱（その立体角要素 $d\Omega$）による散乱断面積 σ は，スピンの動的相関関数を用いて

$$\frac{d^2\sigma}{d\Omega\, dE_f} \propto \frac{k_f}{k_i} f^2(q) \frac{1}{N} \sum_{i,j} \int_{-\infty}^{\infty} dt\, \langle S_i(0) \cdot S_j(t) \rangle e^{i[q \cdot (r_i - r_j) - \omega t]}$$

(4.1)

と表される．ここで，$S_j(t)$ は位置 r_j, 時刻 t におけるスピン演算子，$\hbar\omega = E_f - E_i$, $E_{i(f)}$ は中性子の入射（散乱）エネルギー，$k_{i(f)}$ は入射（散乱）波数であり，$f(q)$ は磁気形状因子とよばれる，磁気構造を記述する因子である．

反強磁性のような磁気的秩序がある場合には，磁気秩序を特徴づける波数 q, $\omega = 0$（弾性散乱）に強いブラッグ（Bragg）散乱によるピークが生じる．磁気秩序を特徴づける波数 q というのは，例えば反強磁性であれば，スピンが市松模様に↑↓↑↓ ⋯ のように並んでおり，隣接原子に行くと向きが反転するから，これを $e^{ik\cdot r}$ で記述すれば $q = (\pi, \pi)$ となる（格子定数は 1 とした）．したがって，散乱のピーク位置から磁気構造を知ることができる．ドープされていない銅酸化物（絶縁体）は，ネール温度 T_N（～数百 K）以下の低温で反強磁性的長距離秩序をもつが，これは中性子散乱強度の波数 $q = (\pi, \pi)$ におけるピークとして観測される．

(4.1) を通して $\langle S_i(0) \cdot S_j(t) \rangle$ が得られる．特に同時刻相関（$t = 0$；すなわち中性子散乱強度をエネルギーに関して積分したもの）により実空間でどの距離までスピンが相関しているかという長さが与えられる．また，磁気秩序がない場合でも，スピン同士は空間的・時間的にゆらぎながらある程度の相関をしているから，ブラッグ散乱以外の一般の (q, ω) の散乱（非弾性散乱）をもたらし，これが測定される．

具体的には，統計力学で知られている揺動散逸定理により，スピンの動的相関と，波数 q, 振動数 ω をもった磁場に対する応答を表す動的帯磁率 $\chi(q, \omega)$ との間に

$$\frac{1}{N}\sum_{i,j}\int_{-\infty}^{\infty}dt\,\langle \boldsymbol{S}_i(0)\cdot\boldsymbol{S}_j(t)\rangle e^{i[\boldsymbol{q}\cdot(\boldsymbol{r}_i-\boldsymbol{r}_j)-\omega t]} \propto \frac{1}{1-e^{-\beta\omega}}\,\mathrm{Im}\,\chi(\boldsymbol{q},\omega) \tag{4.2}$$

という関係式が成り立つので,動的帯磁率の虚部に対する情報が得られる.動的帯磁率の虚部はクラマース-クローニッヒ変換により,静的帯磁率 $\chi(\boldsymbol{q}) \equiv \chi(\boldsymbol{q},\omega=0)$ と

$$\chi(\boldsymbol{q}) = \frac{1}{\pi}\int d\omega' \frac{\mathrm{Im}\,\chi(\boldsymbol{q},\omega')}{\omega'} \tag{4.3}$$

という関係にある.

ドープされて金属化した銅酸化物では,反強磁性の長距離秩序は消えるが,反強磁性的揺らぎは残る.ドープされた $La_{1.85}Sr_{0.15}CuO_4$ の常伝導相で,(π,π) からずれた位置を中心として幅をもったピークが観測される.これは,スピンが単純な↑↓↑↓ ⋯ の市松模様ではなく,これからずれたような波をとる(長距離秩序ではないが,このような配置周りの揺らぎをもつ)ことを示している(図 4.11).

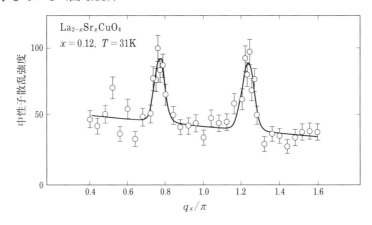

図 4.11 $La_{2-x}Sr_xCuO_4(x=0.12)$ に対する中性子散乱の実験結果.縦軸は散乱強度,横軸は波数.(K. Yamada, *et al.*: Phys. Rev. B **57**, 6165 (1998)).

(4) 核磁気共鳴

磁気的性質は核磁気共鳴(NMR)の実験によっても調べられる.NMR の実験では,電子スピンがつくる磁場を核スピンがどのように感じるかを測定

する．試料を静磁場中におくと，核スピンの準位はゼーマン分裂を起こす．分裂した準位の間の共鳴条件を満たすような高周波磁場をかけると，分裂準位間の遷移が起こる．その後に高周波磁場を切ると，核スピンはある時間 T_1（核磁気緩和時間）の後に熱平衡状態に戻る．

この準位間の遷移は，核スピンと電子スピンの間に存在する相互作用（超微細相互作用（hyperfine interaction））によって支配される．核スピンのフリップ（方向変化）は電子スピンのフリップと連動するので，これを通して電子スピンの情報を引き出せる．詳細は略すが，結局

$$\frac{1}{T_1 T} \propto \sum_{\boldsymbol{q}} |A(\boldsymbol{q})|^2 \frac{\operatorname{Im} \chi(\boldsymbol{q}, \omega_n)}{\omega_n} \tag{4.4}$$

という関係式を得る．ここで $A(\boldsymbol{q})$ は，波数 $\boldsymbol{q}$ の関数としての超微細相互作用の結合定数，$\chi(\boldsymbol{q}, \omega_n)$ は電子スピンの動的帯磁率，ω_n は核スピンのゼーマン分裂に対応する周波数で十分小さい量なので，T_1 は電子スピンの $\chi(\boldsymbol{q}, \omega \simeq 0)$ を与える．

銅酸化物では，Cu の原子核に対して，(4.4) の右辺の和は反強磁性の波数 $\boldsymbol{q} = (\pi, \pi)$ 近傍からの寄与が大きいので，T_1 の測定によってこの波数付近のスピンの低エネルギー揺らぎの情報が得られる．NMR からは超伝導クーパー・ペアの対称性を決定することもできるが，これについては 4.3.3 項の「異方的ペアリング」のところで解説する．

通常の金属では，電子のスピンから生じる帯磁率は，温度にほとんどよらないパウリ常磁性帯磁率なので，$(T_1 T)^{-1} = $ 一定となり，コリンハ（Korringa）の関係とよばれる．しかし，高温超伝導体では $(T_1 T)^{-1}$ は温度の低下と共に増大し，キュリー-ワイス的な振る舞い（$\chi \propto 1/(T + \theta)$，ここで θ はキュリー-ワイス温度で，反強磁性に対しては，この表式において正）を示す．さらに温度を下げていくと，低ドープ領域にあるいくつかの高温超伝導体では，温度の低下と共に $(T_1 T)^{-1}$ が超伝導転移温度よりもかなり高い温度でピークをもった後に落ちてくる（図 4.12）．

銅酸化物では，超伝導状態では電子は反対向きのスピンが組んだ（スピン・シングレット）クーパー・ペアをつくるので，スピン状態を励起するにはエ

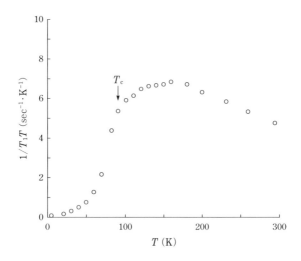

図 4.12　YBa$_2$Cu$_3$O$_{6.91}$ に対する NMR（核磁気共鳴）の $(T_1T)^{-1}$ の実験結果.
（安岡弘志：日本物理学会誌 **52**, 197（1997）.）

ネルギーが必要となるが，この実験結果は超伝導転移温度よりも高温で，何らかの原因により，すでにスピン励起エネルギーが有限となるギャップをもち始めていることを示唆しており，高温超伝導におけるいわゆる擬ギャップ（pseudo gap）問題として関心を集めており，未だに解決をみていない問題となっている（4.3.4 項の銅酸化物の相図も参照）．一方，過剰ドープ領域では $(T_1T)^{-1}$ は T_c 近傍でピークをもち，T_c よりも高温では，このような振る舞いは観測されない．

(5)　μSR（ミューオン・スピン回転）

磁性を調べる重要な測定手段には，μSR（ミューオン・スピン回転）もある．この測定では，ミューオンという素粒子を試料に打ち込む．ミューオンはスピンをもっているので，試料が磁性をもっていれば，その起源となるスピンとミューオンのスピンが相互作用するために，ミューオン・スピンの回転（一般には歳差運動）は減衰し，この様子から試料の磁性が測定される．また，超伝導状態の磁場侵入長を測定することもできる．

(6) 輸送現象

常伝導相の電気伝導度ももちろん重要な観測量である．通常の金属では，電子間相互作用を無視すれば，統計力学の"同種粒子から成る気体"において学ぶように，縮退したフェルミ気体となるが，電子間相互作用の効果を考慮しても，相互作用があまり強すぎなければ，実効的にある種のフェルミ気体と見なすことができ，これをランダウのフェルミ液体とよぶ．ただし，そこでの構成粒子は準粒子とよばれるものであり，これは孤立した電子とは異なり，有限の寿命（低温で T^{-2} に比例する）をもつ．これに対応して，電気抵抗は低温で T^2 に比例する．

高温超伝導体では，過剰ドープ領域の常伝導相の電気抵抗は T^2 に比例するが，最適ドープ領域近傍から CuO_2 面内の常伝導電気抵抗は，低温から常温

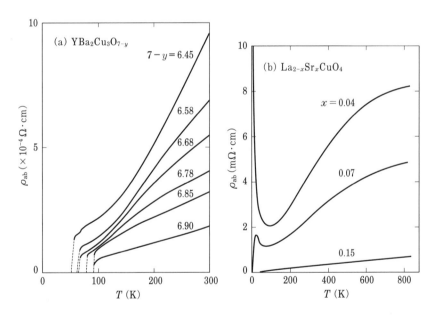

図 4.13 (a) の $YBa_2Cu_3O_{7-y}$ と (b) の $La_{2-x}Sr_xCuO_4$ における，CuO_2 面内の電気抵抗の実験結果を，様々なドーピングに対して温度の関数として示す．(T. Ito, et al.: Phys. Rev. Lett. **70**, 3995 (1993); K. Takenaka, et al.: Phys. Rev. B **50**, 6534 (1994).)

110   4. 高温超伝導

以上の温度に亘って T に比例した振る舞いを示すようになる（図 4.13）．通常のフェルミ液体では温度依存性をもたないホール係数も，高温超伝導体の常伝導相では大きな温度変化を示す．このような振る舞いの原因は，未だに十分に理解されていない．

4.3.3 異方的ペアリング

　銅酸化物の高温超伝導が，従来型か否かの重大な判断材料として，ペアリングの対称性がある．つまり，超伝導を構成するクーパー・ペアの波動関数（2 電子の相対運動に関する波動関数）がどのような対称性をもつかが問題である．

　2 個の電子が互いに相手にまとわりついている様子を見たとき，普通の（低温）超伝導体では，このまとわりつき方は丸い．つまり，2 電子の相対運動を記述する波動関数は球対称で，2 電子の相対角運動量はゼロである．この波動関数は，水素において陽子に束縛された電子の波動関数のうち最低エネルギーの軌道に似ているので，そこでの名を借りて，"s 波ペアリング" とよぶ（図 4.14）．

　クーパー・ペアの波動関数は 2 電子波動関数なので，量子力学の "同種粒子" のところで学ぶように，2 電子を交換すると符号が反転するような反対称性をもつ必要がある．球対称の軌道波動関数では，2 電子交換（2 電子相対座標の反転）に対して符号を変えないので，スピン波動関数の方が反対称である必要がある．

　各電子はスピン 1/2 をもっており，量子力学のスピンの合成のところでは，2 個のスピン 1/2 粒子は，2 スピンの交換に対して反対称であるスピン・シングレット

$$\frac{1}{\sqrt{2}}(|\uparrow\downarrow\rangle - |\downarrow\uparrow\rangle)$$

となる．例えば，$|\uparrow\downarrow\rangle$ は，1 番目の電子スピンが上向き（↑），2 番目の電子スピンが下向き（↓）の状態を表す．これに対し，対称であるスピン・トリプレット（$|\uparrow\uparrow\rangle$, $\frac{1}{\sqrt{2}}(|\uparrow\downarrow\rangle + |\downarrow\uparrow\rangle)$, $|\downarrow\downarrow\rangle$ という 3 状態）も存在する．したがって，軌道波動関数が対称（s）の場合には，スピン波動関数は反対称であるス

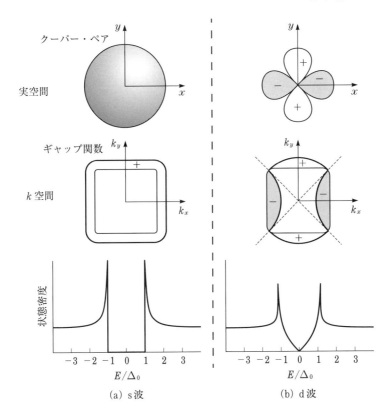

図 4.14 上段:(a) の s 波ペアと (b) の d 波ペアに対して，実空間におけるクーパー・ペア (± は符号)，中段: k 空間でのギャップ関数 (太線で示すフェルミ面からの幅として表示，± は符号，破線は節)，下段: フェルミ・エネルギー近傍での状態密度.

ピン・シングレットとなる．これを，スピン・シングレットのクーパー・ペアとよぶ．

　低温超伝導においては，この波動関数はおおむね s であるが，一般にはそうである必要はない．例えば，原子軌道でいえば，ゼロでない角運動量をもつ p 軌道や d 軌道のように，異方的で，かつ波動関数の符号が変わるようなものであっても構わない．つまり，クーパー・ペアにおいて，2 電子が互いに相手の周りをゼロでない角運動量をもって回っている状態である．図 4.14 には，d 波ペアリングの波動関数も示した．ここでも原子軌道の名を借用し

ている.

この軌道波動関数は2電子交換に対して対称なので，スピンの方はsの場合と同様，スピン・シングレットのクーパー・ペアである.

高温超伝導体について，このd波ペアリングが実現していることが，実験的にも確立している[5]．これには様々な証拠があるが，ここでは最も明確な2種類を挙げよう.

1つは，高温超伝導体の表面を直接に，走査型トンネル顕微鏡（この方法は1986年にノーベル物理学賞を受賞）というもので観察する．この方法では原子1個1個を識別できるが，図4.15は，高温超伝導体 $Bi_2Sr_2CaCu_2O_{8+\delta}$ に不純物元素を入れ，そこに捉えられたペアを観測した例で，これが四葉になっているのが，ペアリングがd波である証拠である[6].

超伝導ペアの波動関数が90°回転に対して符号を変えることは，高温超伝導体とs波の超伝導体（例えば鉛）との接合における干渉実験でも示される．

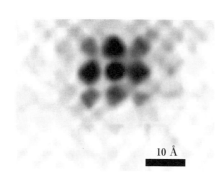

図 4.15 走査型トンネル顕微鏡（STM）により観察された，d波クーパー・ペア．実空間において色の濃さでプロットされているのは，$Bi_2Sr_2CaCu_2O_{8+\delta}$ における微分トンネル・コンダクタンス dI/dV．（M.H. Hamidian, et al.: New J. Phys. **14**, 053017 (2012). ©IOP Publishing and Deutsche Physikalische Gesellschaft. Reproduced by permission of IOP Publishing.）

---

5) s波でない超伝導は，重い電子系などの超伝導でも実現することが知られており，第7章で解説する．また，^{3}Heの超流動においては，p波ペアリングが実現している（第10章）．

6) このような実験は S.H. Pan, et al.: Nature **403**, 746 (2000) により始められた．なお，超伝導状態は並進対称性をもっているから，クーパー・ペアが特定の位置にじっとしていることはあり得ない．この実験では，不純物（Zn）を表面に入れ，ここに束縛されたクーパー・ペア（の Andreev 束縛状態という状態）を観察している．

すなわち，上記の四葉は波動関数を表すが，詳しくいうと，

のように互い違いに正負の値をもつ．このことを，長方形の試料に縦横に（普通の低温超伝導体の）電極を付けて実証することができる．図 4.16 のような YBCO 単結晶と Pb の薄膜から成るジョゼフソン (Josephson) 接合をつくり，ループの中に磁束 Φ を通す．接合を流れるジョゼフソン電流は，a 点と b 点の間の超伝導位相差 $\phi_a - \phi_b$ によって決まる．系全体のコヒーレンスのために $(\phi_a - \phi_b) + \Phi + \delta_{ab}$ でなくてはならない．ここで δ_{ab} は YBCO の中で a 方向に進むクーパー・ペアと b 方向に進むクーパー・ペアの間に生じる位相差で，s 波の場合は $\delta_{ab} = 0$，$d_{x^2-y^2}$ 波の場合は $\delta_{ab} = \pi$ である．このように，s 波の場合と d 波の場合とではジョゼフソン電流の Φ 依存性が π だけ

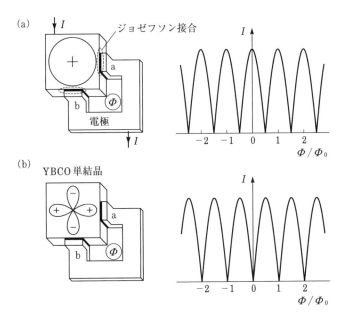

図 4.16 π 接合の概念図（左）と，ジョゼフソン電流の磁束 Φ 依存性（右）．Φ_0 は磁束量子．(D.A. Wollman, et al.: Phys. Rev. Lett. **71**, 2134 (1993).)

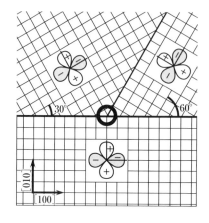

図 4.17 結晶方位の異なる 3 個の d 波超伝導体の結晶を接合した tricrystal（太直線は接合面）の模式図．四つ葉は，各領域での d 波ペアリング，円は tricrystal の接合頂点で，そこに磁束が束縛される．

ずれることになる．このために，この実験設定は π 接合とよばれる．

また，tricrystal とよばれる，結晶粒界で接した 3 種類の結晶方向をもつ結晶の接合を考えると，d 波超伝導体では，粒界の頂点に自発的に磁束が誘起されることがわかり，これも実験的に観測されている（図 4.17）．これは磁束量子が，連続的には変化し得ない離散量であるから，より直接的な証拠といえる．

さて，低温超伝導のように，s 的なクーパー・ペアで，しかも (3.44) で解説したように，その空間的広がりが結晶の格子定数よりはるかに大きい超伝導においては，クーパー・ペアをほぼ球対称な波動関数として記述することができる[7]．ところが，高温超伝導においては，大きな違いが 2 点ある．

まず 1 点目は，d 波超伝導であり，ペア波動関数ならびに超伝導ギャップ関数に節（(node) 波動関数では実空間で，ギャップ関数では k 空間で符号を変えるところ）が存在することである．

2 点目は，高温超伝導においては，クーパー・ペアの空間的サイズが小さいことである．実際，クーパー・ペアの空間的サイズの目安は，(2.43) と (3.44) で導入したピパードのコヒーレンス長

7） s 波超伝導といえどもバンド構造の影響は受けるので，完璧な球対称ではない．それでもなお，ペア波動関数が空間的にどう振る舞うか（波動関数の符号が反転する節がどのように入るか，特に動径方向に延びる節の本数）を見ることはでき，この本数により s, p, d, … を判定できる．角度依存性をもつ s 波を，拡張 s 波（extended s-wave）とよぶ．

$$\xi_0 = \frac{\hbar v_{\mathrm{F}}}{\pi |\Delta|}$$

（v_{F} はフェルミ速度，Δ はギャップ関数）で与えられるが，BCS 理論では s 波に対して $\Delta = 1.77 k_{\mathrm{B}} T_c$ なので，T_c が大きいほど ξ_0 は小さい．高温超伝導体ではクーパー・ペアのサイズは格子定数程度になっていて，実空間ペアリング（real-space pairing）とよばれることもある．こうなると，クーパー・ペアの波動関数は物質の結晶構造を強く反映するはずである[8]．

式の上では，基礎となるのはギャップ方程式 (3.35) である．第 3 章では，s 波超伝導体を想定してペアリング相互作用 $V(\boldsymbol{k}, \boldsymbol{k}')$ の $\boldsymbol{k}$ 依存性は均してしまったが，一般に異方的ペアリングでは $\boldsymbol{k}$ 依存性をしっかり考慮する必要がある．ギャップ方程式を T_c 付近では $\Delta(\boldsymbol{k})$ が微小として Δ に関して線形化する．Δ が小さいので $E(\boldsymbol{k}')$ も $\xi(\boldsymbol{k}')$ で置き換えられるから，

$$\Delta(\boldsymbol{k}) = -\sum_{\boldsymbol{k}'} V(\boldsymbol{k}, \boldsymbol{k}') \frac{\Delta(\boldsymbol{k}')}{2\xi(\boldsymbol{k}')} \tanh\left[\frac{1}{2}\beta\xi(\boldsymbol{k}')\right] \tag{4.5}$$

を得る．このギャップ方程式において，一般にバンド分散 $\xi(\boldsymbol{k})$ だけでなく，ペアリング相互作用 $V(\boldsymbol{k}, \boldsymbol{k}')$ も結晶構造を反映した $\boldsymbol{k}$ 依存性をもつので，ギャップ関数 $\Delta(\boldsymbol{k})$ も結晶構造を反映した $\boldsymbol{k}$ 依存性をもつことになる．この方程式については，5.3 節でも再訪する[9]．

数学的には，この方程式の解は，考えている物質構造の対称群（結晶の空間群）の既約表現となる．例えば，銅酸化物では，超伝導が起こる基本単位は酸化銅の 2 次元正方格子層であるが，正方格子におけるギャップ関数 $\Delta(\boldsymbol{k})$ の対称性は正方晶群 C_{4v} あるいは D_{4h} の既約表現となり，

---

[8] 孤立原子は球対称性をもつ等方的連続空間に存在しているので，ギャップ関数は球面調和関数を用いて展開でき，s（電子対の相対角運動量 0），p(1)，d(2)，$\cdots$ といったペアリング状態が可能となる．結晶では，原子を中心とした周辺の様子を特徴づける点群（point group）や，結晶格子を特徴づける空間群（space group）とよばれる群論で記述されるので，正確にはこれらの既約表現を用いる必要がある．

[9] より精密な扱いは，グリーン関数法によりエリアシュベルグ（Eliashberg）方程式とよばれる定式化を用いる必要がある．例えば，黒木和彦，青木秀夫：『超伝導』（東京大学出版会，1999）の第 4 章，A.V. Chubukov, *et al.*: Annals of Physics, **417**, 168190 (2020) を参照．

ペアの対称性	既約表現	$\Delta(\boldsymbol{k})$ の $\boldsymbol{k}$ 依存性
s, 拡張 s	A_{1g}	定数 $+\cos k_x + \cos k_y$
$d_{x^2-y^2}$	B_{1g}	$\cos k_x - \cos k_y$
d_{xy}	B_{2g}	$\sin k_x \sin k_y$

である.

　上記の対称性のどれかの超伝導状態が実現することが知られている[10]. 上の表で, s は相対角運動量がゼロのペアであるが, 拡張 s というのは, ギャップ関数が回転対称性（正方格子では $90°$ の回転で不変）はもつが, $\boldsymbol{k}$ 依存性をもつ s である. d 波の場合は, $\boldsymbol{k}$ 空間でも実空間でも, $90°$ 回転させるたびに符号が反転するようなペアである. 特に, 実空間では原点で振幅がゼロとなり, ペアを構成する 2 電子が避け合いながらペアをつくっている.

　一般に, ギャップ関数がこのように符号を変える箇所（節）をもっていると, 次のようなことが起こる. 例えば, $d_{x^2-y^2}$ ペアにおいては

$$\Delta(\boldsymbol{k}) \propto \cos k_x - \cos k_y$$

だから, $\Delta(\boldsymbol{k})$ は $k_x = \pm k_y$ という線上でゼロとなる. ギャップ関数は全 $\boldsymbol{k}$ 空間で定義されるが, 特に問題になるのがフェルミ面上での振る舞いである. 上記のようなノード面（2 次元ではノード線）があると, これがフェルミ面を横切るために, フェルミ面上でギャップ Δ がゼロになるような点（3 次元のフェルミ面上では線 (nodal line)）をもち, それを境に Δ の符号が反転することになる.

　このようなものを異方的ペアリングとよび, これは後で説明するように電子機構を示唆するが, この他にも電子機構, 特に磁性機構を示唆する様々な状況証拠が実験で見出されている.

　まず, 高温超伝導物質のとる状態を様々な温度や電子密度（ドーピングの量によりコントロールできる）に対してプロットすると, 図 4.3 のようになり, 超伝導相が反強磁性（電子間相互作用を起源にもつ）という磁性相に隣接しているのが示唆的である. これ以外にも, 超伝導相では反強磁性秩序は

---

10)　これは T_c 直下においてギャップ関数の値が無限小の場合の議論であり, Δ が大きな振幅をもつ T_c 以下では, 一般に複数の対称性が混ざったペアリングになる可能性がある.

壊れているが，スピンは反強磁性的に並びたがる傾向が実験で見える，など
がある．

　スピン間の相互作用の起源は電子間の相互作用により生じる量子力学的効
果であり，反強磁性的になるか，強磁性的かは原子種および原子の並び方など
で決まる．水素分子では反強磁性的になり，基底状態はスピン・シングレッ
トである．銅の酸化物の場合も反強磁性的である．

4.3.4　超伝導相の物性

　超伝導クーパー・ペアの対称性を決定するための実験は，銅酸化物高温超
伝導体に対して様々に行われてきた．代表的なのは次のようなものである．

（1）　核磁気共鳴（NMR）

　超伝導状態における核磁気緩和は，超伝導ギャップをまたいで熱励起された
準粒子（3.2.3 項を参照）と核スピンの間の相互作用によって起こる．この際，
常伝導状態では存在しなかった干渉効果が生じる．これをコヒーレンス効果と
いう．通常の s 波の超伝導体では，このコヒーレンス効果と，超伝導ギャップ
端で状態密度が $1/\sqrt{E^2 - \Delta^2}$ のように発散（図 4.14）することから，T_c 直下
で核磁気緩和率 $1/T_1$ が増大する（ヘーベル－スリクター（Hebel - Slichter）・
ピーク）．

　ところが，高温超伝導体ではそれが見えない（図 4.12 を参照）．これは，
d 波ペアリングのギャップ関数異方性のためにコヒーレンス効果が消えるた
めであることを示すことができる．また，等方的 s 波の場合，フェルミ面全面
に亘って有限のギャップが開いているために準粒子が励起されにくいので，
ヘーベル－スリクター・ピーク以下の温度で緩和率 $1/T_1$ が $\exp(-\Delta/k_B T)$
のように指数関数的に減衰するが，高温超伝導体では T^3 のようにべき乗的
に減衰する．これもフェルミ面全面で有限のギャップではなく，ギャップ関
数に節があることから説明できる．

（2）　磁場侵入長

　超伝導体に磁場をかけると，臨界値以下であれば，磁場は排除される（マ
イスナー効果）．(1.11) で述べたように，超伝導体表面で磁場は

$$B \propto \exp\left(-\frac{x}{\lambda}\right) \tag{4.6}$$

のように遮蔽される．これは表面付近に超伝導電流が反磁性電流として流れる効果であるから，磁場侵入長 λ は超伝導に参加している電子数の密度（超流動密度）n_s に支配される．n_s の温度依存性は，クーパー・ペアを壊す準粒子がどのように熱的に励起されるかで決まる．このことを反映して，ギャップが完全に開いている s 波超伝導では $\lambda \propto \exp(-\Delta/k_B T)$ となるのに対して，ギャップに節がある場合には温度に対して線形に振る舞う．これも高温超伝導体に対して観測されている．

また，侵入長は磁場の大きさ H にも依存し，その依存性も s 波と d 波では異なり，前者が H^2 に比例するのに対して，後者の場合は H に比例する．銅酸化物（BSCCO や YBCO）における侵入長の磁場依存性の実験も，上記の d 波に対する理論的予想と整合する．

(3) 角度分解光電子分光（ARPES）

ARPES の実験で，超伝導状態においてフェルミ面上の $\boldsymbol{k} = (\pi, 0), (0, \pi)$ の方向にはギャップが開いているのに対して，$|k_x| = |k_y|$ の方向では閉じている様子が観測される．

図 4.18 は $\mathrm{Bi_2Sr_2Ca_{n-1}Cu_nO_{2n+4}}$ 系（BSCCO と略記）で，超伝導状態と常伝導状態における光電子分光スペクトルを波数 $(\pi, 0)$ 方向に対して測定したものである．$(\pi, 0)$ 付近で超伝導転移温度以下でギャップが開く．一方，$|k_x| = |k_y|$ では転移温度以上と以下で変化がほとんどない．

最近，角度分解光電子分光によって，低ドープ領域におけるギャップ構造の温度変化が詳細に調べられた．興味深いことに，超伝導状態において $(\pi, 0)$ 付近に開いているギャップ構造は，転移温度以

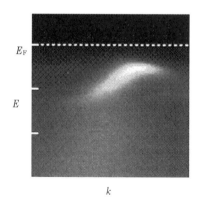

図 4.18　角度分解光電子分光（ARPES）により求められた高温超伝導銅酸化物の，$\boldsymbol{k} = (0,0) \to (0,\pi)$ 方向で観測されるギャップ（藤森 淳氏提供）．

上の常伝導相においても或る温度までは残ることがわかってきた．4.3.2 項でも触れたこの常伝導相におけるギャップ（擬ギャップ）の正体は，未だに十分に理解されていない．

(4) 走査型トンネル分光（STS）

この実験では，微小な探針と試料の間のトンネル電流 I を，探針と試料との間の電位差 V を変えて観測する．通常の s 波であればギャップが全面に開いているために，微分抵抗 dI/dV は $V=0$ を中心とする有限のバイアス幅に亘って小さくなるのに対して，正孔ドープ型高温超伝導体では V に対して V 字型の微分抵抗となる．これもギャップ関数に節があることを示す．

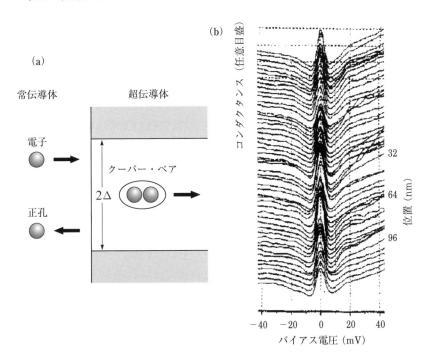

図 **4.19** (a) アンドレーエフ反射の概念図．超伝導体に入射した電子が，クーパー・ペアとして透過すると共に正孔として反射される．
(b) $YBa_2Cu_3O_{7-y}$ の [110] 面における走査型トンネル分光（STS）の実験結果．曲線が多数あるのは，探針の位置を変えているためである．(S. Kashiwaya and Y. Tanaka：Rep. Prog. Phys. **63**, 1641（2000）.)

120   4. 高温超伝導

また，$V = 0$ において dI/dV に極大が見られることがある（ゼロバイアス異常）．これは，トンネル電流を担う準粒子が，界面において反射される際の運動方向の変化によって超伝導秩序パラメータの異方性（符号反転）を感じとることに起因している．この現象は，電子が常伝導体から超伝導への界面で反射・透過する際に，クーパー・ペアとして透過する成分と正孔として反射される（アンドレーエフ（Andreev）反射とよばれる）成分が量子力学的に干渉し（図 4.19），この干渉において超伝導秩序パラメータの符号が効くことに起因する．実際，ゼロバイアス異常が，高温超伝導結晶の（110）面（Cu-O 結合に対して 45 度傾いた面）でのみ観測される（図 4.19）ことは，これを立証している．

(5)　銅酸化物高温超伝導体の相図

高温超伝導を把握する際に最も大事となるのは相図である．これは，横軸にキャリア（電子または正孔）の濃度をとり，縦軸に温度をとったときに，どの領域にどの状態があるかを示すものである．ところが，銅酸化物高温超伝導の発見から約 40 年経ったいまでも，完全な理解はまだ得られていない．現在も議論が続いている領域ではあるが，略述してみよう．

まず，相図で超伝導の T_c は，キャリアをドープするにつれ，あるドーピング濃度から立ち上り，おおむね上に凸の曲線を描いた後，ある濃度以上では消失する．物質によっては，特定の（典型的に 1/8 ドーピング）で窪みをもつ場合もある．

これとは別に，いわゆる擬ギャップが発生する温度 T^* が観測されており，そこでは何らかの理由により，状態密度にギャップが生じる．擬ギャップが何であるかについては，未だに理解は混沌としていて，（実験的・理論的）定義も何種類も提案されている．

初期の段階では，T^* と T_c の間の領域では，クーパー・ペアが形成されてはいるがコヒーレントになっていない（preformed pair）領域であろうといわれた．その後の様々な研究で，この観点は否定と支持の間を揺れ動いているが，少なくとも粗い意味では preformed pair というのは概念的に考えやすい．

また，擬ギャップは何らかの（対角）秩序（SDW，電荷秩序など）と関連す

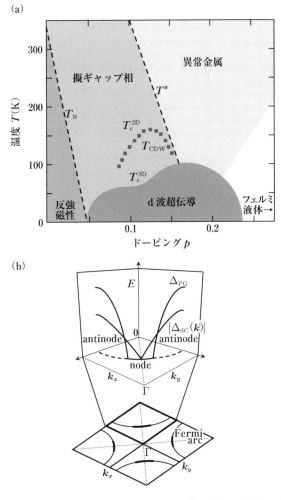

図 4.20 (a) 銅酸化物高温超伝導体の概念図. T_c^{3D} が普通の意味での超伝導転移温度, T^* は擬ギャップ温度, T_c^{2D} は BKT 転移温度, T_N はネール温度, T_{CDW} は短距離電荷秩序転移温度.
(b) 上図:d 波超伝導のギャップ関数の絶対値 ($|\Delta_{SC}(\boldsymbol{k})|$), および擬ギャップの大きさ ($\Delta_{PG}$) を, フェルミ面(破線)上でブリルアン帯の 1/4 に対して概念的に示す. 下図:全ブリルアン帯に対して, フェルミ面(擬ギャップが存在するときは部分的にしか存在せず, フェルミ・アーク (Fermi arc) とよばれる)を概念的に示す. (B. Keimer, *et al.*: Nature **518**, 179 (2015) に基づく.)

122　4. 高温超伝導

るという考えもある. 実験的には擬ギャップは ARPES（角度分解光電子分光），ネルンスト効果などにより観測する. 2015 年には，1 つの総説として B. Keimer, S.A. Kivelson, M.R. Norman, S.Uchida and J. Zaanen：Nature, **518**, 179（2015）が出版された[11]. ここでも，理解はクリアカットとはいかないが，問題点がいろいろ明確にされた.

この論文に基づく相図を図 4.20(a) に掲げる. この図で，T_c^{3D} が普通の意味での超伝導転移温度，T^* は擬ギャップ温度，T_c^{2D} は BKT 転移温度（8.1 節を参照），T_N はネール温度，T_{CDW} は短距離電荷秩序転移温度である. これらの境界線（相転移線とは限らず，例えば T^* は相転移線ではない）により，d 波超伝導相，反強磁性相，擬ギャップ相，異常金属（strange metal, あるいは bad metal）相，そして十分大きなドーピングではフェルミ液体相などの相が現れる.

図 4.20(b) では，k 空間において，超伝導ギャップ関数 $\Delta_{SC}(\boldsymbol{k})$，および擬ギャップ Δ_{PG} の振る舞いを模式的に示す. また，相図の $T = 0$ の線上に量子臨界点（quantum critical point）が存在するか否かも議論が続いているが，不確定ゆえ，ここでは触れない.

また，過剰ドーピング領域（T_c の山の右側）では超伝導領域と常伝導領域が試料内で相分離して共存するのではないか，という議論もあるが，これも完全には理解されていない.

演 習 問 題

[**1**]　$\Delta(\boldsymbol{k}) \propto \cos k_x - \cos k_y$ という d 波ペアリングに対して，

$$\Delta(\boldsymbol{r}) = \int d\boldsymbol{k}\, e^{i\boldsymbol{k}\cdot\boldsymbol{r}}\Delta(\boldsymbol{k}) \tag{4.7}$$

という式により，実空間でのペアリング波動関数を定義すると，どのような形になるかを求めよ.

---

11)　S. Uchida：J. Phys. Soc. Jpn. **90**, 111001（2021）も参照.

5 電子相関と超伝導

第4章では，銅酸化物高温超伝導体は電子相関が強い系であることを述べた．本章では，電子相関の基本と，それから生じると考えられる電子機構超伝導について解説する．

5.1 電子相関とは ── 磁性とモット転移 ──

高温超伝導の母体となる銅酸化物は，バンド理論では金属なのに，実際は絶縁体である．さらに，スピンが↑↓↑↓…と並ぶ傾向をもつことを4.3節で述べたが，その理由は何だろうか．導体中で電子は動き回っているが，これらの電子のスピンが揃った場合とバラバラの場合とで，どちらがエネルギー的に得かを見ればよい．電子間にはたらいているのはクーロン相互作用で，これは電荷の間にはたらく力でスピンとは全く関係ないから，スピンの揃い方とエネルギーとは無関係のように一見思える．

ところが，"パウリの排他律" という法則を通じて，実はスピンとエネルギーは密接に関連する．フェルミオンは "排他的" であって，2個の粒子が同時に同一の量子力学的状態をとることはできない．電子間にはクーロン斥力がはたらいているから元々避け合っているが，それとは別に，たとえ粒子間に相互作用がないとしてもはたらく，純粋に量子力学的な効果である．スピンまで含めて詳しくいうと，同じ方向を向いたスピンをもつ2電子は原理的に同じ場所に来られない（反対向きスピンは来ても構わない）．

スピンがどう並ぶか，つまり磁性の問題は，1930年代に量子力学がつくられた後，固体物理の大きな問題となってきた．現実には，電子間の相互作用は特定の2電子間だけでなく，あらゆる2電子間にはたらいているから，全

電子の動きを追跡すると，ある電子が動くと別のを押し，それがさらに別の電子に影響を与え，その影響がまた元にフィードバックしたり先に行ったりして，極めて複雑に連動して動いているはずである．これを**電子相関**という．この効果を理論的に取り入れて，どの状態が最低エネルギーかを見積もる必要がある．ここで，電子が別のを押すという古典力学的言葉遣いをしたが，全電子に対する波動関数がパウリの排他律に従って完全反対称という量子力学（が電子間相互作用の存在下でどうなるかという法則）が支配する．

5.2 ハバード模型 —— 格子上で最も簡単な相互作用模型 ——

銅のように原子内の電子の軌道がコンパクトな場合は，電子は結晶全体を滑らかに（ほとんど自由な電子的に）動くというよりは，原子の位置から隣の原子の位置に跳ぶ．この跳ぶ量子力学的確率を「t」という文字で表すことにし，このような模型を，**強束縛模型**（tight‐binding model）とよぶ．

また，同じ原子に2個の電子が遭遇すると，電子間にはたらく強いクーロン斥力相互作用のためにエネルギーが上がる．このエネルギーを U という

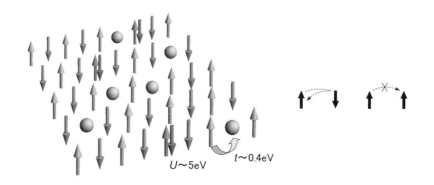

図 **5.1** ハバード模型の概念図．原子が正方格子状に並んでいるとして，その上の電子を↑（上向きスピン），↓（下向きスピン），↑↓（上向きスピンと下向きスピンが同一原子を占有），丸（電子がいない原子）として表示．電子はホッピング t で隣の原子に跳ぶことができ，同一原子に2電子が来ると，斥力 U がはたらく．数値は銅酸化物に対する典型値．右図は，跳ぶ先が反平行スピンの場合は跳べるが，平行の場合はパウリの排他律のために跳べないことを示す．

文字で表すことにし，この模型（図 5.1）を，考案者の名をとってハバード (Hubbard) 模型とよぶ．

第二量子化で表したハミルトニアンは，

$$\mathcal{H} = -\sum_{\langle i,j \rangle \sigma} t_{ij}(c_{i\sigma}^\dagger c_{j\sigma} + \text{H.c.}) + U \sum_i n_{i\uparrow}n_{i\downarrow} \tag{5.1}$$

である（H.c. はエルミート共役を表す）．ここで i,j は原子の位置を表し，$c_{i\sigma}^\dagger(c_{i\sigma})$ は i 番目の原子にスピン σ をもった電子を生成（消滅）する演算子，t_{ij} は i 番目から j 番目の原子へ電子が跳ぶ量子力学的遷移行列要素（transfer energy あるいは hopping integral），$n_{i\sigma} \equiv c_{i\sigma}^\dagger c_{i\sigma}$ は電子数演算子である．

この模型[1]で記述される系は，相互作用 U と t との比により電子相関の程度が規定される．U/t が小さいうちは金属だが，大きくなると絶縁体になる．これを最初に指摘したのはモット（Mott）なので，この金属・絶縁体転移はモット転移とよばれる．銅酸化物高温超伝導体においては，典型的に $U/t = 7 \sim 10$ 程度と見積もられている[2]．ただし，見積りはハバード相互作用の定義や計算法による．電子相関による絶縁体（モット絶縁体とよばれる）は，典型的には，1 原子当たり 1 電子（最大 2 電子まで詰められるので，これをハーフ・フィリング（half-filling）とよぶ）において発現する．

 Sir Nevill Mott

モット（写真）は固体物理学の草分けの一人といえる存在である．イギリスのキャヴェンディッシュ研究所は，ヘンリー・キャヴェンディッシュ（Henry Cavendish, 1731 - 1810；水の化学式が H_2O であること，捩れ秤を用いて地球の重さを測り，これから重力定数 G を求めたことで有名）の親戚である Devonshire 公爵（爵位の名前，姓は Cavendish）により 1871 年に創設された．ケンブリッジ大学物理学科の別名でもある（ケンブリッジ大学には，これとは別に応用数学・理論物理学科もあり，

---

[1] ハバード模型に関する比較的最近の総説は，D.P. Arovas, *et al.*: Annu. Rev. Condens. Matter Phys. **13**, 239（2022）．

[2] 比較的最近の文献は，例えば M.T. Schmid, *et al.*: Phys. Rev. X **13**, 041036（2023）．

スティーブン・ホーキング (Stephen Hawking) はここに所属した). この物理学科はそう大きくはないが, いままでに 29 名という驚くべき数のノーベル賞受賞者を輩出している (https://www.phy.cam.ac.uk/history/nobel にリストがある).

この研究所の長の職名を Cavendish Professor とよび, 初代のマクスウェル (James Clerk Maxwell) から始まり, レイリー (Rayleigh) 卿, トムソン (J.J. Thomson, 電子を発見), ラザフォード (Ernest Rutherford, 原子核物理), W.L. ブラッグ (W.L. Bragg, X 線結晶学だが分子生物学も推進), モット (N.F. Mott, 固体物理学), ピパード (B. Pippard, 超伝導) などを経て, 現在のフレンド (R. Friend, 有機固体) が歴代の Cavendish Professor である. ピパードも含めて超伝導に関連深いだけでなく, 超流動の発見者のカピッツァ (Kapitza) もこの研究所におり, 実際彼が, 当時の Cavendish Professor であるラザフォードに付けたニックネームが Crocodile であったことにちなみ, この研究所のシンボル・マークはワニになっている.

本章で述べるように, モットは高温超伝導の, ある意味での草分けといえる. モットは自叙伝 Sir Nevill Mott: *A life in science* (Taylor & Francis, 1986) を著している. (ここに掲げる写真は筆者提供. より詳しくは, 青木秀夫:Nevill Mott の物理と固体物理のこれから, 固体物理 **35**, 451 (2000) (筆者のホームページ http://cms.phys.s.u-tokyo.ac.jp/中の講義資料 → 一般的なもの →「Nevill Mott の物理と固体物理のこれから」にも掲載) を参照してほしい.)

モット絶縁体においても, スピンによらない相互作用 U がスピンの配列を支配する. U は, 遷移金属化合物では典型的に数 eV のオーダーをもつ大きなエネルギー・スケールをもつ. 電子の跳び移りによって電子スピンの間にはどのような並びが現れるであろうか.

ある電子が隣の原子に移れるためには, 動く電子のもつスピンが, 往き先に元々いる電子のスピンと逆向きでないとパウリの排他律に抵触してしまう (図 5.1 (右)). よって, たとえ中間状態で U を損しても跳べた方が, パウリの排他律で原理的に跳べないよりは低エネルギーとなる (正確にいうと, t^2/U 程度のエネルギーを得する) ので, 隣り合う電子スピンは, ↑↓↑↓ · · · とい

うように交互に並ぶ傾向をもつ．

　ハーフ・フィリングに正孔（電子の穴）を入れていく（つまり，銅酸化物に別元素を混ぜる）と，正孔の数が増えるにつれて，反強磁性の揃い方も乱れていくであろう．なぜかというと，正孔が増えれば，隣り合うスピンの間の相互作用の数も薄まり，かつ正孔もじっとしているわけではなく，原子と原子の間を（確率が t で）跳び移るからである．

　こうして，反強磁性相互作用の効果は減り，正孔の跳び移りもスピンの並び方を乱し，正孔の密度（単位体積当たりの数）がある程度増えると，反強磁性は失われる．正孔の密度をだんだんに増やしていくと，図4.3に示したように，反強磁性が失われた直後に超伝導となる．

　さて，超伝導相でも，スピンの配置には長距離秩序はないが，全くランダムというわけではない．そのスナップショットを見たとすると，試料全体に亘って乱れてはいるものの，狭い範囲を見ればかなり↑↓↑↓……に近い．これを**反強磁性的揺らぎ**と称し，実際に，スピンの並び方を観測できる中性子散乱により実証されている．

　すると，次のような可能性が生じる．図5.2に描いたように，動くことのできる正孔は，反強磁性的スピン揺らぎを交換して相互作用するであろう．3.1節で解説した電子－格子相互作用を利用した引力においては，電子系と格子系という2つの違うものがあり，電子は格子振動を交換して相互作用した．これに対して，いまの場合は2つの違うものがあるわけではなく，電子系という1種類であり，スピン自由度をもった電子が格子の上を飛び回る，とい

図 5.2　2個の正孔は，スピン揺らぎをともないながら，互いに散乱される．

128 5. 電子相関と超伝導

うだけである．ただし，電子の数は原子の数（格子点の数）より少ない．問題は，この状況で電子が超伝導するだろうかということである．

電子 – 格子模型のところでファインマン・ダイアグラムを示した（図3.3）．そこでは，電子がフォノンを交換して相互作用をした．それでは，電子だけの間で似たようなことはできるだろうか．これは可能で，交換するものは電子に関するもの，例えば電子のもつスピンの揺らぎである．イメージとしては，ある正孔が動くと近くのスピンの向きを乱し，この乱れが時間・空間的に伝わって行き，別の正孔にも影響を及ぼすというものである（図5.2）．

なぜ乱れは伝わるかというと，スピンとスピンの間には隣り同士ではなるべく反対向きになりたい，という反強磁性的相互作用があるため，$\cdots\uparrow\downarrow\uparrow\downarrow\cdots$ という並びに正孔が入り，$\cdots\uparrow\bigcirc\uparrow\downarrow\cdots$ となった後，正孔が例えば右に動けば $\cdots\uparrow\uparrow\bigcirc\downarrow\cdots$ となり，上向きが2個並ぶところができてしまう（正確にいうと，t^2/U 程度の反強磁性的相互作用エネルギーを損する）．このようなスピン配列についての乱れは揺らぎとして伝播して行き，結局，正孔はスピン揺らぎを発射・吸収することになる．

これをファインマン・ダイアグラムで表したのが図5.3である．ここでは，点線は電子 – 電子相互作用であり，2個の電子が下・上向きスピン揺らぎの伝播を交換して相互作用する様子を示す．これがスピン揺らぎ交換相互作用である．この相互作用は，図5.2に表したように，複雑で時間的にも揺らぐものであるが，強いて図3.2のイメージでいえば，正孔が隣り合ったときに引力的になる（144頁の図5.9を参照）．

超伝導の電子機構とフォノン機構の対照表としては，

機 構	出発点のエネルギー・スケール → T_c	ペアリング対称性
フォノン機構	$\omega_D \to T_c \sim 0.1\omega_D$ （100 K → 10 K）	等方的 s
電子機構	$t \to T_c \sim 0.01t$ （10000 K → 100 K）	異方的 d など

である．ここで $\hbar\omega_D$ はフォノンのエネルギー・スケール，t は電子のエネルギー・スケール（〜電子のバンド幅）である．つまり，斥力からの超伝導は，実は元々の電子のエネルギー（バンド幅 〜 eV 〜 10000 K）に比べると，2桁も小さいという意味では「低温超伝導」であるが，転移温度 $T_c \sim 100$ K は，フォノン機構による超伝導転移温度よりは高い，ということになる．

5.2 ハバード模型　129

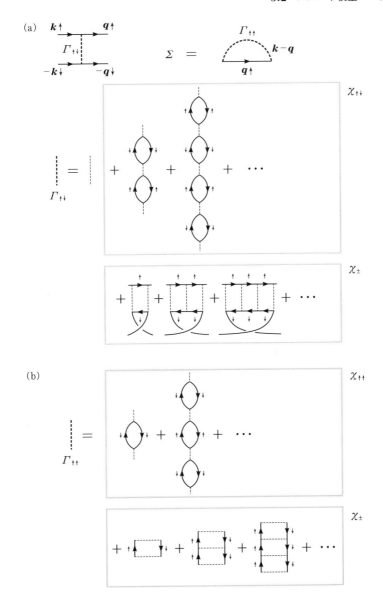

図 5.3　2 個の電子の散乱（ペア散乱）に対するファインマン・ダイアグラム．(a) で Γ は電子間有効相互作用，Σ は自己エネルギー，(b) の $\Gamma_{\uparrow\uparrow}$ は，自己エネルギーに対するファインマン・ダイアグラムに現れる相互作用．また，スピン感受率の縦成分 $\chi_{\uparrow\downarrow}, \chi_{\uparrow\uparrow}$ と横成分 $\chi_{\pm}$ に対応するダイアグラムも示した．

130   5.　電子相関と超伝導

　高温超伝導体のような強相関電子系において，超伝導を支配する要因は様々存在する．具体的に挙げれば，

1.　物質の空間次元性（層状物質なのか3次元的なのか，極端には，原子1層で超伝導になれば純粋に2次元系（8.1節を参照））
2.　電子相関が弱いか強いか
3.　結晶構造および成分の元素により決まり，ドーピングにも支配されるバンド構造，フェルミ面
4.　スピン揺らぎ，電荷揺らぎの強さ
5.　複数の原子軌道をもつ系では，フェルミ面近傍で支配的な軌道
6.　電子機構とフォノン機構のどちらが主要か

などである．これらは独立な要因ではなく，互いに絡み合う．

5.3　スピン揺らぎ交換による超伝導

　酸化物高温超伝導において電子相関が大事だと言い出したのはアンダーソン（Anderson；モットと共に1977年にノーベル物理学賞を受賞）であるが，電子相関からの超伝導といっても，詳しくはいくつかのバージョンがある．一般的には，上で述べたスピン揺らぎ交換相互作用により超伝導になる，という視点がわかりやすいと思われ，このようなスピン揺らぎのための超伝導は何人かにより提案された．特に磁性理論のパイオニアの一人である我が国の守谷は，磁性体を現象論的に記述するために理論体系をつくっていたが，その枠内でスピンの揺らぎ交換による超伝導理論をつくることができる．現象論ではなく，ハバード模型のようなミクロな理論に対しての相互作用の効果を，以下に示すようにファインマン・ダイアグラムから計算して超伝導を出すこともできる．そこでは，スピン揺らぎ交換の描像が，電子間斥力が十分弱いときに摂動論で記述されるのに対し，斥力が強い場合の記述にどう接続されるか，ということをみる必要がある．

　反強磁性的に揺らぐスピンの並びに正孔を入れたときの問題は，電子相関を真面目に扱わなければならない問題となる．そこで注意しなければならない点の第一は，簡単化された模型が現実の物質の本質を抜き出しているか，第

二は，その模型の理論的解析が電子相関効果をどの程度正確に取り入れているか，という点である．

模型については，酸化物であるから銅原子の電子軌道と酸素原子の電子軌道の2種類を露わに取り扱わなくてはいけないか，などの問題があるが，斥力からの超伝導を考える限りでは，銅と酸素の軌道を込みにして考えたような1種類の軌道が正方格子を成すと簡単化（図4.7）しても，本質を捉えていると考えられる．電子-電子相互作用も，2電子が同一原子上にあるときだけでなく，隣接原子にいるときもはたらくが，結局，単純明快な図5.1のハバード模型が本質を含んでいると考えられる．

弱結合からのアプローチ ──スピン揺らぎの理論──

スピン揺らぎを媒介とした超伝導の可能性は，高温超伝導発見以前にも古くから指摘されてきた．強磁性や反強磁性（あるいはスピン密度波）状態に転移する直前には，長距離スピン秩序は立っていないが，揺らぎとしてスピン波が立つ．通常のフォノンに代わって，この揺らぎが媒介となった引力で超伝導が起こると見るわけである．

例えば，液体 ^{3}He における超流動に関連して，超流動（あるいは超伝導）に対する強磁性的な揺らぎの影響が調べられ，これによってトリプレットp波の超伝導が引き起こされ得ることが示されている．より一般に，「弱い電子間斥力相互作用をもった3次元フェルミ液体は，十分温度を下げると常伝導相のままではいられず，有限の角運動量 l をもった電子対の超伝導状態に転移する」ことが，コーン（Kohn）とラッティンジャー（Luttinger）によって2次摂動の範囲内で示唆されている[3]．低電子密度の極限においてはこの定理は厳密に成り立ち，方程式を部分波分解することにより，超伝導対の角運動量は $l = 1$，すなわち p波対称性であることが示されている．

一方，反強磁性的な揺らぎを媒介として d波超伝導が起こる可能性は，高温超伝導の発見以前から，重い電子系や有機超伝導体において指摘されており，また，3次元ハバード模型に対する乱雑位相近似（random phase approximation；RPA）を用いた計算によっても，ハーフ・フィリング近傍では反強磁性的な

---

3) W. Kohn and J.M. Luttinger：Phys. Rev. Lett. **15**, 524 (1965).

132   5. 電子相関と超伝導

スピン揺らぎが強いことを反映して，d 的な超伝導が引き起こされやすいことが示されていた.

　高温超伝導の発見は，反強磁性的なスピン揺らぎからの超伝導の研究に拍車をかけた. 電子機構超伝導においては，図 5.2, 5.3 のように，あるクーパー・ペアが別のクーパー・ペアに電子間相互作用により散乱される過程を計算することになる. ここではハバード模型を例にとって，スピン揺らぎによる超伝導の取扱いを説明する. そのために，まず動的感受率を導入する. ここでもグリーン関数の知識が必要となるので，骨子のみを示す.

　スピンの横（xy 方向）感受率 $\chi_{\rm s}^{\pm}$ と縦（z 方向）感受率 $\chi_{\rm s}^{zz}$，および電荷の動的感受率 $\chi_{\rm c}$ は線形応答理論により

$$\chi_{\rm s}^{\pm}(\boldsymbol{q}, i\omega_m) = \int_0^{\beta} d\tau \, \exp i\omega_m\tau \, \frac{1}{N} \langle S_{\boldsymbol{q}}^+(\tau) \, S_{-\boldsymbol{q}}^-(0) \rangle \tag{5.2}$$

$$\chi_{\rm s}^{zz}(\boldsymbol{q}, i\omega_m) = \int_0^{\beta} d\tau \, \exp i\omega_m\tau \, \frac{1}{N} \langle S_{\boldsymbol{q}}^z(\tau) \, S_{-\boldsymbol{q}}^z(0) \rangle$$
$$= \frac{1}{4} \left[\chi^{\uparrow\uparrow}(\boldsymbol{q}, i\omega_m) + \chi^{\downarrow\downarrow}(\boldsymbol{q}, i\omega_m) - \chi^{\uparrow\downarrow}(\boldsymbol{q}, i\omega_m) - \chi^{\downarrow\uparrow}(\boldsymbol{q}, i\omega_m) \right]$$
$$\tag{5.3}$$

$$\chi_{\rm c}(\boldsymbol{q}, i\omega_m) = \int_0^{\beta} d\tau \, \exp i\omega_m\tau \, \frac{1}{2N} \langle \rho_{\boldsymbol{q}}(\tau) \, \rho_{-\boldsymbol{q}}(0) \rangle$$
$$= \frac{1}{2} \left[\chi^{\uparrow\uparrow}(\boldsymbol{q}, i\omega_m) + \chi^{\downarrow\downarrow}(\boldsymbol{q}, i\omega_m) + \chi^{\uparrow\downarrow}(\boldsymbol{q}, i\omega_m) + \chi^{\downarrow\uparrow}(\boldsymbol{q}, i\omega_m) \right]$$
$$\tag{5.4}$$

と与えられる. ここで ω_m（$= 2m\pi k_{\rm B}T$, m は整数）は，温度の効果をとり入れるための松原周波数というものであり，$\langle \ \rangle$ は温度 $k_{\rm B}T(=1/\beta)$ における熱平衡分布に関する平均値である. また，N は全原子数，$S_{\boldsymbol{q}}^{\pm}$（$S_{\boldsymbol{q}}^z$）は波数 $\boldsymbol{q}$ のスピンの昇降演算子（スピンの z 成分），$\rho_{\boldsymbol{q}}$ は電荷の演算子で

$$\boldsymbol{S}_{\boldsymbol{q}} = \frac{1}{2} \sum_{\boldsymbol{k}} \sum_{\alpha\beta} c_{\boldsymbol{k}\alpha}^{\dagger} \boldsymbol{\sigma}_{\alpha\beta} c_{\boldsymbol{k}+\boldsymbol{q}\beta} \tag{5.5}$$

$$S_{\boldsymbol{q}}^+ = S_{\boldsymbol{q}}^x + iS_{\boldsymbol{q}}^y = \sum_{\boldsymbol{k}} c_{\boldsymbol{k}\uparrow}^{\dagger} c_{\boldsymbol{k}+\boldsymbol{q}\downarrow} \tag{5.6}$$

$$S_{\boldsymbol{q}}^{-} = S_{\boldsymbol{q}}^{x} - i S_{\boldsymbol{q}}^{y} = \sum_{\boldsymbol{k}} c_{\boldsymbol{k}+\boldsymbol{q}\downarrow}^{\dagger} c_{\boldsymbol{k}\uparrow} \tag{5.7}$$

$$\rho_{\boldsymbol{q}} = \sum_{\boldsymbol{k}} (c_{\boldsymbol{k}\uparrow}^{\dagger} c_{\boldsymbol{k}+\boldsymbol{q}\uparrow} + c_{\boldsymbol{k}\downarrow}^{\dagger} c_{\boldsymbol{k}+\boldsymbol{q}\downarrow}) \tag{5.8}$$

で与えられる.

また,

$$\chi^{\sigma\sigma'}(\boldsymbol{q}, i\omega_m) = \int_0^\beta d\tau \, \exp i\omega_m \tau \, \frac{1}{N} \sum_{\boldsymbol{k},\boldsymbol{l}} \langle c_{\boldsymbol{k}\sigma}^{\dagger}(\tau) \, c_{\boldsymbol{k}+\boldsymbol{q}\sigma}(\tau) \, c_{\boldsymbol{l}+\boldsymbol{q}\sigma'}^{\dagger} \, c_{\boldsymbol{l}\sigma'} \rangle \tag{5.9}$$

であり, 秩序のない常磁性状態では

$$\chi_{\mathrm{s}}^{\pm}(\boldsymbol{q}, i\omega_m) = 2\chi_{\mathrm{s}}^{zz}(\boldsymbol{q}, i\omega_m) \equiv \chi_{\mathrm{s}}(\boldsymbol{q}, i\omega_m) \tag{5.10}$$

$$\chi^{\uparrow\uparrow}(\boldsymbol{q}, i\omega_m) = \chi^{\downarrow\downarrow}(\boldsymbol{q}, i\omega_m) \tag{5.11}$$

$$\chi^{\uparrow\downarrow}(\boldsymbol{q}, i\omega_m) = \chi^{\downarrow\uparrow}(\boldsymbol{q}, i\omega_m) \tag{5.12}$$

という関係式をもつ.

これらの感受率は, 既約感受率 $\chi_0(\boldsymbol{k}, \omega)$ とよばれる量を用いて

$$\chi_{\mathrm{s}}(\boldsymbol{q}, i\omega_m) = \frac{\chi_0(\boldsymbol{q}, i\omega_m)}{1 - U \chi_0(\boldsymbol{q}, i\omega_m)} \tag{5.13}$$

$$\chi_{\mathrm{c}}(\boldsymbol{q}, i\omega_m) = \frac{\chi_0(\boldsymbol{q}, i\omega_m)}{1 + U \chi_0(\boldsymbol{q}, i\omega_m)} \tag{5.14}$$

と表すことができる.

図 5.3 に示したファインマン・ダイアグラムのように, 始状態として $(\boldsymbol{k}\uparrow, -\boldsymbol{k}\downarrow)$ をもつクーパー・ペアが, 電子間相互作用により $(\boldsymbol{k}'\uparrow, -\boldsymbol{k}'\downarrow)$ という終状態に散乱される過程を考えよう (ハバード模型では, 相互作用は電子が同じ原子に来たときだけはたらくとするので, パウリの排他律のために反平行スピンをもつ電子間にしか相互作用がはたらかないことに注意). ちなみに, RPA では, 図 5.3(a) に示したファインマン・ダイアグラムを, 電子のグリーン関数において自己エネルギー Σ の効果を無視して計算することに対応するが, 一般には多体系では自己エネルギーの影響は大きい.

図 5.4 (a) ペアリング相互作用の表式を，スピン・シングレットに対するものと，トリプレットに対するものについて示す．スピン揺らぎ媒介部分と電荷揺らぎ媒介部分も表示した ((5.15), (5.16) で，それぞれ χ_s と χ_c に関与する項)．U は略し，運動量移行を $q = k - k'$ とおいた．
(b) ペア散乱

このペア散乱の行列要素 $V(k, k')$ は上記の感受率で表すことができ，結果だけを示すと，電子に対する松原周波数 ε_n を用いて

$$V^{\text{singlet}}(k, i\varepsilon_n; k', i\varepsilon_m) = \frac{3}{2} U^2 \chi_s(k-k', i\varepsilon_n - i\varepsilon_m)$$
$$- \frac{1}{2} U^2 \chi_c(k-k', i\varepsilon_n - i\varepsilon_m) \quad (5.15)$$

$$V^{\text{triplet}}(k, i\varepsilon_n; k', i\varepsilon_m) = -\frac{1}{2} U^2 \chi_s(k-k', i\varepsilon_n - i\varepsilon_m)$$
$$- \frac{1}{2} U^2 \chi_c(k-k', i\varepsilon_n - i\varepsilon_m) \quad (5.16)$$

となる（図 5.4）．ここでは，後で解説するスピン・トリプレット超伝導に対する V も併せて示した．ペア散乱の行列要素には，スピン感受率 χ_s を含むスピン揺らぎ媒介相互作用と，電荷感受率 χ_c を含む電荷揺らぎ媒介相互作用の両方が入っているが，ハバード模型のように，電子間相互作用が短距離斥力の場合は $\chi_s \gg \chi_c$ なので，χ_s に媒介された項が主要である．

RPA という簡単な近似では，以上の扱いにおいて，既約感受率 $\chi_0(k, \omega)$ を，相互作用のない場合の感受率により近似し，

$$\chi_0(q, i\omega_m) = \frac{1}{N} \sum_k \frac{f(\xi(k+q)) - f(\xi(k))}{i\omega_m - [\xi(k+q) - \xi(k)]} \quad (5.17)$$

5.3 スピン揺らぎ交換による超伝導 135

と表すことになる. $f(\xi) = (1 + \exp \beta\xi)^{-1}$ はフェルミ分布関数である. つまり, RPA では図 5.3 において, 自己エネルギーを含まないグリーン関数から成るファインマン図形によって, スピン及び電荷の揺らぎを媒介とした電子間の有効相互作用を取り込む. このように, RPA では $\chi_{s,c}(\boldsymbol{q}, i\omega)$ の表式において, 波数 $\boldsymbol{q}$ の揺らぎだけが取り込まれる(異なる波数をもつ揺らぎ間の結合は無視される).

このような RPA の計算によって, 反強磁性相近傍に $d_{x^2-y^2}$ 波超伝導相が存在することがわかる. 反強磁性相近傍で $d_{x^2-y^2}$ という対称性が有利になる直観的理由は, BCS 的な弱結合理論の範囲内では以下のようである.

線形化された BCS ギャップ方程式において, T_c 直下を考え, ギャップ関数 $\Delta(\boldsymbol{k})$ が無限小であるとして $E(\boldsymbol{k}) \to \xi(\boldsymbol{k})$ とおくと, 次のようになる.

$$\Delta(\boldsymbol{k}) = -\sum_{\boldsymbol{k}'} V(\boldsymbol{k}, \boldsymbol{k}') \frac{\Delta(\boldsymbol{k}')}{2\xi(\boldsymbol{k}')} \tanh\left[\frac{1}{2}\beta\,\xi(\boldsymbol{k}')\right] \tag{5.18}$$

この式の両辺に $\Delta(\boldsymbol{k})$ を掛けて $\boldsymbol{k}$ に関する和をとり, $V(\boldsymbol{k}, \boldsymbol{k}')\,\Delta(\boldsymbol{k})\,\Delta(\boldsymbol{k}')$ をフェルミ面に関する平均値 $\langle\ \ \rangle_{\mathrm{FS}}$ で置き換えて和の外に出すと,

$$1 = -V_\Delta \sum_{\boldsymbol{k}'} \frac{1}{2\xi(\boldsymbol{k}')} \tanh\left[\frac{\xi(\boldsymbol{k}')}{2k_{\mathrm{B}}T_c}\right] \tag{5.19}$$

$$V_\Delta = \frac{\langle V(\boldsymbol{k}, \boldsymbol{k}')\Delta(\boldsymbol{k})\Delta(\boldsymbol{k}')\rangle_{\mathrm{FS}}}{\langle \Delta(\boldsymbol{k})^2 \rangle_{\mathrm{FS}}} \tag{5.20}$$

となり, T_c の決定方程式が得られる.

$d_{x^2-y^2}$ 波の場合は

$$\Delta(\boldsymbol{k}) \propto \cos k_x - \cos k_y$$

なので, $\Delta(\boldsymbol{k})\,\Delta(\boldsymbol{k}')$ という積は $\boldsymbol{k} \sim (0,\pi)$, $\boldsymbol{k}' \sim (\pi,0)$ (あるいは $\boldsymbol{k} \sim (\pi,0)$, $\boldsymbol{k}' \sim (0,\pi)$) のときに負で, 絶対値が大きい. したがって, $\boldsymbol{q} \sim \boldsymbol{Q} \equiv (\pi,\pi)$ (あるいは, 結晶運動量としては等価な $\boldsymbol{q} \sim -\boldsymbol{Q}$) の運動量移行をともなうシングレット・ペアリング相互作用が正(斥力)で他の成分よりも大きければ $V_\Delta < 0$ となり, T_c の決定方程式の中では**有効的に引力として作用する** ((5.19) において, 右辺の負符号が V_Δ の負符号とキャンセルして,

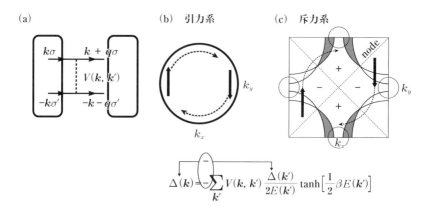

図 5.5 (a) $(\bm{k},\sigma),(-\bm{k},\sigma')$ のペアが $(\bm{k}+\bm{q},\sigma),(-\bm{k}-\bm{q},\sigma')$ のペアに散乱される過程. $V(\bm{k},\bm{k}')$ はペアリング相互作用.
(b) 引力相互作用からの等方的ペアリングにおいて,フェルミ面(円)上でペア散乱(破線)が満遍なく起こる様子を模式的に示す(矢印は電子のスピン).
(c) 斥力相互作用からの異方的ペアリングにおいて,フェルミ面上の特定の領域(ハッチした円)間でペア散乱が起こる様子を模式的に示す.点線はギャップ関数 Δ の節.
下:ギャップ方程式において,ペア散乱の始状態 ($\bm{k}$) と終状態 ($\bm{k}'$) の間で Δ が符号反転すれば,方程式の右辺の負符号とキャンセルする.

引力の場合と同型になる).反強磁性的なスピンの揺らぎが発達するということは,運動量移行 $\bm{Q}$ の成分が斥力的に大きくなるということであるから,$\mathrm{d}_{x^2-y^2}$ 波超伝導を有利化する(図 5.5).

以上の議論では,それぞれのクーパー・ペアを構成する 2 電子は,スピン・シングレット(全スピンがゼロ)であるとした.通常の超伝導体では,スピン・シングレット・クーパー・ペアとなっている.原理的には,クーパー・ペアを構成する 2 電子がスピンが揃った(正確には,全スピンを 1 にするスピン・トリプレットの)場合も考えることができ,これをスピン・トリプレット・クーパー・ペアとよぶ.このペアリングに対しては,ペア散乱のファインマン・ダイアグラムは図 5.4(a) 下部のようになる.

さて,RPA の計算によってハバード模型において d 対称性の超伝導が出てくるので,この点では銅酸化物高温超伝導体の実験と整合するが,超伝導転移温度 T_c については,$U \sim t$ 程度の領域における計算では T_c は RPA では

$0.001t$ 程度という，元々のエネルギー・スケール t より桁違いに小さいスケールであり，これは $t \simeq 0.4\,\mathrm{eV}$ として $T_c \sim$ 数 K にしかならない．だとすると，RPA では高温超伝導を説明できない．また，現実的な大きさの $U(\sim 10t)$ では，揺らぎが強くなって定量性により大きな問題が出てくるはずである．実際，RPA では限られたダイアグラムしか集めないために T_c が過少評価されてしまう．

別の問題で，RPA には限らないものとして，銅酸化物の超伝導をまずは CuO_2 面（2次元正方格子）に対して考えると，2次元系ではマーミン‐ワグナー（Mermin‐Wagner）の定理により有限温度での相転移は存在しない，という強い制限を受けるはずであるが，近似をすると有限の T_c が得られてしまうことが多い．通常これは，弱い3次元性（面間の結合）を考慮したときの T_c の目安を与えるものであると考えられているが，純粋な2次元系においても，BKT 転移とよばれる相転移は有限温度で存在が可能で，これについては 8.1 節で解説する．

さて，揺らぎが強い場合には強結合超伝導理論が必要となり，繰り込まれた（相互作用の効果を含んだ）グリーン関数を用いた理論により，揺らぎが強い場合にも適用できる手法が様々開発されている．ここでは詳細には立ち入らないが，以下のようなものがある．

様々な方法論

揺らぎ交換（fluctuation exchange：FLEX）近似では，RPA におけるファインマン・ダイアグラムに現れる線（グリーン関数）を，裸のものではなく，相互作用の効果（スピン揺らぎの効果から生じる自己エネルギーの効果）が入ったものにする．そして，数値計算を用いて，ダイソン方程式を既約感受率まで含めてセルフコンシステントに解く．既約感受率の計算にスピン揺らぎの効果を取り込んだグリーン関数を用いるので，大きい揺らぎが存在する場合には RPA よりも有効であることが期待される．また，FLEX は保存近似であるが，crossing symmetry とよばれる対称性を破っている．しかし，これも超伝導についてはあまり影響しないことが知られている．

2次元ハバード模型に FLEX 近似を適用すると，超伝導秩序パラメータの対称性はやはり $d_{x^2-y^2}$ 波であるが，その転移温度 T_c を，電子相関の強さ

U/W (U は斥力相互作用の大きさ, $W \sim t$ はバンド幅) に対してプロットすると概念的に図 5.6 のようになり, $U/W \sim 1$ 程度でピークをもつが, そのピーク値は $0.01t$ のオーダーになることが結論されている[4].

$T_c \sim 0.01t$ というのは, RPA よりは高いとはいえ, まだ元の t よりはずいぶん低いという印象を受けるかも知れないが, $t \sim 0.4\,\mathrm{eV}$ であるから, T_c は数 $10\,\mathrm{K} \sim 100\,\mathrm{K}$ 程度ということになり, "高温超伝導" に対応する値である.

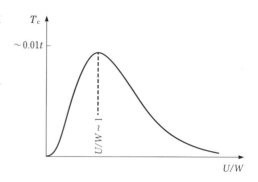

図 5.6 超伝導の T_c と, 電子相関の強さ U/W との関係の概念図. U は斥力相互作用の大きさ, $W \sim t$ はバンド幅.

ただし, FLEX も特定のファインマン・ダイアグラムしか考慮していないので, 近似であり, 特に, バーテックス補正とよばれる項が無視されている. 電子-フォノン相互作用による超伝導ではミグダル (Migdal) の定理 (3.3.1 項の脚注 11) によってそれが正当化されていたが, いまの場合, フォノン媒介ではなくスピン揺らぎ媒介相互作用を議論しているので, ミグダルの定理は適用できない. そのため, スピン揺らぎの理論におけるバーテックス補正の効果などが論じられている[5].

自己無撞着な繰り込み (self-consistent renormalization: **SCR**) とよばれる理論では, 現象論ではあるが, このバーテックス補正の効果を近似的に考慮する. この理論は, もともと遷移金属における弱い (転移温度の低い) 強磁性体や強磁性転移寸前の物質の有限温度における性質を遍歴電子的描像から説明するために, 1970 年代に守谷・川畑により導入された. これによって,

---

4) N.E. Bickers, et al.: Phys. Rev. Lett. **62** (1989) 961; C.-H. Pao and N.E. Bickers: Phys. Rev. Lett. **72** (1994) 1870; P. Monthoux and D.J. Scalapino: Phys. Rev. Lett. **72** (1994) 1874.

5) ダイアグラム法としては, 動的バーテックス近似などが開発されている. 142 頁の図 5.8 および関連のセクションを参照.

RPAでは困難であった強磁性におけるキュリー‐ワイス則を遍歴電子描像から導出することに成功を納め，転移温度などの実験との一致も得られた．

SCR理論[6]には，スピン揺らぎのエネルギー・スペクトルの広がりなどに関するパラメータが現れるが，これらは微視的な模型から計算するのではなく，実験結果から決めるという意味で現象論的である．高温超伝導に関しては，常伝導相における電気抵抗と核磁気緩和率の温度変化，それと中性子散乱実験の結果と定量的に合うようにパラメータを決定し，さらに帯磁率の結果を取り入れることによって，得られる超伝導は$d_{x^2-y^2}$波であり，T_cは100K程度であることが解析された[7]．守谷理論で一つ示唆されていることは，

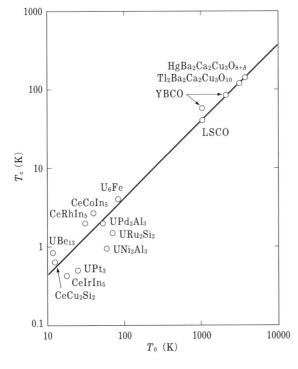

図 5.7 守谷理論におけるスピン揺らぎのエネルギー・スペクトルの広がり T_0 と，超伝導の T_c との相関．(T. Moriya and K.Ueda: Rep. Prog. Phys. **66**, 1299 (2003).)

---

6) 例えば，守谷 亨：『磁性物理学』(朝倉書店, 2006)
7) K. Ueda, et al.: in *Electronic Properties and Mechanisms of High T_c Superconductors* (eds. T. Oguchi, et al.) (North Holland, 1992) p.145；J. Phys. Chem. Solids, **53** 1515 (1992); P. Monthoux and D. Pines: Phys. Rev. B **47** (1993) 6069.

140　5.　電子相関と超伝導

スピン揺らぎのエネルギー・スペクトルの広がりが，超伝導のT_cと相関している，ということである（図 5.7）.

　量子モンテカルロ法は，高温超伝導体のように強く相互作用する系を扱える方法の一つである．電子が量子力学的な運動をする可能性（経路）は数限りなく存在し，これを完璧に取り入れる理論は一般にはつくれない．しかし，代表的な運動を数値的にサンプリングすることはできる．このサンプリングは無作意ではなく，量子力学的に起こる確率が大きいものほどたくさん入るようにする．サンプリングを乱数発生を用いて行うために，この方法はモンテカルロ法とよばれている．現実の銅の酸化物では，ハバード模型でいえば$U/t = 6 \sim 10$程度の値をとるが，電子相関がこのくらい大きな場合を扱えるのが量子モンテカルロ法の強みである．実際の数値計算はスーパーコンピュータや超並列コンピュータを用いて行う．

　この方法を用いて，銅の原子軌道と，酸素の原子軌道の両方を取り入れた模型や，それをさらに簡単化したハバード模型で，確かに超伝導になる兆候が黒木らにより得られている[8].

　動的平均場理論（dynamical mean-field theory：**DMFT**）とよばれる，非摂動的な方法もある．この方法は，平均場近似の一種ではあるが，多体相互作用の効果を，空間的には均してしまうが，時間軸方向の依存性は残す．これにより，強相関効果であるモット絶縁体を記述することもできる[9]. この理論は空間次元が無限大の極限で厳密になる．平均場方程式を解く際に，これもなお多体問題となるが，そこで，量子モンテカルロ法などの数値的な方法を用いる．

　平均場をとる際に，1つの代表原子を採るのではなく，複数の原子を採る動的クラスター近似や，ある程度空間依存性も考慮するセル DMFT という拡張も行われており，d 対称性の超伝導を扱う試みもなされている．これによりT_cなどが見積もられており，やはり$0.01\,t$のオーダーのT_cが得られて

---

　8)　黒木和彦，青木秀夫：日本物理学会誌 **54**, 557（1999）.

　9)　ただし，この近似を超えた場合に，モット転移がどのように記述されるかは微妙な問題を含んでいる．例えば G. Rohringer, *et al.*: Rev. Mod. Phys. **90**, 025003（2018）を参照.

いる．これは，無限次元で正確という意味で，ある程度は定量的に信頼できる評価といえる．

　変分モンテカルロ法では，強相関電子系の多体波動関数に対して，試行関数（その中には，変分パラメータが含まれる）を与えて，これに対するエネルギー期待値を最小化することにより，変分パラメータを決定する．期待値の計算の際に，多次元積分が必要となり，それをモンテカルロ法により計算する．超伝導に対しては，BCS 波動関数に，2 電子が同一原子に来る確率は低くなるような射影を施したものなどを採用する．これにより，超伝導が調べられている．

　この他にも様々な理論手法が開発されており，列挙すれば，密度行列繰り込み理論（density matrix renormalisation group：**DMRG**，テンソル・ネットワーク法の一種），汎関数繰り込み法（fRG），2 粒子自己無撞着法（TPSC，SCR 法の一種），DMFT＋FLEX 法，動的クラスター近似（DCA），Cellular DMFT（CDMFT），いまのところ，最も高度にダイアグラムを取り入れた手法の一つである動的バーテックス近似（dynamical vertex approximation：**DΓA**）などがある．

　DΓA は以下のような問題意識から出発する．電子機構超伝導では，T_c は出発点となる電子のエネルギー・スケールから 2 桁落ちとなる．つまり，

$$電子機構の T_c：10000\,\mathrm{K} \to 100\,\mathrm{K}$$

の方が，

$$フォノン機構の T_c：100\,\mathrm{K} \to 10\,\mathrm{K}$$

より高温ではあるが，2 桁落ちという意味では "電子機構超伝導は低温超伝導" といえる．この "桁落ちの壁" を乗り越えられるだろうか．

　桁落ちしてしまう物理的理由は，次のようなことが考えられる．

- (i) まず，電子間斥力から，スピン揺らぎなどを媒介として生じるペアリング相互作用の大きさは，元々の相互作用に比べて弱い．

- (ii) T_c が低い第 2 の理由は，斥力からの超伝導の証として本章で解説した "異方的ペアリング" である．斥力からの超伝導ではギャップ関数は異方的にならざるを得ないが，ペアリングが異方的になると，BCS

ギャップ方程式において T_c を下げてしまう.

(ii) に対しては，本書でも様々解説したように，非連結フェルミ面における符号反転ギャップ関数（$s_\pm$ 波ペアリング）などにより乗り越え得る．しかし，(i) は本質的な問題であり，精査を要する.

北谷らは，動的平均場理論（DMFT）をダイアグラマティックに拡張して，上でも触れたバーテックス補正を取り入れた．これは動的バーテックス近似（DΓA）とよばれ，元々ヘルト（Held）のグループにより常伝導相に対して開発されたが[10]，これを超伝導相に拡張することにより 2 次元斥力ハバード模型の超伝導を調べ，バーテックス補正がどのように超伝導転移温度に影響するかを調べた[11].

(a) 弱相関

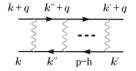

(b) 強相関（DΓA）

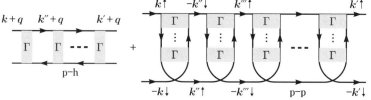

図 5.8 スピン揺らぎ媒介ペアリング相互作用に対して，
(a) 弱い斥力相互作用 U（波線）に対して通常考察されるラダー・ダイアグラム．黒実線はグリーン関数，p-h は particle-hole チャンネルを表す．
(b) 強い斥力相互作用に対するダイナミカル・バーテックス近似（DΓA）では，バーテックス Γ のラダー（p-h チャンネル；左）と並んで，particle-particle チャンネル（p-p；右）も取り入れられる．

(M. Kitatani, et al.: Phys. Rev. B **99**, 041115(R)（2019）.)

---

10) G. Rohringer, et al.: Rev. Mod. Phys. **90**, 025003（2018）.
11) M. Kitatani, et al.: Phys. Rev. B **99**, 041115(R)（2019）.

5.3 スピン揺らぎ交換による超伝導 143

その結果，T_c がドーピングに対してドーム状になると共に，そこで T_c を支配する主な要因を追跡することにより，多体相互作用における 2 体の散乱チャンネルにおいて，従来専ら扱われてきた particle-hole チャンネルに加え，particle-particle チャンネルのバーテックス関数の動的な構造（振動数依存性）が重要な影響をもち，ペアリング相互作用を通して超伝導の T_c の 2 桁落ちの主因となることが示唆された（図 5.8）．これは，particle-particle チャンネルから来るバーテックス補正が磁気揺らぎを抑制するためである．したがって，T_c を増強（2 桁落ちを回避）する方策にもこれがヒントになると思われる．概念的にも，高温超伝導の理論が従来はスピン揺らぎ（一種のボソン）媒介などのボソン交換機構にほぼ限定されていたのに対し，バーテックス補正を考慮した DΓA では単純なボソン交換を超えた過程が取り込まれるので，ボソン交換を超えた機構が探索できる[12]．

なぜ異方的ペアリングが電子斥力からの超伝導を示唆するか

フォノンを媒介とした電子間引力では，フォノンは結晶上に存在するから，それを反映した異方性はもつが，d 波超伝導のようにノードをもつような異方的ペアリングを生じるようなことは，特別なことを考えない限り難しい．ところが，スピン揺らぎ交換による引力は異方的である．つまり，正方格子を考えたときに，引かれ方は縦横方向と斜め方向では全く異なるし，（波動関数の符号まで考えると）縦と横でも違う．

例えば，d 波ペアリングを表した図 4.14 において，電子のスピンまで考えると，↑スピンと↓スピンが束縛しているので，この図では↑スピンから見た↓スピンの分布を描いてある．このように縦横に四葉のある形になるのは，格子の上に乗っている反強磁性的なスピンの波を発射・吸収して起こるペアリングのためである．

さらに，ペアリングが隣り合った原子の間で起こる（図 5.9）のも，反強磁性（隣り合った原子上でスピンが反対向き）と密接に関連している．普通の低温超伝導体ではペアリングは s 波である（丸い）だけでなく，多くの原子に亘って広がっている．これとは対照的に，高温超伝導体ではペアが原子的

---

12) ボソン交換を超えた機構は，cellular DMFT（CDMFT）などを用いても議論されている．（S. Sakai：J. Phys. Soc. Jpn **92**, 092001（2023）.）

サイズをもつ. これは直感的には, 2個の正孔が図5.9のように隣り合った位置にあると, 離れているより得をすることで説明される. しかし, このような議論は粗すぎ, 現実には, このようなペアが凝縮して, 超伝導 (巨視的な位相が揃った) 状態になることを言わなければならず, そのために, 上で延々と述べた超伝導の理論や数値計算が必要なわけである.

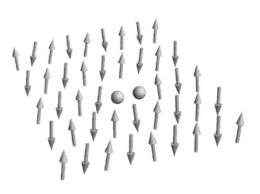

図 5.9　正方格子上のハバード模型において, 2個の正孔が隣り合った状態.

ただし, 銅酸化物においても, 電子間斥力が強いだけでなく, 電子－格子相互作用が強いことも実験事実なので, この相互作用がいろいろな物性に顔を出す. 例えば, 低温超伝導体において, 電子－格子機構の一つの実験的証拠としての同位体効果を第3章で述べたが, 電子機構超伝導においても, 電子間相互作用と電子－格子相互作用が共存するために, 転移温度は同位体に依存し得て, 実験的にも様々な依存性が観測されている. 逆に, 低温超伝導体でも電子－電子相互作用が存在するために, 質量依存性は, 電子－格子相互作用しか存在しないときから変化する. しかし, 超伝導の本質は電子－電子か電子－格子相互作用かという問いを発することはでき, 高温超伝導では前者というわけである.

5.4　銅酸化物における物質依存性

多様な銅酸化物高温超伝導体

超伝導特性, 特に T_c が銅酸化物内での様々な物質にどのように依存するであろうか. 一つのケーススタディとして, 以下のような考察ができる. まず, 端的に図5.10でみてみよう[13]. 銅酸化物 La_2CuO_4 と $HgBa_2CuO_4$ を

---

13)　H. Sakakibara, *et al.*: Phys. Rev. Lett. **105**, 057003 (2010).

5.4 銅酸化物における物質依存性　*145*

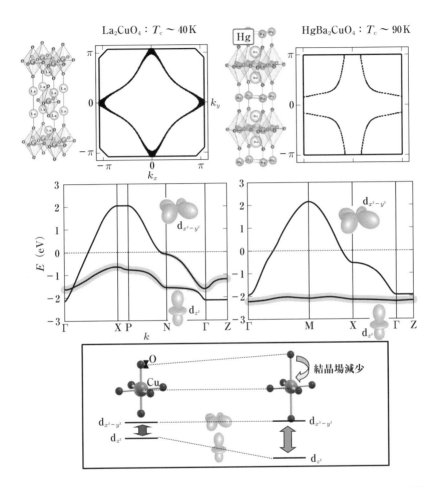

図 5.10 銅酸化物高温超伝導体において，La$_2$CuO$_4$ と HgBa$_2$CuO$_4$ を比べると，同様な結晶構造をもつにもかかわらず，前者は $T_c \simeq 40\,\mathrm{K}$, 後者は $T_c \simeq 90\,\mathrm{K}$ をもつ．上段はフェルミ面と結晶構造，中段はバンド構造で，主要なバンドは d$_{x^2-y^2}$ 軌道成分をもつが，d$_{z^2}$ バンドも近くにあり，線の太さは後者の重みを表す．下段は 2 種の結晶における頂点酸素の位置と，それにともなう 2 種の軌道準位の分裂を模式的に示す．

(H. Sakakibara, *et al.*: Phys. Rev. Lett. **105**, 057003 (2010).)

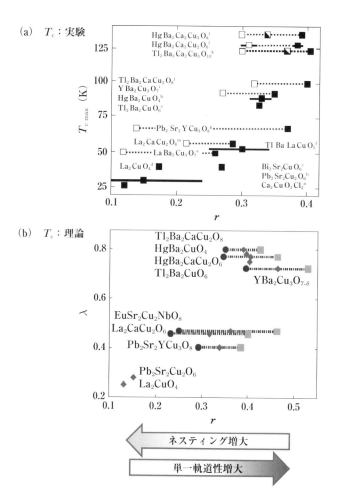

図 5.11 (a) 実験的に得られた T_c と r の関係を様々な銅酸化物高温超伝導体に対してプロット．横軸 r は，第二隣接（および第三隣接）ホッピングと最隣接ホッピングとの比で，r が大きいほど単一バンド性が良く，小さいほどネスティングが良いというパラメータ．2 層系酸化物に対しては，層間結合のために分裂した内側 □（外側 ■）フェルミ面に対する値を線でつないで示した．(E. Pavarini, et al.: Phys. Rev. Lett. **87**, 047003 (2001).)
(b) 様々な銅酸化物に対する T_c（ここではエリアシュベルグ方程式の固有値 λ）の理論結果．(H. Sakakibara, et al.: Phys. Rev. Lett. **105**, 057003 (2010); Phys. Rev. B **89**, 224505 (2014).)

比べると，同様な結晶構造をもつにもかかわらず前者は $T_c \simeq 40\,\mathrm{K}$，後者は $T_c \simeq 90\,\mathrm{K}$ である．フェルミ面を見ると，La 系の方は方形に近いのでネスティングが良く，Hg 系の方は歪みが大きいのでネスティングは悪い．

バンド構造を見ると，主要なバンドは $\mathrm{d}_{x^2-y^2}$ 軌道成分をもつが，d_{z^2} バンドも存在し，La 系では後者は主要バンドに近く，軌道成分も混成する．Hg 系では d_{z^2} バンドは比較的離れており，混成もほとんどない．

バンドの相対位置の差は，量子化学的には Hg 系の方が銅直上の酸素の位置が高く，結晶場が減少するので，2 種の軌道の準位差が大きくなるために生じる．T_c の大小を見ると，高い T_c のためには，ネスティングの良さよりは単一バンド性が高い方が重要な要因となることが示唆される．

これを系統的に見てみよう．まず，様々な銅酸化物についての T_c に対する実験結果をまとめた Pavarini らの報告によれば[14]，図 5.11(a) のように，実験的 T_c と，横軸 r が正の相関をもっていることがわかる．ここで，r は，第 2 隣接（および，さらに遠い隣接）ホッピングと最隣接ホッピングとの比で，r が大きいほど単一バンド性が良く，小さいほどネスティングが良いというパラメータである．

理論的に，様々な銅酸化物に対する T_c（ここではエリアシュベルグ方程式の固有値として表示）を求めると，図 5.11(b) のように，やはり T_c と r は正に相関しており，Pavarini たちの結果を理解できると共に，単一バンド性がネスティングの良さより重要であることが系統的に示唆される[15]．

梯子型銅酸化物

銅酸化物高温超伝導体にはこれ以外にも様々な物質があり，スピン揺らぎ媒介による超伝導に関して，いろいろな示唆を与える．電子相関からの超伝導を考える上で一つのヒントとなり得るものに，擬 1 次元系である梯子（ladder）模型がある．これは，実際の物質としては，銅酸化物のファミリーに属する**梯子化合物**（ladder compound）とよばれるもので，秋光らにより合成されたものである．化学式としては $\mathrm{Sr}_{14-x}\mathrm{Ca}_x\mathrm{Cu}_{24}\mathrm{O}_{41+\delta}$ という組成をもってお

---

14) E. Pavarini, *et al.*: Phys. Rev. Lett. **87**, 047003 (2001).

15) H. Sakakibara, *et al.*: Phys. Rev. Lett. **105**, 057003 (2010); Phys. Rev. B **89**, 224505 (2001).

148   5. 電子相関と超伝導

り，結晶構造を見ると，銅酸化物の 1 本鎖の並びと，2 本の鎖の間に結合がある梯子の並びから成る層が，交互に積層されている．この物質は，2 本梯子にキャリアーをドープすると超伝導になる，という理論的予言を受けて合成され，Ca をドープしてつくられた物質である．圧力下ではあるが，$T_c \sim 10\,\mathrm{K}$ の超伝導が観測された．

この理論的背景は，朝永 – ラッティンジャー理論というものであり，擬 1 次元系においてすでに電子機構による超伝導を議論できるという意味で興味深い．朝永 – ラッティンジャー理論は，1950 年代に朝永振一郎により構築され，その後，ラッティンジャーにより整備された理論で，空間 1 次元系（ハバード模型でいえば原子の鎖）に適用できる理論である．これにより，斥力相互作用する 1 次元電子系は 1 本の鎖では超伝導にならないが，鎖が 2 本になり，その間で電子が飛び移るような系（2 本梯子）にすると，斥力系でも異方的ペアリング超伝導になり得ることを示せる．

理論の枠組みとしては，朝永が示したように，1 次元多体系においてはボソン化法（bosonization）という技法が可能となることを用いる．ここでは解説しないが[16]，直観的には以下のように捉えることができる．2 本梯子においては，単位胞に原子が 2 個あることから，バンドも 2 枚（0 と π と名付ける）から成る．バンド 0 の上で組まれたクーパー・ペアは，多体相互作用のバンド間行列要素のために，他方のバンド π に量子力学的に遷移する．その逆のプロセスもあり，このようなペア散乱を考えると，散乱の前後でギャップ関数の符号が反転するようなペアリングを発生させ，これが（電子密度などの状況によっては）発達する（1 次元系なので，長距離秩序はもち得ないが，最も支配的な相関関数をもつ）．

ペア散乱の前後でギャップ関数の符号が反転するという機構は，本章で解説した，2 次元系における d 波ペアリングと同様であり，この意味で 2 本梯子におけるペアリングは 2 次元での異方的 d 波超伝導の萌芽を有しているといえる．現実の梯子化合物と朝永 – ラッティンジャー理論との関連については，梯子化合物では 2 次元性が強いなどのことがあるので，直接対応するか

---

16)   例えば，黒木和彦，青木秀夫：『超伝導』（東京大学出版会，1999）の第 9 章を参照．

どうかは必ずしも単純ではない．

多層銅酸化物

銅酸化物には多層構造をもつ一連の物質があり，図 5.12 にその結晶構造と，T_c の層枚数 n 依存性の実験結果のまとめを示す．これでわかるように，3 層系がいまのところ最高の T_c をもつ．この理由は理論的に様々考察されてはいるが，完全には理解されていない．

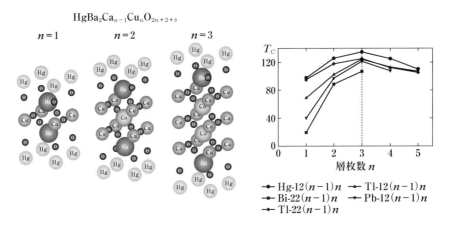

図 5.12 多層構造をもつ一連の銅酸化物の結晶構造（左）と，T_c の層枚数 n 依存性の実験結果のまとめ（右）．

5.5 スピン・トリプレット超伝導

本章の最後に，スピン・トリプレット超伝導について簡単に解説しておこう．クーパー・ペアのスピンに関して，第 4 章，5 章で見たように，普通は（d 波ペアリングを含めて）↑スピンと↓スピンから成るスピン・シングレット・ペアを考えるが，理論的には↑スピンと↑スピンが束縛しているスピンの揃った超伝導も考えることができる．

電子系の全波動関数は軌道波動関数とスピン波動関数に（特別な場合を除き）分離でき，（軌道波動関数×スピン波動関数＝完全反対称関数）という条件は，軌道部分とスピン部分の空間反転対称性が偶×奇，あるいは奇×偶という二者択一となる．超伝導の波動関数については，前者がスピン・シング

150   5. 電子相関と超伝導

クーパー・ペアの対称性	軌道波動関数（角運動量）	スピン波動関数
s	対称 (0)	シングレット（反対称）
p	反対称 (1)	トリプレット（対称）
d	対称 (2)	シングレット（反対称）
f	反対称 (3)	トリプレット（対称）

レット，後者がスピン・トリプレットに対応する．

　本章において，電子機構（スピン揺らぎ及び電荷揺らぎに媒介された）超伝導について述べたが，スピン・シングレット超伝導においては，典型的なペア散乱の前後でギャップ関数の符号が反転する必要があった．これは，ペアリング相互作用がシングレット・ペアに対しては斥力的なので，ギャップの符号反転を通してこれを引力に変えるためであった．

　一方，図 5.4 に示したように，トリプレット・ペアに対するスピン揺らぎ媒介相互作用は引力的なので，シングレットの場合とは反対にペア散乱の前後でギャップ関数が符号を変えない方がよい．これはスピン構造としては小さな波数 Q をもつ揺らぎ，つまり強磁性的揺らぎが適する．

　(5.16) や図 5.4 をみるとわかるように，スピン揺らぎ媒介部分については，トリプレット・ペアリング相互作用はシングレット・ペアリング相互作用に比べて 1/3 の大きさしかもたないので，起こりにくい．しかしよく見ると，電荷揺らぎが媒介するペアリング相互作用があり，シングレット・ペアリング相互作用においては，スピン揺らぎ媒介部分と電荷揺らぎ媒介部分は逆符号である（キャンセルし合う）のに対し，トリプレット・ペアリング相互作用においては，スピン揺らぎ媒介部分と電荷揺らぎ媒介部分は同符号である（強め合う）．

　有機物では，TMTSF 系がトリプレット超伝導を起こすことが報告された．無機化合物でトリプレット超伝導の候補となっていたのはルテニウム化合物 Sr_2RuO_4 であったが，その後の研究により，Sr_2RuO_4 における超伝導は $p+ip$ ペアリングではないということが実験的に示された（8.3 節を参照）．重い電子系の或るものに対してもトリプレット超伝導の候補がいくつかある．実験的には NMR，磁場侵入長などでトリプレットか否かを判断する．

演 習 問 題

　[**1**]　4個の原子が正方形の頂点に存在し，隣の原子との間に t というホッピング，同じ原子に来ると U という斥力を受ける，というハバード模型で記述されるときに，全状態を求めよ．全電子数は4個とせよ．

　（この問題を解くためには，まず多体の（4電子状態の）波動関数を記述する基底を用意する必要がある．その後，基底関数の間の行列要素を計算し，この行列を対角化することになる．対角化には，コンピュータを用いる．）

6 鉄系超伝導体と ニッケル化合物超伝導体

　銅酸化物における高温超伝導が1986年に発見されて以来，最大の興味の一つは，高温超伝導は銅系以外でも可能であろうか，可能であれば，そのペアリング対称性などの特性は異なるか否か，という問題である．2008年に発見され，その後，研究の隆盛が続く鉄系超伝導がその嚆矢となった．さらに，2019年にニッケル化合物において超伝導が発見され，現在精力的に研究されており，非銅系超伝導体の探索が勢いづいている．本章では，これらの超伝導を解説しよう．

6.1　鉄系超伝導体

　鉄化合物における超伝導は，細野らが2008年に発見したもので，最初に発見されたものは鉄と砒素の化合物の層が，酸化ランタンの層と交互に積層した物質（図6.1）で，化学式はLaFeAsOである．これ自体は超伝導体ではないが，この物質の酸素の一部をフッ素に置換したLaFeAsO$_{1-x}$F$_x$ が $T_c = 26\,\mathrm{K}$ で超伝導を示す[1]．鉄という元素は，本来超伝導ではなく強磁性に深く関連すると思われてきたのに，非銅系での超伝導をもたらすということで，精力的な研究が全世界で勃発した．いまのところ，鉄系の T_c の最高値は，SmFeAsO$_{1-\delta}$における $T_c = 55\,\mathrm{K}$ である．原子数層から成るFeSe薄膜における T_c はさらに高いが，これは3次元の T_c というよりは，8.1節で解説するBKT転移と思われる．

　第一原理電子状態計算によると，LaFeAsO系のフェルミ・エネルギー近傍の状態はほとんど砒化鉄FeAsの成分をもっており，超電流もこの層を流れる．この層を詳しく見ると，まず鉄が正方格子を組んでおり，その上下を砒

---

1)　Y. Kamihara, *et al.*: J. Am. Chem. Soc. **130**, 3296（2008）.

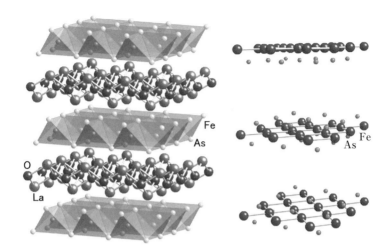

図 6.1 鉄化合物 LaFeAsO の結晶構造. 左図では, 鉄原子の層の上下を砒素が 4 面体的に囲み, 4 面体が連なって層を成す構造を示す (これと交互に LaO の層が存在する). 右図では, 鉄 (正方格子) と砒素のみを表示.

素が (各 Fe 原子当たり 4 個の As が 4 面体的に) 囲んだ構造になっている. フェルミ・エネルギー近傍の状態は鉄の 3d 軌道が主成分であるが, 砒素の 4p 軌道も少ないながらも混成していて, これが重要となる.

この超伝導の機構, 特に「なぜ鉄なのか」という点は, マジンら, 及び独立に黒木らが先駆的な研究を行った[2]. 後者によると, この物質のバンド構造に基づいて電子相関効果を取り入れるためのモデルをつくると, 銅酸化物のときにはバンドが比較的簡単 (単一の d バンド) だったのとは対照的に, 鉄系新超伝導体のバンドは, 複数のバンドがフェルミ・エネルギーを横切る多バンド系であることがわかる[3]. つまり, 銅酸化物が単一 d バンド系であるのがむしろ例外的で, 銅酸化物では, 各銅原子の周りに酸素原子が 8 面体的

---

[2] I.I. Mazin, *et al.*: Phys. Rev. Lett. **101**, 057003 (2008); K. Kuroki, *et al.*: Phys. Rev. Lett. **101**, 087004 (2008); **102**, 109902 (E) (2009).

[3] 一般に, 多軌道系と多バンド系を混同してはならない. 各サイトに単一軌道がある場合でも, 結晶構造が非ブラベ (単位胞に複数原子) の場合は多バンド系となる. ネスティングを議論するときには, ネスティングが効くのは同じ軌道成分の間でだけであることにも注意が必要である. この注意は, 鉄系の場合に重要になる.

154　6.　鉄系超伝導体とニッケル化合物超伝導体

（場合によってはピラミッド状，あるいは方形状）に囲む．そして，$d_{x^2-y^2}$ バンドが酸素配位の効果でエネルギー・シフトして，これらの化合物においては Cu^{2+} は d 電子を 9 個もつので，ちょうどフェルミ・エネルギーがこのバンドのみを横切る．

これに対して，砒素が 4 面体配位する鉄化合物では，5 種の d 軌道（d_{z^2}, d_{xz}, $d_{yz}, d_{x^2-y^2}, d_{xy}$）から成るバンドが絡み合う．遷移金属の電子配置を周期表で見ると，d 電子に対しては

$$Fe(3d^6) \ Co(3d^7) \ Ni(3d^8) \ Cu(3d^{10})$$

のように，鉄は銅のかなり左の（全 10 個の電子を収納できる d 軌道を，半分程度しか埋めない）位置にいることがわかる．そのため，（絡み合った）5 個の d バンドのほぼ中ほどをフェルミ・エネルギーが貫通するために，複数のバンドが関与する複数のフェルミ面をもつ（図 6.2）．

第 11 章で触れるように，電子相関効果がどのように超伝導や磁性を発現させるかがバンド構造に敏感であることを逆用して，より高温での超伝導や磁性を発現させるという電子相関物質設計という概念がある．これを机上の空論ではなく実現させるのが最も難しいところとなるが，興味深いことに，鉄化合物で得られたバンドは，この数年前に黒木・有田[4]が高温超伝導を実現するための模型として提唱した非連結フェルミ面となっている（図 6.2(b)）．

つまり，第 5 章で解説した，電子相関から発生する異方的超伝導は，斥力相互作用から出現し得るという著しい特徴をもつが，その代償として，超伝導ギャップ関数は異方的ペアリングを反映して必然的に節（node）をもち，これが T_c の値自体は下げてしまう．これを回避する一つの方策として，フェルミ面が単連結（一筆書きできる）の場合は，節はフェルミ面を横切らざるをえないが，複数のポケットから成る場合であれば，節をポケットとポケットの隙間を通せる可能性が生まれ，節から生じる T_c 低下を避けることができる．鉄系のモデルに基づいて電子機構超伝導に関する計算を行った結果，確かに超伝導に有利なバンドの特徴をもっていて，これを反映してペアリング

---

4)　K. Kuroki and R. Arita: Phys. Rev. B **63**, 174507（2001）; Phys. Rev. B **64**, 024501（2001）.

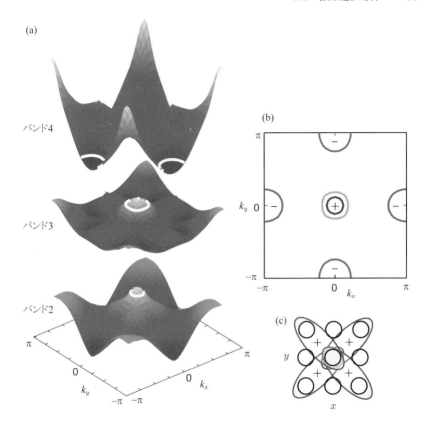

図 6.2　鉄系超伝導体 LaFeAsO$_{1-x}$F$_x$ に対して理論的に提案されたバンド構造 (a), フェルミ面 ((b)：+, − はギャップ関数の符号), および実空間におけるクーパー・ペアの対称性 (c). (K. Kuroki, et al.: Phys. Rev. Lett. **101**, 087004 (2008).)

も, ギャップ関数が正符号のポケットと負符号のポケットが共存する特徴的な対称性 (s$_\pm$ 波とよばれる) をもつことが示唆される (図 6.2).

それでは, 詳しく見てみよう. 銅酸化物の場合は, 超電流が流れるのは CuO$_2$ の組成をもつ銅酸化物の正方格子状の面であった. 鉄系の場合は, 超電流が流れるのは (最初に発見された LaFeAsO$_{1-x}$F$_x$ の例でいえば) FeAs の組成をもつ砒化鉄の正方格子状の面である. 各 Fe 原子の周りには 4 個の As 原子が四面体的に配置し (図 6.1), つまり As は Fe の上と下を交互に挟むので,

156　6.　鉄系超伝導体とニッケル化合物超伝導体

結晶構造の単位胞は2倍になる．このため，運動量空間におけるブリルアン帯（Bz）は折りたたまれ，したがってバンドの本数も2倍になるが，折りたたまない方がわかりやすい場合はそうする（unfold する）場合もあるので，図を見る場合は注意が必要である．この鉄面が層状に積層し，層間には上記物質の場合では LaO が挟まる．

模型としては，多体相互作用する多軌道模型となる．まず，運動エネルギー部分は，多軌道強束縛模型

$$H_0 = \sum_{ij} \sum_{\mu\nu} \sum_{\sigma} (t_{ij}^{\mu\nu} c_{i\mu\sigma}^\dagger c_{j\nu\sigma} + \text{H.c.}) + \sum_{i\mu\sigma} \varepsilon_\mu n_{i\mu\sigma} \quad (6.1)$$

となる．i, j は（鉄系では）鉄の2次元面における位置のラベル，μ, ν は複数ある鉄 d 軌道のラベル，$c_{i\mu\sigma}^\dagger$ は電子を位置 i，軌道 μ，スピン σ として生成する演算子，$t_{ij}^{\mu\nu}$ は軌道に依存するホッピング，ε_μ は軌道 μ のエネルギー準位，$n_{i\mu\sigma} = c_{i\mu\sigma}^\dagger c_{i\mu\sigma}$ である．5種ある鉄 d 軌道は，全10個の電子収納能力があるが，Fe^{2+} は d^6 電子配置をもち，さらに $La^{3+}Fe^{2+}As^{3-}O^{2-}$ にフッ素をドープした $LaFeAsO_{1-x}F_x$ の例でいえば，そこに $n = 6 + x$ だけ電子が収納される．

多体相互作用の方は，多軌道系ゆえ複雑である．ハミルトニアンは

$$H = U \sum_{i,\mu} n_{i\mu\uparrow} n_{i\mu\downarrow} + U' \sum_{i,\sigma,\tau} \sum_{\mu,\nu} n_{i\mu\sigma} n_{i\nu\tau}$$
$$- J \sum_{i,\sigma,\tau} \sum_{\mu,\nu} c_{i\mu\sigma}^\dagger c_{i\mu\tau} c_{i\nu\tau}^\dagger c_{i\nu\sigma} + J' \sum_{\mu \neq \nu} c_{i\mu\uparrow}^\dagger c_{i\mu\downarrow}^\dagger c_{i\nu\downarrow} c_{i\nu\uparrow} \quad (6.2)$$

であり，ここで U は同一軌道内での斥力相互作用，U' は異種軌道間の斥力相互作用，J は異なる軌道上の平行スピン間にはたらくフント（Hund）の交換相互作用，$J' (= J)$ はペアが異種軌道間を跳び移る多体行列要素である（図6.3）．波動関数が実数の場合は $J = J'$，軌道が孤立原子のように回転対称であれば $U = U' + J + J'$ が成り立つ．

理論的に求められたバンド構造（図6.4(a)）を見ると，5本（unfold した Bz）のバンドが絡み合い，フェルミ・エネルギーはその中ほどに位置し，複数のバンドを横切る．絡み合う要因は，Fe 原子を As が4面体的に囲むので，異種の d 軌道間に混成が発生するためである．

6.1 鉄系超伝導体　157

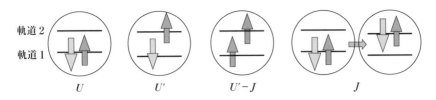

図 6.3 多軌道ハバード模型における種々の相互作用．円は格子サイト，矢印はスピンも表示した電子，U: 軌道内斥力，U': 軌道間斥力，$U' - J$: 平行スピン間に対するフント結合 J が効く軌道間斥力，J: 軌道間ペア・ホッピング．

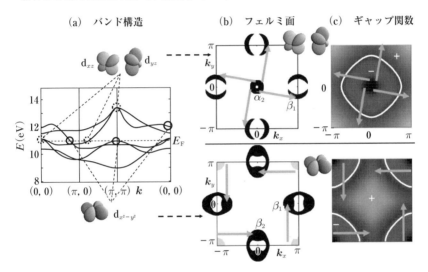

図 6.4 鉄系超伝導体 $\mathrm{LaFeAsO_{1-x}F_x}$ に対する，(a) はバンド構造，(b) はフェルミ面，(c) はギャップ関数の理論結果．主要軌道成分は $\mathrm{d}_{xz}/\mathrm{d}_{yz}, \mathrm{d}_{x^2-y^2}$ の 3 種で，(b), (c) の上段，下段ではそれらに分解してある．(b), (c) における矢印はネスティング・ベクトル．(K. Kuroki, et al.: Phys. Rev. Lett. **101**, 087004 (2008); Phys. Rev. B **79**, 224511 (2009).)

フェルミ面を図 6.4(b) で見ると，複数のポケットから成る．Bz 中央（Γ 点）に位置するのは正孔ポケット（上に凸なバンド分散を E_F が横切る）と，Bz の中辺（fold した Bz では四隅）に位置する電子ポケット（下に凸なバンド分散を E_F が横切る）から成る．これは，絡み合いのためにうねったバンド分散の中ほどを E_F が横切るためであり，特にフェルミ面上の波動関

158　**6. 鉄系超伝導体とニッケル化合物超伝導体**

数の軌道成分（異なる軌道に分解したときの重み）を見ると，異種のd軌道
成分が分布している．主要軌道成分は$d_{xz}/d_{yz}, d_{x^2-y^2}$の3種である．この
ように，鉄系は，本質的に多軌道系といえる．

　このような多軌道系に多体相互作用の元での超伝導を見るに当たって注意
を要するのは，多軌道系では超伝導ギャップ関数がスカラー量ではなく行列
となることである．スピン揺らぎ媒介ペアリングを考える際に，スピン感受
率も行列であり，ギャップ方程式も行列方程式になり，この行列の足として
は，d軌道のラベルをとることもできるし，多バンド系として見た場合はバ
ンドのラベルをとることもできる．

　二種の表示は互いにユニタリ変換で移り合う．ギャップ方程式をエリアシュ
ベルグ方程式の形で表示すると，

$$\lambda\phi_{l_1 l_4}(k) = -\frac{T}{N}\sum_q \sum_{l_2 l_3 l_5 l_6} V_{l_1 l_2 l_3 l_4}(q)$$
$$\times G_{l_2 l_5}(k-q)\phi_{l_5 l_6}(k-q)G_{l_3 l_6}(q-k) \qquad (6.3)$$

となる．ここでλは固有値，ϕ_{lm}は行列としてのギャップ関数，kは運動量
と松原周波数を合わせた引数，Vはペアリング相互作用，Gはグリーン関数
行列である．このように，この式を解説するにはグリーン関数の知識が必要
となるので，ここでは詳細に立ち入らないが，多軌道になると計算が複雑化
する（そのために$s_{\pm}$波のような面白い物理が生じる）ことを示すために言及
した．

　このギャップ方程式[5]を解けば，超伝導解が得られるが，直観的には以下
のようである．斥力多体相互作用から生じる異方的ペアリングは，スピン揺
らぎ媒介相互作用に起因する．この相互作用のために，フェルミ面上のある
クーパー・ペアは，フェルミ面上の別の場所に，多体相互作用のために量子
力学的遷移を起こす（ペア散乱とよばれる）．銅酸化物高温超伝導の場合に対
して図6.5（右）で示したように，この相互作用はフェルミ面上で特定の場所
（典型的に状態密度の大きい箇所，銅酸化物ではhot spotとよばれる）の間

　5）　ギャップ方程式が行列方程式になっているので，その固有値も複数（行列の次元だ
け）存在するが，普通はそれらの内の最大固有値を見る．

で主に起こる.

　主要なペア散乱での始状態と終状態を k 空間で結ぶのが,ネスティング・ベクトルである.ギャップ方程式の構造を見るとわかるように(図5.5),ギャップ方程式の解において,ギャップ関数はネスティング・ベクトルの両端で符号反転する.つまり,反転すると,斥力が,ペアリング相互作用においては引力としてはたらく.このため,ギャップ関数は,ネスティング・ベクトルを概ね垂直二等分する箇所で節(符号を変える場所)をもつ.多軌道系で注意

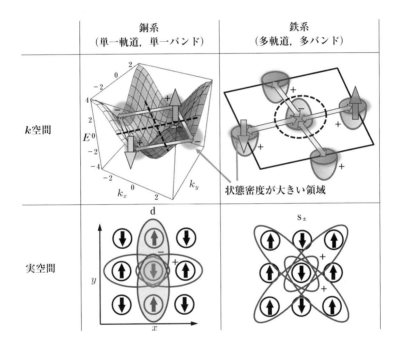

図 **6.5** 銅系を典型例とする単一軌道・単一バンド系(左欄)と,鉄系を典型例とする多軌道・多バンド系(右欄)の比較.上段は,k 空間における主要なペア散乱を示す.両矢印はペア散乱の運動量移行に対応するネスティング・ベクトル,上下向き矢印はスピン,ハッチされたのは状態密度の大きい領域,符号はギャップ関数の符号,破線は節.下段は実空間におけるペア(d 波および $s_\pm$ 波)の概念図を正方格子上で示す.楕円はペア,上下向き矢印はスピン.鉄系のスピン構造は,互いに 90° の角度を成す二組のネスティング・ベクトルの一組に対して表示.(H. Hosono and K. Kuroki: Physica C **514**, 399(2015)に基づく.)

160   **6. 鉄系超伝導体とニッケル化合物超伝導体**

を要するのは，これを各軌道成分に対して考える必要があることである．図
6.4(c) では，これを鉄系に対して示した．

図 6.5 に示すように，銅酸化物ではネスティングが k 空間の $k = (0, \pm\pi)$,
$(\pm\pi, 0)$（アンチノーダル領域とよばれる）の間ではたらき，したがって，$\pm45°$
の位置に節をもち，$d_{x^2-y^2}$ 波のペアリングとなる．一方，鉄系においては，
フェルミ面が電子ポケットと正孔ポケットという複数個から成り，ポケット
において状態密度が大きいので，これらが hot spots となる．

ギャップ関数は，各ポケット内ではフル・ギャップが開くが，ポケット間を
結ぶネスティング・ベクトルの両端で符号反転するので，ポケット間では反
対符号をもつ．これが $s_\pm$ 波が生じる直観的理由であり，Mazin ら，黒木ら
による最初の描像で[6]，フーリエ変換 STM 等で実験的にも観測されている．

ネスティング・ベクトルの構造はもちろんスピン構造も支配し，銅系では
反強磁性的であったが，鉄系ではスピンがある列では整列し，隣の列では反
転して整列する（colinear 構造とよばれる）構造をもつ．これも図 6.5 に記
入してある．

このような意味で，銅系と鉄系の超伝導を統一的に把握することが可能と
なる．ただし，多軌道系である鉄系で注意を要するのは，多軌道系における
ネスティングは同じ軌道成分の間だけで効くので，鉄系でいえば図 6.4(c) で
示したように，フェルミ・ポケットを軌道分解して，それぞれの軌道の重み
が大きいところの間のネスティングが効くということである．

その後，鉄系の範囲内でもペアリング対称性は物質に依存することが実験
的にわかっている．理論的には，多バンド系のフェルミ面は，バンド間の相
対的位置関係や E_F との位置関係に支配されるために，フェルミ・ポケットの
個数や存否が，多彩な元素組成や結晶構造（図 6.6 の 11, 111, 122, 1111 な
ど）に敏感に依存する．例えば，同じ結晶構造内でも鉄原子の上下に位置す
るニクトゲン原子の高さが 1 つの要因となるが，これは，鉄原子上の電子が
隣の鉄原子にホップするときにはニクトゲンを介してホップするためである．

---

6) I.I. Mazin, *et al.*: Phys. Rev. Lett. **101**, 057003 (2008)；K. Kuroki, *et al.*: Phys.
Rev. Lett. **101**, 087004 (2008).

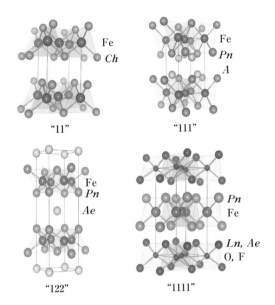

図 6.6 様々な鉄系超伝導体の結晶構造. 元素種の略号は, Pn：ニクトゲン, Ch：カルコゲン, A：アルカリ金属, Ae：アルカリ土類, Ln：ランタノイド.
(H. Aoki and H. Hosono: Physics World, Feb., p.31 (2015).)

図 6.7 に示すように，ニクトゲン原子が高い LaFeAsO では，ブリルアン・ゾーンの中央と角や辺の中点にあるポケットが，$s_\pm$ に整合するように並んでいる（ネスティング・ベクトルの始点と終点でギャップ関数が符号反転しなければならないが，複数あるネスティング・ベクトルに対して都合よくそうできる）．

一方，ニクトゲン原子が低い LaFePO では，フェルミ・ポケット上の同じ軌道キャラクター間を結ぶネスティング・ベクトルの配置が異なり，すべてのネスティング・ベクトルに対して，始点と終点でギャップ関数が符号反転という状況を実現できない（いわば，k 空間でフラストレートしている）．このような場合は，スピン揺らぎ媒介ペアリングに対しては，ノードをもつ s 波や d 波が有利化され得る．

なお，多軌道系である鉄系では，軌道揺らぎ媒介ペアリングもはたらくこと

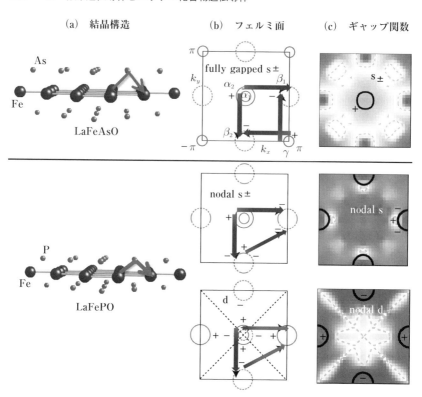

図 **6.7** 鉄系超伝導体 LaFeAsO（上段）および LaFePO（下段）に対する，(a) は結晶構造，(b) はフェルミ面，(c) はギャップ関数の理論結果．(b) における矢印はネスティング・ベクトル，$+, -$ はギャップ関数の符号．LaFePO に対しては，拮抗する二種のペアリング対称性を表示．（K. Kuroki, et al.: Phys. Rev. B **79**, 224511（2009）．）

が示されている[7]．この効果が支配的な場合には，各ポケットはフルギャップで，ポケット間に符号反転はない s_{++} ペアリングになる．具体的には，電子‐フォノン結合は ferro 軌道揺らぎ（Γ点）あるいは antiferro 軌道揺らぎ $[(0, \pi), (\pi, 0)]$ を増強する．ペアリングについては，前者は運動量移行の小さ

---

7) H. Kontani and S. Onari : Phys. Rev. Lett. **104**, 157001（2010）; Y. Yanagi, et al.: Phys. Rev. B **81**, 054518（2010）．ただし，変分モンテカルロ法などの他の方法（T. Misawa and M. Imada : Nat. Commun. **5**, 5738（2014）; F. Yang, et al.: Phys. Rev. B **83**, 134502（2011））では違う結果も得られている．

い成分を増強するので，どんなペアリングも増強する．後者は，スピン揺らぎ媒介と同じ運動量移行だが符号変化のないペアリングを増強するので，もし軌道揺らぎ効果の方が勝ればs_{++}ペアリングとなる．結局，軌道揺らぎ効果については，ferro軌道揺らぎとantiferro軌道揺らぎのどちらの効果が勝るかに応じて$s_{\pm}$かs_{++}かが影響される．

結晶構造については，鉄系には図6.6で示したように様々な結晶構造があり，様々なペアリング対称性が発生し得る．LaFeAsOは4元化合物で，Fe，As，Laのそれぞれを他の元素に置換することや，別の化学式・構造（例えば$BaFe_2As_2$やFeSe）でも超伝導が発見されている．理論的には，(6.3)の多軌道ギャップ方程式により基本的に記述される．

鉄1111系においては，当初はフッ素によりドープされたが，その後，細野のグループにより，水素をドープした$LaFeAsO_{1-x}H_x$が合成され，ドーピングできる範囲が飛躍的に広がった[8]．これにより，T_cがドーピングに対して二重のドームになることが見出され，圧力効果も調べられた．各ドームに付随した磁性構造が異なるので，異なるペアリングに対応するように見えるが，黒木らにより，実は，異なるドームで関与する軌道は変化し，支配的なホッピングの方向も対角線に変わるが，ポケット間のネスティングが効いて符号反転ペアリングになることは共通，という描像が出されている[9]．

11系であるFeSeの原子1層系においては，$T_c \sim 100\,\mathrm{K}$を観測した，という報告もあり[10]，その後，高橋のグループが，原子1層から20層までの系においてカリウム・ドーピングにより系統的に調べた上で，1層系においてギャップが増大することをARPESで観測している[11]．

また，122系は電子ドープ，正孔ドープ，isovalentドープに対してノーダル超伝導やノードレス超伝導を含む相図をもつ[12]などの特徴があるが，SDW相と超伝導相が重なる領域の絶対零度において，量子臨界点（QCP）が存在

---

8) M. Hiraishi, *et al.*: Nat. Phys. **10**, 300 (2014); H. Takahashi, *et al.*: Sci. Rep. **5**, 7829 (2015).

9) K. Suzuki, *et al.*: Phys. Rev. Lett. **113**, 027002 (2014).

10) J.F. Ge, *et al.*: Nature Mat. **14**, 285 (2015).

11) Y. Miyata, *et al.*: Nature Mat. **14**, 775 (2015).

12) T. Shibauchi, *et al.*: Ann. Rev. Condens. Matt. Phys. **5**, 113 (2014).

するという報告もある[13]．ちなみに，全く異なる電子 - フォノン系において
も，相図を Holstein 模型に対して求めると，中間結合 BCS - BEC クロス
オーバー領域（3.3.3 項）において，超伝導と電荷秩序が共存する「超固体
（supersolid）」相が存在し，それと超伝導相の境界において QCP がある，と
いうことが DMFT を用いて示唆されているので[14]，QCP 自体はそう珍し
い現象ではない可能性もあり，興味深い将来課題といえる．

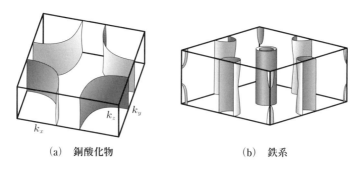

(a) 銅酸化物　　　　　　　　(b) 鉄系

図 6.8　(a) は銅酸化物，(b) は鉄系超伝導体の典型的なフェルミ面

また，銅系と鉄系超伝導体（フェルミ面を図 6.8 に示す）は，ここで触れ
たように，多くの点で異なっているが，比較すると興味深い点が浮き上がっ
てくる．例えば本節の最後に示す Hosono, et al. の文献では，以下の点が指
摘されている（図 6.5 も参照）．

k 空間での $s_\pm$ ペアリングは，実空間表示すると $\sum_{\delta r} \exp(i\boldsymbol{k} \cdot \delta \boldsymbol{r}) \sim \cos k_x \cos k_y$
（ここで $\delta \boldsymbol{r} = (1,1), (1,-1), (-1,1), (-1,-1)$）となる．右辺の関数の振幅
は $\boldsymbol{k} = (0,0), (0,\pi), (\pi,0), (\pi,\pi)$ で最大となり，そこにちょうどフェルミ・
ポケットが存在する．

銅酸化物の場合は，対応する式は $\sum_{\delta r} \mathrm{sgn}_{\delta r} \exp(i\boldsymbol{k} \cdot \delta \boldsymbol{r}) \sim \cos k_x - \cos k_y$
（$\delta \boldsymbol{r} = (0,1), (1,0), (-1,0), (0,-1)$ に応じて $\mathrm{sgn}_{\delta r} = +, -, +, -$）となる．
右辺の関数の振幅は $\boldsymbol{k} = (0,\pm\pi), (\pm\pi, 0)$ で最大となり，そこに状態密度の
大きい領域が存在する．つまり，ペアリング対称性はどちらの場合も，ギャッ

---

13) K. Hashimoto, et al.: Science **336**, 1554（2012）．QCP は $T=0$ での相転移．
14) Y. Murakami, et al.: Phys. Rev. Lett. **113**, 266404（2014）．

プの絶対値が，状態密度の大きい領域で最大化されるようになっている．

鉄系超伝導の T_c はいまのところ約 55 K であり，銅酸化物を超えてはいないが，多軌道超伝導の一つのプロトタイプとしての地位を確立している．総説としては，例えば H. Hosono and K. Kuroki : Physica C **514**, 399（2015）; T. Shibauchi, *et al.*: Annu. Rev. Condens. Matter Phys. **5**, 11335（2014）がある．

思いがけない超伝導

新超伝導体の発見は，もちろん目論んだところからも発生する（実際，新超伝導体の発見が日本発が多いのは，盛んな研究を反映している）が，実は，思いがけないところからも発生する．銅酸化物高温超伝導体も，第 4 章のコラム（93 頁）で触れたように，強誘電体の研究の中から発見されたが，細野の鉄化合物超伝導体発見も，超伝導を最初から目指したものではなく，透明電極という別の分野から発生した，思いがけないヒットであった．

細野は，これ以外にも，セメント（12CaO・7 Al$_2$O$_3$）を超伝導にするなど，ユニークな材料科学を発展させている．

6.2　ニッケル化合物高温超伝導体

銅酸化物以外に高温超伝導は可能か，という長年の懸案は，鉄系超伝導により実験的に答えが与えられたわけであるが，最近，ニッケル化合物においても高温超伝導が発見された．特に，これは銅酸化物以外では初めて液体窒素温度（77 K）を超えた T_c をもつ超伝導体である．しかも，物質の幅が広がったというだけでなく，多種の電子軌道や，それらから生じる多彩な電子のバンド構造が超伝導を発生させる可能性を秘めていた，という点で我々の視野を広げたといえる．

物理的にも，本書の様々な箇所で触れた点に関連するので，少し詳しく見てみよう．

無限層ニッケル化合物

まずは，ニッケル系で最初に超伝導が発見された無限層ニッケル化合物を見てみよう．無限層というのは以下のようなことである．

銅酸化物高温超伝導体は，通常は酸化銅の 8 面体をユニットとする層状ペロフスカイト構造をとるが，これ以外に，無限層とよばれる構造をもつもの ($ACuO_2$, A は Ca, Sr, Ba）がある．この系が特徴的なのは，通常は銅原子の直上，直下にある酸素原子がない点である．この銅酸化物にドーピングをすると超伝導となる．これと同型の結晶構造をもつ無限層ニッケル化合物（$LNiO_2$, L は La, Nd, Pr などのランタノイド元素）が存在する．

図 6.9 には $NdNiO_2$ の結晶構造を示す．この物質が超伝導を示すことが，スタンフォード大学のフアン（Harold Hwang）のグループにより 2019 年

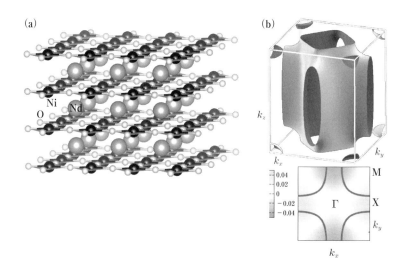

図 **6.9** (a) 無限層ニッケル化合物 $NdNiO_2$ の結晶構造（図は榊原寛史氏 提供）(b) 上：無限層ニッケル化合物 $La_{0.8}Ba_{0.2}NiO_2$ の 3 次元ブリルアン帯におけるフェルミ面．下：$k_z = 0$ 断面におけるギャップ関数．(H. Sakakibara, *et al.*: Phys. Rev. Lett. **125**, 077003（2020）.)

に発見された[15]．Sr をドープした $Nd_{0.8}Sr_{0.2}NiO_2$ という組成物質の薄膜を $SrTiO_3$ 基板上に作製したものであり，$T_c = 9 \sim 15\,K$ が報告された．ニッケル化合物は銅酸化物とは大幅に異なる電子構造（関与する遷移金属の d 電子軌道，およびそれにともなうバンド構造など）をもつため，高温超伝導の広い可能性を示したといえる．

ただし，いろいろと興味深い点はあり，銅酸化物においてはドープする前の母物質は反強磁性的な絶縁体であったのとは対照的に，ドープする前の $NdNiO_2$ は金属的であり，磁性ももたず，T_c も低いことが当初からの疑問点であった．ペアリング対称性が銅酸化物とは異なるか否かについては，現在も研究が進行中である．

このニッケル化合物超伝導体は，銅以外の物質を探索する場合の雛形にもなり得るので，まず，関与する d 軌道について少し詳しく見てみよう．銅酸化物においては，通常は $d_{x^2-y^2}$ が主成分であり，超伝導は概ねこの単一バンド性が高いほど増強される．ところが，ニッケル化合物においては，結晶構造に応じては，d_{z^2} 軌道も重要となり得て，景色が広がった．

粗くいえば，銅酸化物においては，第 4 章で説明したように，銅の電子配置は，周期表で右端近くにいることからわかるように，閉殻である d^{10}（5 種類ある d 軌道にスピン上下電子をフルに詰めれば 10 個収納でき，これを閉殻とよぶ）に近く，それに正孔をわずかに（典型的に $10 \sim 20\,\%$）ドープすると高温超伝導になる．

ところが，ニッケルは，周期表で銅の左隣に位置し，つまり d 電子数は 1 個少なく，化合物の組成や結晶構造に応じて，d^9 以下辺りの配置をもつ．無限層 $LNiO_2$ の場合は，原子価を $L^{3+}Ni^{1+}O_2^{2-}$ とすれば d^9 配置となる．これに Sr^{2+} をドープすると，Ni の原子価が変わる．

もう 1 つニッケル化合物に特徴的なのは，La（第 6 周期のランタノイド族）由来のバンドもフェルミ・エネルギーに掛かるので，Ni の $d_{x^2-y^2}$ 軌道から成るバンドに影響を与える（La 由来のフェルミ面も生じる，バンド間に電荷

---

15) D. Li, *et al.*: Nature **572**, 624 (2019). 関連の紹介記事は G.A. Sawatzky：Nature **572**, 592 (2019).

移動が起こる，など）．

　それでは，ニッケル化合物に対する有効模型と電子構造を探り，銅酸化物と比較してみよう．これで示唆されることは，ニッケル系母物質の主要バンドは Ni の $3d_{x^2-y^2}$ 軌道を主成分とするバンドであるが，ランタノイド起源のバンドからも一部電荷移動が起こり，系を金属的にする，Sr をドープするとd波超伝導（銅酸化物同様な）が誘起される，$d_{x^2-y^2}$ 軌道間の斥力相互作用がやや強過ぎるので T_c を下げる，などである．

　方法は，相関電子系で標準となっている，密度汎関数を用いた第一原理電子状態計算から，E_F 近傍のエネルギー範囲に対して，最局在ワニエ関数を求めて強束縛模型に落とし，相互作用は cRPA（constrained RPA）で評価する．超伝導は，FLEX（揺らぎ交換近似）から求めたグリーン関数をエリアシュベルグ方程式に入れて解析する．バンド構造では，$3d_{x^2-y^2}$ 軌道由来のバンドが主要バンドになるという点では銅酸化物に似ている．

　図 6.9(b) においてフェルミ面を見ると，Ni を主成分とするものは，銅酸化物と同様なフェルミ面を示すが，これに加えてランタノイドの 5d 電子（と Ni の 3d 電子が混成したもの）起源のポケットも存在する．そのため，自己ドーピング（同一物質内で，異なるバンド間に電荷のやりとりがあり，主要バンドのフィリングに影響すること）が起こり，これが，母物質が銅酸化物と異なりモット絶縁体ではない 1 つの理由を与える．

　バンド混成の様子は，k_z 方向の運動量（z は，層状物質の面垂直方向）にも依存するので，k_z の値により，フェルミ面は 2 次元性を反映するシリンダー状から歪んでいる．

　相互作用については，ニッケル化合物における相互作用（代表的に，$3d_{x^2-y^2}$ 軌道に対するハバード斥力相互作用 $U_{x^2-y^2}$）は，銅酸化物におけるより，かなり大きい．一般に U の評価値は，採用する理論的方法論により異なるが，方法論を揃えた比較で銅系より U の値が大きいという結果を与える[16]．

　物理的には，遷移金属元素の d 軌道と，酸素の p 軌道の間の混成が，銅酸化物の場合（そこでは大きい混成のために，Zhang-Rice シングレット（図

---

16) Y. Nomura, *et al.*：Phys. Rev. B **100**, 205138（2019）; A.S. Botana and M.R. Norman：Phys. Rev. X **10**, 011024（2020）．

6.2 ニッケル化合物高温超伝導体

4.7)を基礎におく必要があった)に比べて，ニッケル化合物の場合は小さいことに起因する．

超伝導については，図6.9(b)に示すように，$d_{x^2-y^2}$波超伝導が示される．関与する軌道はNiの$3d_{x^2-y^2}$がメインであるが，ランタノイドも，Niのd軌道間の有効相互作用に影響する，という意味で間接的には効果を及ぼす．

結局，銅酸化物に比べてニッケル化合物のT_cが低いのは，後者においては，$U_{x^2-y^2}$が大きく（バンド幅$\sim t$も狭く），U/tが大きくなり，概念的には図5.6のピークの右側に位置し，強相関効果（準粒子の寿命が短い，など）も効くためと見なすことができる．

大きいUと小さいd-p混成の原因は，d軌道の準位とp軌道の準位の差Δ_{dp}が，ニッケル化合物では銅酸化物に比べてかなり（2倍程度）大きいことが直観的理由となる．改めて周期表上でのdバンドとpバンドの相対位置を図6.10で見ると確かにそうなっており，図4.6でもニッケル化合物は銅酸化物よりΔ_{dp}が大きい側にいることが見てとれる．

Δ_{dp}の値は相互作用にも影響し，図4.8で示したようなプロセスのために，

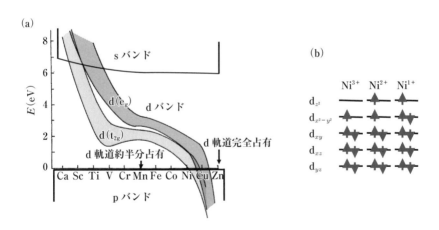

図 6.10 (a) 種々の遷移金属化合物におけるdバンドとpバンドの相対位置（この図ではpバンド上端を基準）の概念図(J.A. Wilson：J. Phys. C **21**, 2067 (1988)に基づく)
(b) 様々な原子価をもつニッケル原子において電子が5種類のd軌道を占有する様子

超交換相互作用の大きさは，$J \propto t_{\mathrm{dp}}^4/\Delta_{\mathrm{dp}}^3$（ここで，$t_{\mathrm{dp}}$ は隣接する $\mathrm{d}_{x^2-y^2}$-p_σ 間のホッピング）となり，大きい Δ_{dp} をもつニッケル化合物では銅酸化物より小さくなる．

多層ニッケル化合物

無限層ニッケル化合物超伝導体の T_{c} は低いが，その後 2023 年に，2 層系ニッケル化合物 $\mathrm{La_3Ni_2O_7}$ において高圧下（> 14 GPa）で超伝導が発見され，$T_{\mathrm{c}} \simeq 80\,\mathrm{K}$ に達し[17]，銅酸化物に匹敵する高温超伝導となった．多層ニッケル化合物では，無限層と異なりニッケル原子の直上，直下の酸素原子は欠損しておらず，ユニットはニッケル酸化物の 8 面体である．このユニットが 2 次元状の層をつくり，それが一般に n 層重なったものが単位胞となる一連の化合物（Ruddlesden-Popper とよばれる）が考えられる．化学式でいうと $L_{n+1}\mathrm{Ni}_n\mathrm{O}_{3n+1}$（$L=\mathrm{La}$ など）であり，特に興味をもたれるのが 2 層の $L_3\mathrm{Ni}_2\mathrm{O}_7$ で，その結晶構造を図 6.11(b) に示す．

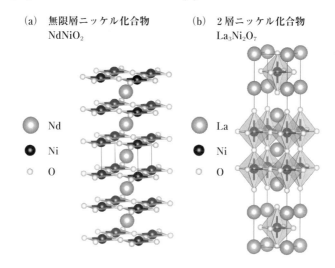

図 **6.11** 2 層ニッケル化合物 $\mathrm{La_3Ni_2O_7}$ の結晶構造 (b) を無限層ニッケル化合物 $\mathrm{NdNiO_2}$(a) と比較（図は榊原寛史氏提供）．黒線の直方体は単位胞．
(H. Sakakibara, *et al.*: Phys. Rev. Lett. **132**, 106002（2024）．)

---

17) H. Sun, *et al.*: Nature **621**, 493（2023）．

6.2 ニッケル化合物高温伝導体　　171

$La_3^{3+}Ni_2^{2.5+}O_7^{2-}$ に対して第一原理電子状態計算をすると[18]，以下のようなことが示される．図 6.12(a) に示すように，z 方向を向いた d_{z^2} 軌道が，2 つの層の間に頂点酸素を介して大きなホッピング $t_\perp$ をもたらす．これにより d_{z^2} 準位は結合軌道と反結合軌道に大きく分裂し（図 6.12(b)），$d_{x^2-y^2}$ 準位はこの間に位置することになる．超伝導を見積もると，エリアシュベルグ方程式の固有値は確かに無限層の場合より大幅に大きくなる．

その理由は，2 枚に分裂した d_{z^2} バンド（図 6.12(c)）のそれぞれが正符号と負符号のギャップ関数をもつ，という意味で $s_\pm$ ペアリングになるためである（図 6.12(d)）．ただし，鉄系の $s_\pm$（ポケット間で符号反転）という意味ではなく，2 枚のバンド間で符号反転という $s_\pm$ である．詳しくいうと，$d_{x^2-y^2}$ バンド（約 1/4 フィルド）がバンド間混成を通して絡むので，これは理想的な $s_\pm$ とはならない．図 6.12(d) では，この混成を無視した結果を表示したが，混成を入れても高い T_c を与える．

以上でわかるように，多層ニッケル化合物においては，無限層でもカギとなった d 軌道，p 軌道の準位差 Δ_{dp} などだけでなく，単位胞内の層と層の間の結合の強さ（端的には層間ホッピング $t_\perp$ の大きさ）もカギとなり，双方の効果が電子構造，ひいては超伝導を支配する．

そもそも，普通の層状ペロフスカイト構造や無限層構造に比べて，2 層系が超伝導を有利化するか，というのは面白い問題である．これは，多バンド超伝導や平坦バンド超伝導などのコンテキストで様々議論されてきた．

銅酸化物でいえば，8.2 節で解説する新しい銅酸化物で，2 軌道 1 層模型が 1 軌道 2 層模型にマップでき，超伝導を有利化する可能性に触れるが，この観点とも関わる．2 層模型が超伝導を有利化することは Scalapino のグループや黒木のグループなどが理論的に長年検討してきており，それらの模型では，T_c を高めるには大きな $t_\perp$ が必要となり，実現は簡単ではなかった．しかし，後者のグループは，2 層の $La_3Ni_2O_7$ では，d_{z^2} 軌道が z 方向を向いている故に層間のホッピングが大きく，この物質での Ni $(3d)^{7.5}$ の電子配置

---

18)　H. Sakakibara, *et al.*: Phys. Rev. Lett. **132**, 106002（2024）.

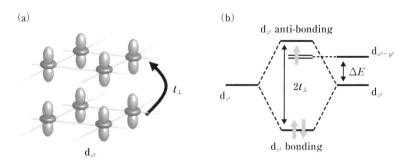

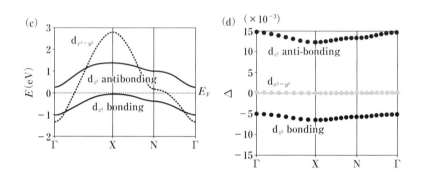

図 6.12 (a) 2層ニッケル化合物 $La_3Ni_2O_7$ の各2層における d_{z^2} 軌道. $t_\perp$ は2層間のホッピング.
(b) $d_{x^2-y^2}$ 軌道と d_{z^2} 軌道のエネルギー・ダイアグラム. 上下向き矢印は電子配置. ΔE は $d_{x^2-y^2}$ 軌道と d_{z^2} 軌道の間の準位差.
(c) バンド構造. バンドフィリングは $n=1.5$.
(d) ギャップ関数
(H. Sakakibara, et al.: Phys. Rev. Lett. **132**, 106002 (2024).)

とあいまって超伝導を有利化するということを予言していた[19].

ただ,2層ニッケル化合物は,実験的にも理論的にも発展途上なので,今後種々の変更を受ける可能性はある.さらに最近では,3層ニッケル化合物 $La_4Ni_3O_{10}$ でも超伝導が報告されたが[20],この話題はあまりに発展途上なの

---

19) M. Nakata, et al.: Phys. Rev. B **95**, 214509 (2017).
20) Y. Zhu, et al.: Nature **631**, 531 (2024); H. Sakakibara, et al.: Phys. Rev. B **109**, 144511 (2024).

で，ここでは触れない．

銅酸化物の場合は，1層系，2層系を含めて，物質種と T_c の間の関係は，実験結果を整理した Pavarini plot にまとめられていて，その理論的解釈も含め 5.4 節で解説した．ただし，銅2層系の場合は基本的に，$d_{x^2-y^2}$ バンドは 1/2 フィルド，d_{z^2} バンドはフルフィルドであるのに対し，ニッケル2層系ではバンドフィリングが大幅に違い，$t_\perp$ の効果も顕著であるところが異なるといえる．また，Δ_{dp} も間接的に効くので重要である．

演 習 問 題

[1] 多層ニッケル化合物 $L_{n+1}Ni_nO_{3n+1}$（$L =$ La など）において，Ni の原子価はいくつになるか．

様々な物質における超伝導

超伝導物質にはいろいろなカテゴリーがあり，第 4, 5 章で解説した電子機構による超伝導，ならびに第 3 章で解説したフォノン機構超伝導は様々に存在する．本章では，それらを概観してみよう．

7.1 有機超伝導体および軽元素系

まず，図 7.1 に，様々な物質における相図を示す[1]．これでわかるように，いろいろな物質に亘って，超伝導相が磁性相に隣接するなど，共通点が存在すると共に，相違点も多く存在する．

有機超伝導体

超伝導の一つの興味深いカテゴリーは，有機超伝導体である．有機物というのは炭素の化合物で，生体物質としても重要なものである．普通は絶縁体である．しかし，白川英樹（2002 年にノーベル化学賞を受賞）により示されたように，高分子などの有機物に電気伝導性をもたせることも可能である．特に，高分子ではなく普通の有機分子を結晶化して金属にすることも可能であり，この中に超伝導体がある．有機超伝導が最初に発見されたのは 1980 年のことであり[2]，物質は有機超伝導体 TMTSF（化学式は $(TMTSF)_2X$（$X = PF_6$ など））である．それ以来，多くのものが見つかっている．別の典型的な有機超伝導体としては BEDT-TTF という族がある．

---

1) Y.J. Uemura : Nature Mat. **8**, 253（2009）.
2) D. Jérome, *et al.*: J. Phys. Lett. **41**, L95（1980）.

7.1 有機超伝導体および軽元素系

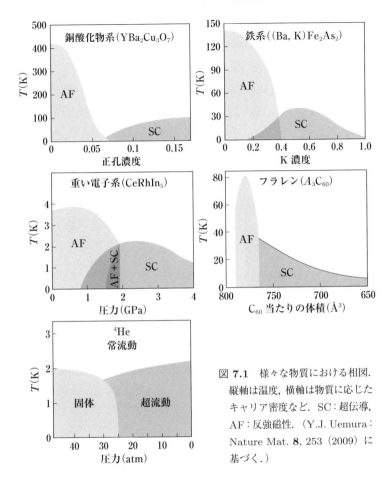

図 7.1 様々な物質における相図. 縦軸は温度, 横軸は物質に応じたキャリア密度など. SC：超伝導, AF：反強磁性. (Y.J. Uemura: Nature Mat. **8**, 253 (2009) に基づく.)

　いまでは, 有機超伝導 (の少なくとも一部) は第5章で解説したような, 斥力からの電子機構超伝導と考えられている. 有機物で電子間相互作用が強いといわれると一見変に思うかも知れないが, 決してそうではない. 電子相関の強さを表す U/t の議論でいうと, 有機物は確かに斥力 U は小さいが, ホッピング t も小さいので, U/t は結構大きい. 図3.14で様々な物質の超伝導転移温度をフェルミ温度 ($\sim t$) に対して示したように, t は無機物である酸化物に比べて有機物では約1桁小さく ($\sim 1000\,\mathrm{K}$), 超伝導転移温度は t より

2桁小さくて10Kの桁である．このように，T_c が低くとも機構は興味深い可能性がある．

フラレン

炭素から成る系で現在最も高い T_c をもつものは，サッカーボール型の分子フラレンの結晶の隙間に金属を挟んだもので，$T_c = 30\,{\rm K}$ 程度の超伝導になる．図7.2では，フラレン系の相図(b)を銅酸化物の相図(a)と比較した．この系では，フォノン機構による s ペアリングと考えてよいという見方が大勢であった．フォノン機構と思って理論的に T_c を見積もると，30K 程度は出

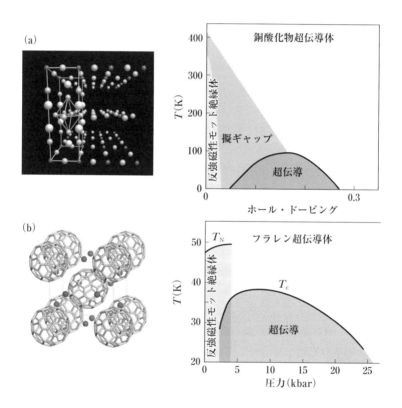

図 **7.2** フラレン超伝導体（A15 結晶構造の Cs_3C_{60}）の相図 ((b)，Y. Takabayashi, et al.: Science **323**, 1585 (2009); A.Y. Ganin, et al.: Nature **466**, 221 (2010) に基づく) を，銅酸化物の相図 ((a)，E. Tosatti: Science **323**, 1570 (2009) に基づく) と比較．左の図は結晶構造．

るためである．しかし，事態はそう簡単ではない．この系では，フォノンのエネルギーと電子エネルギー（t）が，通常の物質ほど桁違いに離れてはおらず，拮抗している．実際ここでは，フォノン媒介引力と電子間斥力 U とがほぼ相殺するような状況になっており，この状況がフォノン機構超伝導を有利化しているという示唆もある[3]．

いずれにせよ，フラレンにおいては，バンド幅 t が無機化合物におけるより小さいので，電子相関の指標 U/t は大きい．実際，フラレン系の相図を図7.2 において銅酸化物の相図と比べると，強相関系の特徴を共有しているといえる．どちらの系でも，T_c ドーム（上に凸な曲線）があり，反強磁性モット絶縁相に隣接している．

ダイヤモンド

2000 年代に発見された超伝導体の一つに，ホウ素（B）をドープしたダイヤモンドにおける超伝導がある．これは，2004 年にエキモフ（Ekimov）らにより発見されたものである．この超伝導体が興味を集めたのは，ダイヤモンドという，およそ超伝導とは縁がなさそうな物質であること，また，ダイヤモンドは半導体であるが，これに他の元素をドープした系における超伝導である，という理由による．

いうまでもなくダイヤモンドは，知られている物質の中で最も硬い物質であり，実際，フォノン・エネルギーの目安を与えるデバイ・エネルギーは約 2200 K という高い値をもっている．これから，フォノン機構の BCS 超伝導理論の与える $T_c \sim \hbar\omega_D \exp\left(-\dfrac{1}{\lambda}\right)$ やマクミランの式 $T_c \sim \hbar\omega_D \exp\left(-\dfrac{1+\lambda}{\lambda-\mu^*}\right)$ （式 (3.48)）（ここでは k_B は省略，オーダー 1 の係数は無視）では T_c はデバイ・エネルギー $\hbar\omega_D$ が掛かっているので，それが大きければ T_c も高いことが期待される．

ダイヤモンドは，固体物理学のテキストが説くように，典型的な IV 族元素である炭素の結晶であり，Si や Ge と共に典型的な半導体である（バンド・ギャップは 5.5 eV）．それがなぜ超伝導になるのであろうか．

---

3) Y. Takada：J. Phys. Soc. Jpn. **65**, 1544 (1996); Y. Takada and T. Hotta：Int. J. Mod. Phys. B **12**, 3042 (1998).

178　7. 様々な物質における超伝導

　半導体においては，フェルミ・エネルギー E_F が価電子帯と伝導帯の間の
ギャップ中に位置するので，電流を担う電子や正孔（担体（carrier）とよば
れる）は熱励起により生じる．しかし，このような担体は，高温にしなくと
も，不純物を添加すれば発生する．周期表を見ると

III	IV	V
B	C	N
Al	Si	P

であるから，例えば Si 結晶中に P 原子を導入すると，Si の原子価が 4 価であ
るのに P は 5 価だから，P は 4 個の原子価を周りの Si との化学結合に用い
た後，電子が 1 つ余る．この電子は結合に関与しないから，結晶中を動き回
れる．ただし P は元々電気的に中性だから，$P \leftrightarrow P^+ + e^-$ のように解離す
る際に P^+ は正電荷をもち，e^- はこれによるクーロン引力を感じる．このよ
うな不純物添加を，担体が負電荷をもつという意で **n 型**ドーピング（n-type
doping）という．逆に，周期表の左隣のホウ素（B）を入れると，この元素は
3 価だから，IV 族の Si から見ると電子が 1 個欠損していると見なすことが
でき，$B \leftrightarrow B^- + p$ と表せる（p は正孔）．このような不純物添加を **p 型**ドー
ピング（p-type doping）といい，添加された原子をドーパントとよぶ．ドー
プされている半導体中では，電子や正孔は低温でも存在し（その密度はドー
パントの密度に等しい），結晶中を動き回る．その運動は，有効質量近似で記
述される．

　同様に，炭素にホウ素をドープすることができる．ただし，普通は Si な
どにおけるドーピングは，$10^{23} \, \mathrm{cm}^{-3}$ 程度の Si 原子の中に $10^{18} \, \mathrm{cm}^{-3}$ 程度
のドーパントを入れるので，他元素の濃度は 0 ％に近いが，エキモフら[4]は，
数 ％という桁違いに濃いホウ素がダイヤモンドにドープされた試料を，グラ
ファイトを高圧（～ 10 万気圧）・高温（～ 2500 K）にすることにより合成し
た．これ以外にも気相成長法とよばれる方法でも合成されている．

　これらにより，$T_c \simeq 4 \mathrm{K}$ 程度の超伝導が発見された．超伝導ギャップの測
定からは $2\Delta(0)/k_B T_c \simeq 3.6$ という，弱結合 BCS 理論（式 (3.43)）の与え

---

4)　E.A. Ekimov, *et al.*: Nature **428**, 542（2004）.

る程度の値が報告されている[5]．より最近では，シリコン（Si）やシリコン・カーバイド（SiC）にホウ素をドープした系でも超伝導が発見されている．

包接化合物

シリコンは，同じ IV 族元素として常に炭素と比較される立場にいるという意味で，ここで触れよう．シリコンは単体では（高圧化で結晶構造を βSn 型にしない限りは）超伝導とならないが，包接化合物（clathrate）という特別な結晶構造にすると超伝導を示す．すなわち，20 個の Si 原子から成る球状の原子団を積み重ねたような籠状の構造に金属元素を取り込んだ，$Na_2Ba_6Si_{46}$ で超伝導が得られている[6]．この結晶構造は，群論的には，アルカリ金属を含んだフラレン固体（図 7.2(b)）と同じであり，金属元素（Ba）が A15 とよばれる結晶構造（x, y, z 方向の鎖が入り組んだ構造）を成している．Si はもちろん共有結合系であるが，バンド計算からは，フェルミ・エネルギーに Ba の振幅がかなり混成することがわかっており，T_c は高くはないが，興味深い．

7.2　グラフェン

近年の大きな話題の一つが，グラフェンにおける超伝導である[7]．グラフェンは，炭素原子が蜂の巣格子を組んだ 2 次元物質であり，理論的には 1940 年代から興味をもたれていたが，隆盛をみたのは，ガイム（Andre Geim）のグループが 2004 年頃に実際に試料を合成してからである．

そのバンド構造は，蜂の巣格子を反映して，相対論的粒子（ディラック粒子）の 2 次元系に対するバンド構造において粒子の質量をゼロにしたもの（バンド分散は，2 個の円すいを相対させたもの）と同型となる．これはブリルアン帯の特定の場所（K 点，K′ 点とよばれる）近傍で起こり，これをディラック点とよび，これらの点の近傍は谷（valley）とよばれている（図 7.3）．関与する炭素の軌道は π である．

---

5)　高野義彦，川原田洋：固体物理 **41**, 457（2006）．

6)　S. Yamanaka, *et al.*: Inorg. Chem. **39**, 56（2000）．

7)　グラフェン全般については，Hideo Aoki and Mildred S. Dresselhaus(ed.): *Physics of Graphene*（Springer, 2014）を参照．

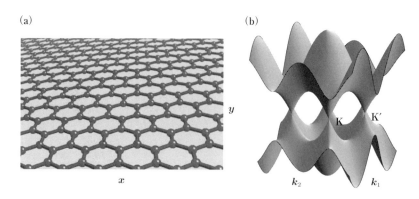

図 7.3 グラフェンに対する，(a) は炭素原子が蜂の巣格子状に並んだ結晶構造，(b) は k 空間におけるバンド分散．k_1, k_2 は逆格子空間における 2 つの波数，K, K$'$ はブリルアン帯においてディラック・コーンをもつ箇所．

ハミルトニアンとしては，

$$\mathscr{H} = t \sum_{\boldsymbol{k}} \begin{pmatrix} 0 & D(\boldsymbol{k}) \\ D^*(\boldsymbol{k}) & 0 \end{pmatrix}, \qquad D(\boldsymbol{k}) = 1 + e^{-ik_1} + e^{-ik_2} \quad (7.1)$$

という 2 行 2 列の行列で表され（行列の足は，蜂の巣格子を成す A, B の 2 つの副格子のラベル），k_1, k_2 は逆格子空間における 2 つの波数である．固有エネルギーは $\pm|D(\boldsymbol{k})|$ で与えられ，ディラック点の周りで 2 個の円すい（ディラック・コーン）となる．

物性として，当初は量子ホール効果（一般の量子ホール効果は 10.2 節で解説するが，ここではディラック粒子のもつ量子ホール効果）に興味が集中したが，その後，2 枚のグラフェンを重ねた 2 層グラフェンが多彩で制御性の高い系として興味を集めた．というのも，2 枚を単に重ねるのではなく，ある角度だけ捻じって重ねることができ，電子構造が捻じれ角に敏感に依存するためである．特に，一連の特定の捻じれ角に対して，バンド構造が平坦な底をもつようになり，様々な物性が発現するので，magic-angle twisted bilayer graphene とよばれるようになった．

まず，捻じれのない 2 層グラフェンの構造は以下のようである．各蜂の巣格子は，単位胞に 2 原子を含むため，A, B の 2 つの副格子から成る．捻じ

れのない 2 層グラフェンでは，上層の B サイトが，下層の A サイトの直上に位置する（これは，3 次元グラファイトと同様であり，バーナル（Bernal）積層，あるいは AB 積層とよばれる）．したがって，2 層グラフェンの単位胞は，4 個の炭素原子（上層の A1，B1 と下層の A2，B2）から成り，主要なホッピングは層内の最隣接間の γ_0（$\simeq 3\,\mathrm{eV}$），層間の垂直ホッピング γ_1（$\simeq 0.3\,\mathrm{eV}$）である．

単位胞内の 4 個の炭素原子から成る基底 $(\psi_{A1}, \psi_{B1}, \psi_{A2}, \psi_{B2})$ を用いると，ハミルトニアンは

$$H_{\mathrm{AB}} = \begin{pmatrix} 0 & v\pi^\dagger & 0 & 0 \\ v\pi & 0 & \gamma_1 & 0 \\ 0 & \gamma_1 & 0 & v\pi^\dagger \\ 0 & 0 & v\pi & 0 \end{pmatrix} \tag{7.2}$$

で表される．ここで，$\pi = \xi\pi_x + i\pi_y$，$\boldsymbol{\pi} = \boldsymbol{p} + e\boldsymbol{A}$，$\boldsymbol{A}$ は外部磁場があるときのベクトル・ポテンシャル，$\xi = \pm 1$ は谷（$K_+ = \mathrm{K}, K_- = \mathrm{K}'$）をラベルする指数，$v \equiv (\sqrt{3}a/2\hbar)\gamma_0$ はディラック電子の速度，$a \simeq 0.2\,\mathrm{nm}$ は最隣接 A サイトの間隔である．

低エネルギー（$\varepsilon \ll \gamma_1$）に対する有効ハミルトニアンは，ε/γ_1 に関する摂動の主要項により，2×2 行列（基底は A1，B2）として

$$H_{\mathrm{AB}}^{(\mathrm{eff})} = \frac{1}{2m} \begin{pmatrix} 0 & (\pi^\dagger)^2 \\ \pi^2 & 0 \end{pmatrix} \tag{7.3}$$

のように表される．ここで有効質量は $m = \gamma_1/2v^2$ である．このため，バンド分散は相対した 2 枚の放物型（$E = \pm p^2/2m$）となる．

それでは，**捻じれた 2 層グラフェン**について解説しよう．実験的に Jarillo-Herrero のグループが 2018 年頃にこれに成功してから，研究が勃発した．捻じれ角 θ が実験的に制御でき，これにともない，2 層を上から見たときのモアレ模様（Moiré pattern）は θ に応じて激しく変化し，ディラック点を含むバンド構造も激しく変化する．特に角度 θ が微小であると，モアレ模様の周期は大きくなり，したがって，バンドが多重に畳まれる（Moiré subband とよばれる）．

この影響の一つとして，$\theta \sim 1°$ の場合に，最低サブバンドの分散はほとんど平坦な底をもつ．これが，特徴的な量子ホール効果と共に，超伝導も発現する舞台となる[8),9)]．

具体的に，下層に対する逆格子ベクトルを $(\bm{b}_1, \bm{b}_2)$ とすると，上層の逆格子ベクトルは $\hat{R}\bm{b}_i$ $(i=1,2)$ である（$\hat{R}$ は捻じれの回転を表す行列）．すると，捻じれ 2 層系の実空間での基本並進ベクトル $\bm{A}_i$ $(i=1,2)$ は $\bm{A}_i \cdot \bm{B}_j = 2\pi\delta_{ij}$

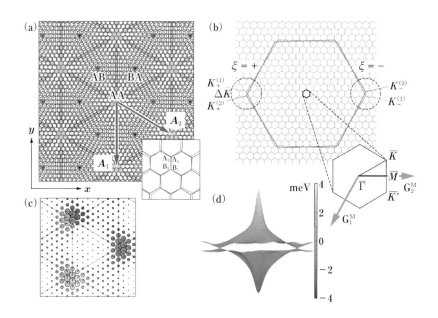

図 7.4 (a) 捻じれ 2 層グラフェンの原子構造．ここでは捻じれ角 $\theta = 3.89°$．
(b) k 空間におけるブリルアン帯（Bz）の畳まれ方．2 つの大きな六角形は各層の元々の Bz，小さな六角形はモアレ模様に対する Bz（拡張帯形式）．$\xi\,(=\pm)$ は谷指数．
(c) ワニエ軌道の例．ここでは $\xi = +$, $\theta = 1.05°$．（M. Koshino, et al.: Phys. Rev. X **8**, 031087 (2018).）
(d) $\theta = 1.05°$ に対するバンド分散．（H.C. Po, et al.: Phys. Rev. B **99**, 195455 (2019).）

---

8) Y. Cao, et al.: Nature **556**, 43 (2018).
9) 超伝導については，捻じれのないグラフェンでも報告されており，磁場をかけるとスピン・トリプレット超伝導という報告もある．（H. Zhou, et al.: Science **375**, 774 (2022).）

を満たす．ここで $B_i = (1 - \hat{R})b_i$ はモアレ模様の逆格子ベクトルであり，

$$|A_i| = \frac{a}{2\sin\frac{\theta}{2}} \simeq \frac{a}{\theta} \tag{7.4}$$

で与えられるので（$a \simeq 0.2\,\mathrm{nm}$ はグラフェンの格子定数），モアレ模様（図 7.4(a)）の周期は，捻じれ角を小さくすると $\sim 1/\theta$ のように増大し，$\theta \sim 1°$ の魔法角に対しては 14 nm 程度となる．

周期が大きいのみならず，2層を上から見ると，AA 積層，AB 積層，BA 積層が交互に配置されている．このため，単層グラフェンではディラック点はブリルアン帯の角 K_+, K_- に存在したのに対し，捻じれ2層では谷の位置は $\Delta K = 2K\sin(\theta/2) \approx K\theta$ だけシフトする（ここで，$K = 4\pi/(3a)$ は $K_\pm$ の Γ 点からの距離）．この際，元の K_+, K_- は，バンド畳み込みの後では K_+, K_- に一般には重ならない．このために，谷の間の混成が起こり，これが平坦バンドを含めて特徴的なバンド構造の原因となる（図 7.4）．

捻じれ2層グラフェンは，その複雑なバンド構造のために，多彩な量子相の発現の場となる．図 7.5 には，実験的相図を示す．この図では，横軸は電子密度 n，縦軸は温度 T であり，量子相は，超伝導相ならびに金属，バンド

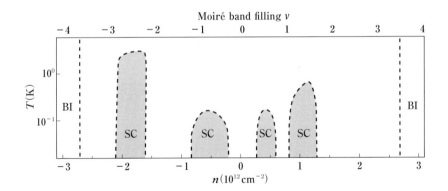

図 **7.5** 実験的に求められた TBG（捻じれた2層グラフェン）の相図を，キャリア密度 n と温度 T に対して概念的に示す．捻じれ角は $\theta = 1.10°$，量子相は，超伝導 (SC)，バンド絶縁体 (BI)，それ以外は金属，電子相関した絶縁状態など．(X. Lu, *et al.*: Nature **574**, 653 (2019) に基づく.)

184   7. 様々な物質における超伝導

絶縁体, 電子相関による絶縁体であり, 複雑なバンド構造の上で n を変化させると, これらが現れる.

2層グラフェンは, その後, 3層などより多層の系にも研究が拡張されている. 2層系の総説としては, 例えば E.Y. Andrei and A.H. MacDonald: Nature Mat. **19**, 1265 (2020) がある.

7.3 水素系超伝導体 ── 室温超伝導 ──

超伝導の分野で一つの聖杯となっていたのは, 室温超伝導である. 様々な理論的示唆があり[10], 実験の報告も時折されたが, 混沌としていた. 理論的には, 金属水素が高温 (室温よりはるかに高い) 超伝導であろうという予言がなされた. 詳しくいうと, 水素は, 通常は分子を組み, 常圧・常温では気体である. 1930 年代から, 十分高い圧力をかければ固化し, さらに金属になる, という推測があった. 1960 年代には, 金属水素は高温超伝導であろう, という理論予測が提出された[11].

具体的に, 第一原理 (密度汎関数理論) を用いて, $500 \sim 700\,\mathrm{GPa}$ の高圧で, 電子 – フォノン結合定数は $\lambda \sim 2$ 程度まで大きくなると評価される. 3.3 節で解説したアレン – ダインズの式 (3.55) における $\omega_{\log}$ は $\sim 2000\,\mathrm{K}$ の大きさなので, $700\,\mathrm{GPa}$ において $T_c \sim 480\,\mathrm{K}$ と見積もられている[12].

ただし, 金属水素自体が, 実験的報告はあるものの未だに確定しておらず, 金属化に必要な超高圧 (理論的には $400\,\mathrm{GPa}$ 程度と見積もられている) がまだ達成できていないためか否か, などの議論が続いている. ちなみに, 天体においては, 例えば木星の内部は超高圧になっており, 水素は金属液体状態であろうと推定されている.

このような事情下では, 水素以外の元素を含む水素化物 (hydride) を探索

---

10) E. Wigner and H.B. Huntington: J. Chem. Phys. **3**, 764 (1935).

11) N. Ashcroft: Phys. Rev. Lett. **21**, 1748 (1968); V.L. Ginzburg: J. Stat. Phys. **1**, 3 (1969).

12) J.M. McMahon and D.M. Ceperley: Phys. Rev. B **84**, 144515 (2011).

することになる．これが，現在の室温超伝導への道となった[13]．これらの理論的予言に導かれ，2015年にはエレメッツ（M.I. Eremets）のグループが2015年に硫化水素 H_3S を合成し，その物質において室温に近い（$T_c \simeq 203\,\mathrm{K}$）超伝導が発見された[14]．超伝導になる物質における化学組成（HとSの原子数比 x）は必ずしも明確でないため，H_xS と表示されることもあるが，以下では便宜上 H_3S と表示する．

引き続いて2018年には，水素化物 LaH_{10} においてほとんど室温（$T_c \simeq 250\,\mathrm{K}$）の超伝導が発見された[15]．この化合物では，水素が，他の元素（La）を籠型にとり囲む構造（clathrateとよばれる）をしている[16]．図7.6には，

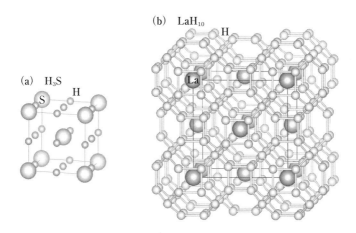

図 **7.6** (a) は硫化水素超伝導体 H_3S，(b) はランタン水素超伝導体 LaH_{10} の結晶構造 ((a) は R. Akashi：JPSJ News and Comments **16**, 18 (2019) による．(b) は榮永茉利氏提供．)

---

13) Hydride を用いるというアイディアは J.J. Gilman：Phys. Rev. Lett. **26**, 546 (1971) に遡るが，現在の文献としては N.W. Ashcroft：Phys. Rev. Lett. **92**, 187002 (2004)，総説としては，例えば J.A. Flores-Livas, *et al.*: Phys. Rep. **856**, 1 (2020)．

14) A.P. Drozdov, *et al.*: Nature **525**, 73 (2015)．

15) A.P. Drozdov, *et al.*: Nature **569**, 528 (2019); M. Somayazulu, *et al.*: Phys. Rev. Lett. **122**, 027001 (2019)．

16) Clathrate 構造については，H. Aoki：in *Physics Meets Mineralogy — Condensed-Matter Physics in Geosciences*, ed. by H. Aoki, Y. Syono and R. J. Hemley (Cambridge Univ. Press, 2000), p.259 を参照．

7. 様々な物質における超伝導

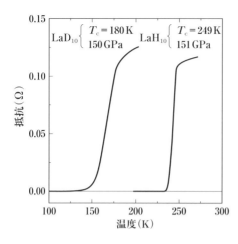

図 7.7 ランタン水素超伝導体 LaH$_{10}$ における同位体効果（LaD$_{10}$ にしたときの差）に対する実験結果（A.P. Drozdov, et al.: Nature **569**, 528 (2019) に基づく.）

H$_3$S と LaH$_{10}$ の結晶構造を示す.

超伝導の機構としては，最初の実験報告 Drozdov, et al.: Nature (2015) の論文表題ですでに "Conventional superconductivity at 203 K" とあるように，銅酸化物（1986 年）や鉄系（2006 年）が電子機構をもつのとは対照的に，フォノン媒介引力による従来型の超伝導である．実際，同位体効果も明確に観測されており，図 7.7 には LaH$_{10}$ と LaD$_{10}$ との比較を示した（188 頁の図 7.10 には H$_x$S と D$_x$S との比較も示した）.

このような水素系については，実は理論主導で様々な水素系物質における超伝導が予言されていて[17]，T_c の評価だけでなく，物質設計において，どのような物質のどのような結晶構造がどのような高圧下で安定か，という点についてもコンピュータを用いた信頼できる探索法が確立してきたことが大きい．図 7.8 では，周期表上の元素が，水素との 2 元化合物をつくった場合の（0〜300 GPa の圧力下における）超伝導発現に対する理論的予言を示し，さらに，実験的に確認されたものも記した.

実験で高圧をかけるには，diamond anvil cell とよばれる装置を用いる（188 頁の図 7.9）．いうまでもなくダイヤモンドは地上で最も硬いというだけでなく，透明なので，測定にも適する．これにより，抵抗測定だけでなく，マイ

---

17) Y. Wang and Y. Ma：J. Chem. Phys. **140**, 040901 (2014).

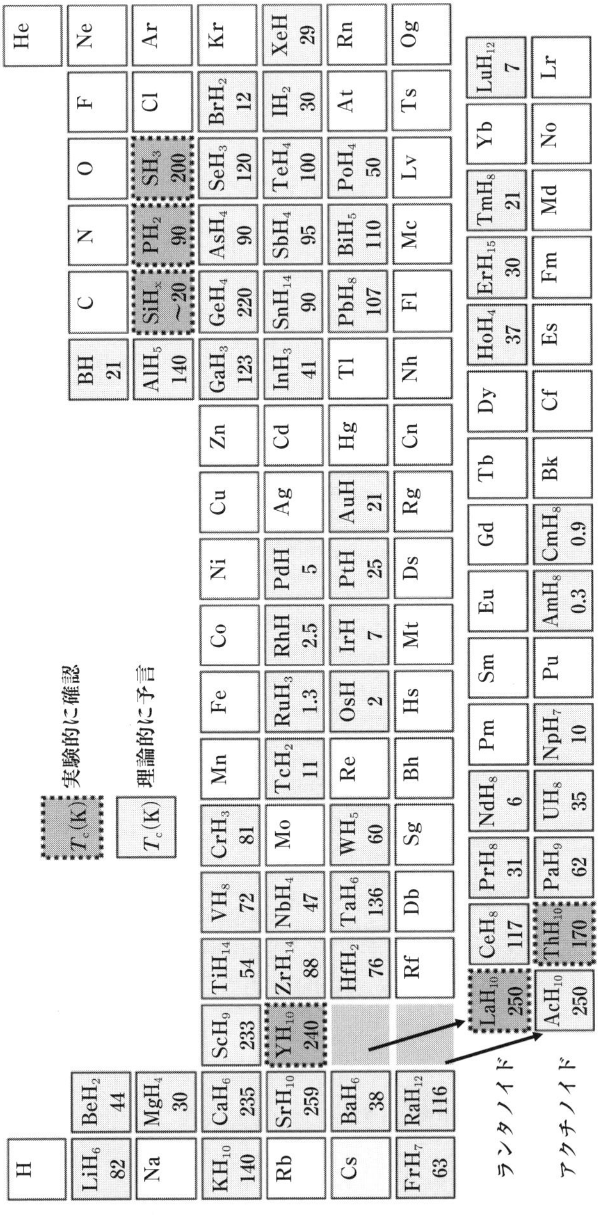

図 7.8 周期表上の元素が，水素との 2 元化合物をつくった場合の，（0〜300 GPa の圧力下における）超伝導発現に対する理論的予言．淡い灰色は超伝導が予測される元素（数字は T_c），濃い灰色は実験的に確認されたもの．(J.A. Flores-Livas, *et al.*: Phys. Rep. **856**, 1 (2020).)

凡例：
- 実験的に確認（濃い灰色） — T_c (K)
- 理論的に予言（淡い灰色） — T_c (K)

1	2	3	4	5	6	7	8	9	10	11	12	13	14	15	16	17	18
H																	He
LiH_6 82	BeH_2 44											BH 21	C	N	O	F	Ne
Na	MgH_4 30											AlH_5 140	SiH_x ~20	PH_2 90	SH_3 200	Cl	Ar
KH_{10} 140	CaH_6 235	ScH_9 233	TiH_{14} 54	VH_8 72	CrH_3 81	Mn	Fe	Co	Ni	Cu	Zn	GaH_3 123	GeH_4 220	AsH_3 90	SeH_3 120	BrH_2 12	Kr
Rb	SrH_{10} 259	YH_{10} 240	ZrH_{14} 88	NbH_4 47	Mo	TcH_2 11	RuH_3 1.3	RhH 2.5	PdH 5	Ag	Cd	InH_3 41	SnH_{14} 90	SbH_4 95	TeH_4 100	IH_2 30	XeH 29
Cs	BaH_6 38	LaH_{10} 250	HfH_2 76	TaH_6 136	WH_5 60	Re	OsH 2	IrH 7	PtH 25	AuH 21	Hg	Tl	PbH_8 107	BiH_5 110	PoH_4 50	At	Rn
FrH_7 63	RaH_{12} 116	AcH_{10} 250	Rf	Db	Sg	Bh	Hs	Mt	Ds	Rg	Cn	Nh	Fl	Mc	Lv	Ts	Og

ランタノイド

CeH_8 117	PrH_8 31	NdH_8 6	Pm	Sm	Eu	Gd	Tb	Dy	HoH_4 37	ErH_{15} 30	TmH_8 21	Yb	LuH_{12} 7

アクチノイド

ThH_{10} 170	PaH_9 62	UH_8 35	NpH_7 10	Pu	AmH_8 0.3	CmH_8 0.9	Bk	Cf	Es	Fm	Md	No	Lr

188   7. 様々な物質における超伝導

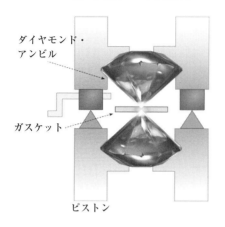

図 7.9 Diamond anvil cell の構成図. 中央に相対するのがダイヤモンド，それらの間にガスケットがあり，その中央に試料が置かれる（小さいので，このスケールではほとんど見えない）．(J.A. Flores-Livas, et al.: Phys. Rep. **856**, 1（2020）.)

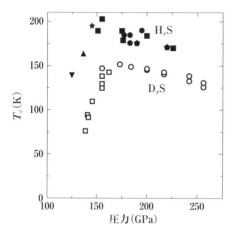

図 7.10 硫化水素における超伝導 T_c の圧力依存性の実験結果を, H_xS（黒塗りの記号）と，その同位体 D_xS（白抜きの記号）に対して示す. (J.A. Flores-Livas, et al.: Phys. Rep. **856**, 1（2020）.)

スナー効果も含めて超伝導が確認された．

　図 7.10 には，硫化水素における超伝導 T_c の圧力依存性の実験結果を，H_xS と，その同位体 D_xS に対して示す．H_3S や LaH_{10} のもつ特性は，上部臨界磁場が 100 T のオーダー，コヒーレンス長は約 2 nm，ロンドンの侵入長は 20〜30 nm，両者の比は $\kappa = 13 \sim 20$ と報告されている．

　理論的には，水素系の超伝導は従来型のフォノン機構であると考えられている．ただし，この系は理論的に扱う際には注意を要し，水素原子が軽いために，フォノンに対する通常の調和近似（原子位置の振動振幅が十分小さい

ときに良い近似）が必ずしも成り立たない．フォノンの非調和性を扱うには自己無撞着調和（self-consistent harmonic）理論などを用いる[18]．一般に，フォノン機構超伝導を扱うには，超伝導に対する密度汎関数理論（density functional theory for superconductors；**SCDFT**）がよく用いられる．結晶構造探索や最適化には様々なアルゴリズムが用いられる[19]．

物質としては，上記以外にも sodalite とよばれる一種のゼオライト構造の CaH_6（$T_c \simeq 210\,K$）[20] などが調べられている．これら以外にも様々な実験報告はなされているが，あまりにも不確定要素が大きいので，これ以上触れない．

その後，超高圧ではなく，より低圧や常圧で高温超伝導を実現する探索が実験的，理論的に続いている．総説としては，清水克哉：日本物理学会誌，**78**，252（2023）や有田亮太郎：『高圧化水素化物の室温超伝導』（共立出版，2022）などがある．

7.4 金属の化合物

MgB_2

MgB_2 は，秋光らにより発見された[21]．金属（Mg）と非金属（B）の間の化合物である（図 1.6 右上）．$T_c = 39\,K$ は銅酸化物よりは低いが，遷移金属ではないマグネシウム（アルカリ土類元素）と，ホウ素という p 電子元素との金属間化合物という点で興味深く，長年研究されている．特に，MgB_2 の超伝導の特徴として，ギャップ関数が単一成分ではなく，複数のギャップをもつことが実験・理論的に示唆されており，興味深い．

また，同様な結晶構造をもつものに，グラファイトという層状構造をもつ炭素の結晶において，層の間に金属原子を挟み込んだグラファイト層間化合物

---

18) 非調和性を取り入れた H_3S に対する理論は，例えば W. Sano, *et al.*: Phys. Rev. B **93**, 094525（2016）がある．

19) J.A. Flores-Livas, *et al.*: Phys. Rep. **856**, 1（2020）に詳述されている．

20) Z. Li, *et al.*: Nature Commun. **13**, 2863（2022）; L. Ma, *et al.*: Phys. Rev. Lett. **128**, 167001（2022）.

21) J. Nagamatsu, *et al.*: Nature **410**, 63（2001）.

という一連の物質があり,これも超伝導になり,T_c は MgB_2 より低いが興味がもたれている.最近では,CaC_6 というグラファイト層間化合物において,$T_c = 12$ K まで上がった.この物質は,圧力下では $T_c = 15$ K となる[22].なお,同じ IV 族 Si の化合物 $CaSi_2$ も高圧下では超伝導となる ($T_c = 14$ K)[23].

ハフニウム化合物

山中らにより発見されたハフニウム化合物(様々あるが,典型的に $HfNCl_{1-x}$ という化学式)は,図 1.6 下段のような層状結晶構造をしている.この物質の $T_c = 24$ K は高温超伝導体ほど高くはないが,「植村プロット」(図 3.14) の意味では(つまり,フェルミ温度 T_F との相対値としては)T_c が (Hf を Zr に変えた化合物で) 高いことが知られており,興味深い[24].

図 7.11 には,理論的に HfNCl に対して候補として挙げられている $d+id$ ペアリングを示す[25].複素数で足されていることからわかるように,時間反転を破った超伝導である (8.3 節を参照).

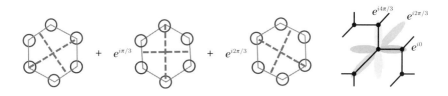

図 **7.11** HfNCl に対して候補として挙げられている $d+id$ ペアリング.左が k 空間でのフェルミ面(実線)とギャップ関数の節(破線),右は実空間でのクーパー・ペア(灰色の六葉,それらの位相も付す).(K. Kuroki: Phys. Rev. B **81**, 104502 (2010) に基づく.)

コバルト化合物

超伝導が発見されたコバルト化合物は,元々大きい熱電効果が発見された物質の同族物質である.熱電効果というのは,固体の両端に温度差 ΔT を与えると,これに比例する電圧 V (熱起電力という) が発生する効果 (ゼーベック

---

22) A. Gauzzi, *et al.*: Phys. Rev. Lett. **98**, 067002 (2007).
23) S. Sanfilippo, *et al.*: Phys. Rev. B **61**, R3800 (2000).
24) S. Yamanaka, *et al.*: Nature **392**, 580 (1998). Zr 系については,Y. Taguchi, *et al.*: Phys. Rev. Lett. **94**, 217002 (2005).
25) K. Kuroki: Phys. Rev. B **81**, 104502 (2010).

7.4 金属の化合物 *191*

（Seebeck）効果という）である．比例係数 $S = V/\Delta T$（ゼーベック係数）が大きい物質に興味がもたれるが，寺崎らは，層状コバルト酸化物 $Na_{0.5}CoO_2$（図 1.6 下段）が大きな熱電効果をもつことを発見した[26]．ゼーベック係数は，電子比熱（電子 1 個当たり）に比例するので，このような遷移金属化合物では，強相関電子系における電子比熱の問題となる．

その後，$Na_{0.5}CoO_2$ に，意外にも水を層間に挟み込んだ，$Na_xCoO_2 \cdot yH_2O$（$x = 0.3$, $y = 1.3$）という物質で超伝導が発見された[27]．このコバルト化合物が注目されたのは，銅以外の遷移金属酸化物における超伝導という点はもちろんであるが，この層状物質の結晶構造（図 1.6）を見ると，層内の構造が銅酸化物のような正方格子ではなく，コバルト原子が三角格子を成している点である．

三角格子が興味深い理由は，以下の事情による．強相関電子系では第 5 章で述べたように，電子相関のために電子のスピンは反強磁性的に相互作用するので，正方格子では上下向きスピンが市松模様に並べばよい．ところが，三角格子の場合は，すべての隣り合うスピンを反対向きにするのは不可能であり，このように，望ましいスピン構造と結晶構造が相容れない状況を，フラストレーションがある，と表現する．したがって，三角格子の興味は，強相関電子系においては，相関効果（例えば超伝導）にフラストレーションが影響を与えるか，という点である．

精力的な研究がなされているが，現在のところはまだ完全に理解はされていないが，フラストレーションの効果は露わにはなく，s 波ペアリングが，同心円状のフェルミ面において起こっている，ということも示唆されている[28]．

バナジウム化合物

上田らにより発見されたバナジウム化合物超伝導体 $Na_{0.33}V_2O_5$ も，銅以外の遷移金属酸化物における超伝導として興味深い[29]．この物質は，β バナ

---

26) I. Terasaki, *et al.*: Phys. Rev. B **56**, R12685（1997）.

27) K. Takada, *et al.*: Nature **422**, 53（2003）.

28) K. Kuroki, *et al.*：Phys. Rev. B **73**, 184503 (2006).

29) T. Yamauchi, *et al.*: Phys. Rev. Lett. **89**, 057002（2002）.

ジウム・ブロンズとよばれる結晶構造をとり，これは梯子が連なったような構造である．この系に圧力をかけると超伝導が発生するが，超伝導相が，磁性相ではなく電荷秩序相に隣接している点も興味深い．

パイロクロア構造超伝導体

これは，廣井らにより発見された超伝導体で[30]，化学式は AOs_2O_6（$A = $ Cs, Rb, K）である．この物質の結晶構造では，金属元素（詳しくは白金族）であるオスミウム原子がパイロクロアとよばれる格子を成している．各オスミウム原子は 6 個の酸素に 8 面体的に囲まれ，8 面体の間の隙間にアルカリ金属原子がいる．パイロクロア格子だけを見ると，4 面体が頂点を共有しながら 3 次元的に連なっている．上記のフラストレーションという点からは，2 次元系では三角格子やカゴメ格子がフラストレーションをもつ典型的な格子であるが，パイロクロア格子は，いわばカゴメ格子の 3 次元版といえる[31]．

このような隙間の大きい格子において，他の原子が隙間内部で比較的自由に運動する（ラットリング（rattling）とよぶ）ことによる物性への影響にも興味がもたれている．例えば，重い電子系の一種である，スクッテルダイト化合物とよばれる一連の化合物において超伝導[32] を含めた様々な物性が観測されており，このスクッテルダイトも隙間の大きい結晶構造をとるので，ラットリングの効果に興味がもたれている．

以上の様々な超伝導体の発見について（6.1 節で解説した鉄系も含めて）強調すべきは，日本で発見されたものであり，これらは物質開発というだけでなく，超伝導機構への示唆を含む可能性もあるので意義深い．

7.5　電子気体の超伝導

金属というのは，まずは電子気体（電子の集合）として理解される．単純には，電子間クーロン斥力相互作用は無視して，縮退したフェルミ気体として理解する．しかし，電子間にはもちろんクーロン斥力が存在する．第 4, 5 章では，銅酸化物のように，各原子に強く束縛された電子系を考えたので，電

---

30) S. Yonezawa, *et al.*: J. Phys. Condens. Matter **16**, L 9（2004）.

31) H. Aoki：J. Phys. Condensed Matter, **16**, V1（2004）.

32) E.D. Bauer, *et al.*: Phys. Rev. B **65**, 100506（2002）.

子間斥力は 2 電子が同じ原子に来たときだけはたらくと考えたが，原子のイオン芯を均して，平坦なポテンシャルの中を走る電子を考えても，電子間には斥力相互作用がはたらく．このとき，この相互作用の強弱は，相互作用の平均値 $\langle V_{\text{Coulomb}} \rangle$ と，電子のもつ運動エネルギーの平均値 $\langle K \rangle$ との比として定義できる．

クーロン相互作用が，2 電子間の距離 r に対して $1/r$ という長距離の相互作用であるために，この比は，電子の密度が薄いほど大きくなる．実際，

$$\frac{\langle V_{\text{Coulomb}} \rangle}{N} \sim \frac{e^2}{r_0} \tag{7.5}$$

$$\frac{\langle K \rangle}{N} \sim \varepsilon_{\text{F}} \tag{7.6}$$

（N は全電子数，e は素電荷，$r_0 \sim 1/n^{1/3}$ は電子間の平均距離，n は電子密度，$\varepsilon_{\text{F}} \sim \hbar^2 k_{\text{F}}^2/2m$ はフェルミ・エネルギー）なので，

$$\frac{\langle V_{\text{Coulomb}} \rangle}{\langle K \rangle} \sim \frac{me^2 r_0}{\hbar^2} \sim \frac{r_0}{\alpha_{\text{B}}} \equiv r_{\text{s}} \tag{7.7}$$

となる．ここで $a_{\text{B}} = \hbar^2/me^2$ はボーア半径であり，a_{B} で測った電子の平均間隔を r_{s} と名付けた．

このように，電子気体は薄いほど強相関である．この系を扱うのも簡単ではない．実験的にも，薄い電子気体を実現したような系はあまり例が多くない．理論的には，コーンとラッティンジャーが，電子気体が十分薄いなら，十分低温では異方的ペアリングをもつ超伝導を起こす，という定理を示している[33]．

高田は，クーロン相互作用する電子系を扱う理論的方法を開発して，このようなペアリングが起こることを詳しく解析している[34]．これはプラズモン機構とよばれる．電子気体のようにクーロン相互作用する粒子系は，プラズモンとよばれる集団励起をもつ．集団励起というのは，個々の電子の励起（例えば，1 個の電子がフェルミ面内の状態から，フェルミ面外の状態にたたき上げられたような励起）ではなく，電子系全体に亘る波のような励起である．

---

33) W. Kohn and J.M. Luttinger：Phys. Rev. Lett. **15**, 524 (1965).

34) 高田康民：『多体効果』（朝倉書店，1999）を参照．

194   **7. 様々な物質における超伝導**

実際，プラズモンは電子系における疎密波である．このプラズモンのエネルギーの，疎密波の波数 k に対する依存性（分散）は，3 次元系では長波長の極限 $k \to 0$ で 0 とはならず，有限な振動数から立ち上がる．これをプラズマ振動数とよび，クーロン力が長距離であるために，このような現象が起こる．

ボーム（Bohm）とパインズ（Pines）が示したように，クーロン相互作用系には，個別励起と集団励起という 2 種類の励起があり，特に個々の電子が集団励起を媒介として相互作用する，という描像が可能となる．プラズモンを媒介としてペアリングすることを，超伝導の**プラズモン機構**とよぶ．

電子気体の励起スペクトルを見ると，個別励起の連続領域の上にプラズモン励起のモードがあるが，その直下の領域で，プラズモン媒介相互作用が引力的になる領域がある．超伝導はこれを利用する．(7.7) で導入した r_s パラメータを大きくすると相互作用の効果が強くなり，ペアリングの対称性は p 波から s 波に変わることが示唆されている．r_s がさらに大きくなると，電子が自発的に結晶化する**ウィグナー**（Wigner）**結晶**とよばれる状態が基底状態になると考えられている[35]．したがって，この超伝導を，ウィグナー結晶化する直前で起こる超伝導と表現することもできる．

7.6 重い電子系

電子機構（スピン揺らぎ交換）による超伝導には，実は**重い電子系**とよばれる一連の物質群に先輩がいる．重い電子系というのは，銅のような遷移金属からさらに周期表を下ったところに位置し，遷移金属の d 軌道よりさらにコンパクトで異方性の強い **f** 軌道をもつ元素（例えばウラン）の化合物である．ここでも超伝導相が磁性相と相図上で隣接しており（図 7.1），エキゾチックな超伝導の宝庫となっている．重い電子系ではバンド幅 ($\propto t$) が小さく 1 K の程度であり，強相関なので，超伝導機構はスピン揺らぎ交換と考えられている．こうしてみると，電子機構は結構ユニバーサルということになる．

重い電子系超伝導体の典型例であるセリウム化合物 $CeCoIn_5$ ($T_c = 2.3\,K$)

---

35) ウィグナー結晶については，実空間での直接イメージが，磁場中ではあるが最近得られている．（Y.-C. Tsui, *et al.*: Nature **628**, 287（2024）.）

は，図 1.6 下段のように層状の結晶構造をもつ．さらに最近では，$PuCoGa_5$ というプルトニウムの化合物（結晶構造は $CeCoIn_5$ と同じ）で，重い電子系としては高い $T_c = 18\,K$ が観測されている[36]．

重い電子系は，バンド幅が狭いだけでなく，f 軌道が 7 重に縮退しているためにバンド構造が複雑になり，また，構成元素が重いために相対論的効果が大きく，スピン - 軌道相互作用も大きい，などの特徴ももっている．

7.7 さらにエキゾチックな超伝導

ここで，電子機構による超伝導には，さらにエキゾチックなものがいろいろと出現していることを，理論的枠組みに戻って解説しよう．

時間反転対称性を自発的に破った超伝導

これは，8.3 節のトポロジカル超伝導でも解説するが，一般に，縮退した（あるいはほとんど縮退した）2 種類の超伝導秩序（例えば 2 種類の d 波ペアリング d_1, d_2）が存在し得る場合に，$i = e^{i\pi/2}$ の位相差をもって線形結合した $d_1 + id_2$ 波のようなペアリングを考えることができる．ギャップ関数としては $\Delta = \Delta_{d_1} + i\Delta_{d_2}$ である．例えば，$d_1 = d_{x^2-y^2}$，$d_2 = d_{xy}$ などが考えられる．

複素量として足しているために，このような状態は時間反転対称を破っている（時間反転をすると物理量は複素共役になるが，$\Delta^* \neq \Delta$ であれば時間反転対称でない）．これはスピン・シングレット超伝導，トリプレット超伝導にかかわらず存在する可能性のある状態である．後者の例としては $p + ip$ ペアリングがある．

また，異方的ペアリング超伝導は一般には節（node）をもつが，$d + id$ のようなペアリングは絶対値 $|\Delta|$ に節をもたない（点状の節は可能）．このような状態が発生する理由は，ギンツブルグ - ランダウ理論における自由エネルギーにおいて，節のない $\Delta = \Delta_{d_1} + i\Delta_{d_2}$ が安定化するためである．

一般に，どのような場合に時間反転対称性を破った超伝導が発生し得るかは，群論により分類することができる．すなわち，考えている結晶構造に対

---

36) J.L. Sarrao, *et al.*: Nature **420**, 297（2002）.

196　7.　様々な物質における超伝導

する空間群が, 2 次元表現をもつ場合である. 具体的には, 例えば正方晶系でp + ip が可能なのは, 空間群の表現が Γ_5^- の場合, 六方晶系でp + ip が可能なのはやはり Γ_5^- の場合, d + id が可能なのは Γ_6^+ の場合, といった具合である. d + id の候補として考えられている一つは, β - MNCl (M = Hf, Zr) で, 複素数であるギャップ関数は, 7.4 節のハフニウム化合物の箇所で触れた.

他の秩序と超伝導の共存

超伝導が他の秩序, 特に強磁性と共存するということは可能であろうか. 普通は, 超伝導体に外部磁場をかけると超伝導が壊れるから, 強磁性は超伝導を壊す方向である.

詳しくいうと, 5.5 節で見たように, 反強磁性は, その揺らぎを利用して超伝導を発生させ得るのと同様, 強磁性は, その揺らぎであればトリプレット超伝導に利用できる可能性もあるが, 長距離秩序としての強磁性があれば物質の内部に強い内部磁場が発生し, 超伝導を壊してしまうことが予想される. ところが, 実際に重い電子系（f 電子系）で, 2000 年に強磁性と超伝導が共存する**強磁性超伝導** UGe_2 が発見され, 注目を集めている[37].

運動量をもったペアリング（**FFLO 状態**）

第 3 章では, それぞれのクーパー・ペアは波数 $+k$ と $-k$ をもつ電子から成り, 全波数はゼロであることを仮定した. 実際, 普通の超伝導体はこれを満たす. しかし, 理論的には, 波数 $k + q$ と $-k$ から成る, 全波数がゼロでない（つまり, 重心が波数 q $(\neq 0)$ で動いている）クーパー・ペアの凝縮状態も以前から考えられている（図 7.12(a)）. このときには, ギャップ関数 $\Delta(r)$ は $e^{iq \cdot r}$ という項に比例するので, 空間的に振動する. これは, 考案者（Fulde, Ferrel, Larkin, Ovchinnikov）の頭文字をとって, **FFLO 状態**とよばれている.

普通は, このような状態は BCS 状態よりは高いエネルギーをもつので実現されないが, 例えば強磁場中でゼーマン分裂のためにスピン↑電子のフェルミ面とスピン↓電子のフェルミ面が分裂した場合のような特別な条件下では実現され得ることが理論的に示されている.

---

37)　S.S. Saxena, *et al.*: Nature **406**, 587 (2000).

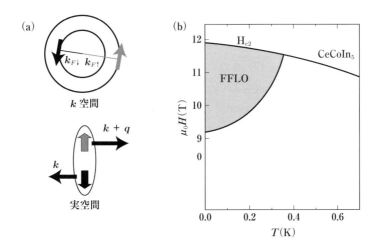

図 7.12 (a) FFLO 状態の概念図を，k 空間（円はフェルミ面），および実空間（楕円はクーパー・ペア）に対して示す．
(b) 実験的に，CeCoIn$_5$ に対して報告されている相図（縦軸は外部磁場，横軸は温度）．(T. Watanabe, et al.：Phys. Rev. B **70**, 020506(R)(2004) に基づく．)

最近，重い電子系 CeCoIn$_5$（図 7.12(b)）において，強磁場（上部臨界磁場近く）の中で，FFLO 状態が報告されている[38]．鉄系の FeSe についても，電子ポケット，正孔ポケットのゼーマン分裂のために，やはり上部臨界磁場近くでの FFLO 状態が報告されている[39]．

一般に，このような状況では，超伝導のギャップ関数 Δ は

$$\Delta(\boldsymbol{r}) = \Delta_1 e^{i\boldsymbol{q}\cdot\boldsymbol{r}} \text{(Fulde-Ferrell)}$$
$$\Delta(\boldsymbol{r}) = \Delta_1(e^{i\boldsymbol{q}\cdot\boldsymbol{r}} + e^{-i\boldsymbol{q}\cdot\boldsymbol{r}}) = 2\Delta_1\cos(\boldsymbol{q}\cdot\boldsymbol{r}) \text{(Larkin-Ovchinnikov)}$$

のように，2 通りの形をとり得る．ここで，$\boldsymbol{q}$ は，スピン↑電子のフェルミ面とスピン↓電子のフェルミ面の波数の差で，第 1 式の場合は Δ の絶対値は空間的に一定で，位相のみが空間変調する．これを Fulde-Ferrell 状態とよぶ．

---

38) S.S. Saxena, et al.: Nature **406**, 587 (2000); T. Watanabe, et al.: Phys. Rev. B **70**, 020506（R）(2004).
39) T. Watashige, et al.: J. Phys. Soc. Jpn. **86**, 014707 (2017).

第2式の場合は Δ の絶対値が空間変調し，Larkin-Ovchinnikov 状態とよばれる．一般的には $\Delta(r) = \sum_{m=1}^{M} \Delta_m e^{i\boldsymbol{q}_m \cdot \boldsymbol{r}}$ のような形が可能である．上記は s 波超伝導の場合であるが，d 波のような異方的超伝導の FFLO 状態も考察されている．FFLO の総説としては，例えば Y. Matsuda and H. Shimahara：J. Phys. Soc. Jpn. **76**, 051005（2007）を参照してほしい．

空間反転のない系における超伝導

通常の結晶は，空間反転対称性をもっている（$r \rightarrow -r$ としたときに元と重なる）．しかし，原理的に空間反転対称性を破った結晶が存在してはならない理由はなく，実際，そのような結晶が存在することが知られている．最近，このような結晶において超伝導が発見され，興味をひいている．最初に発見されたのは，重い電子系の一つである $CePt_3Si$ であり[40]，その後，様々な物質において見出されている．

興味をひく理由は以下のためである．超伝導のクーパー・ペアのスピン自由度に関してはスピン・シングレット超伝導とスピン・トリプレット超伝導の二者択一になることを 5.4 節で述べた．ところが，空間反転対称性を破った結晶における超伝導では，シングレットとトリプレットが一般には混ざる．固体中で，電子の軌道運動の自由度とスピンの自由度の間には，スピン − 軌道相互作用とよばれる相互作用（相対論的効果から発生する）が一般にはたらくので，軌道とスピンは独立ではなく，結合している．重い元素でない限りは，この相互作用は小さいので，普通は無視でき，そのため波動関数は軌道部分とスピン部分の直積で表せるわけである．

ところが，重い電子系を構成する元素では，相対論的効果が大きいのでスピン − 軌道相互作用も大きい．この相互作用は，電子の速度を $\boldsymbol{v}$，電子が局所的に感じる電場を $\boldsymbol{E} = -\nabla V(\boldsymbol{r})$（ここで $V(\boldsymbol{r})$ は電子が感じるポテンシャル），スピンを $\boldsymbol{S}$ として，$(\boldsymbol{v} \times \boldsymbol{E}) \cdot \boldsymbol{S}$ に比例する相互作用である．結晶に空間反転対称性がある普通の場合は，$V(\boldsymbol{r})$ にも空間反転対称性があり，スピン − 軌道相互作用の効果は空間的に平均すると（正確には，ブロッホ波動関数による期待値をとれば）消える．

---

40)　Y. Yanase and M. Sigrist：J. Phys. Soc. Jpn. **77**, 124711（2008）を参照.

ところが，空間反転対称性がないと消えず，ブロッホ波動関数を基底にとったハミルトニアンには，波数 k とスピン S が結合した項が残り，軌道波動関数とスピン波動関数は分離できなくなる．このために，分離できる普通の場合には，(軌道波動関数 × スピン波動関数 = 完全反対称関数) から，軌道対称 × スピン・シングレットか軌道反対称 × スピン・トリプレットという二者択一となるのに対して，分離できない場合は，一般には両者が混ざる．

スピン－軌道相互作用があると，外部磁場があるときのように，軌道波動関数に対するエネルギーが分裂する．この点では，上記の FFLO 状態と似ているともいえる．これにともない，興味深い物性が予測・観測されている．

カラー超伝導

この話題は，本書の範囲を大幅に超えるが，超伝導は物性物理学以外の分野でも大事な概念となる．例えば，高密度の中性子星の内部などでは，核子(陽子や中性子)はクォークに分解しており，クォーク間の相互作用はグルーオンという粒子が媒介する．この系は，場の理論としては量子色力学 (quantum chromodynamics；QCD) により記述される．系は，圧力・温度に応じて様々

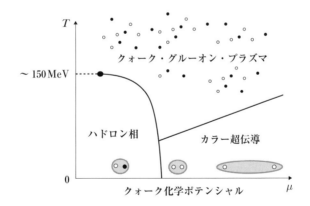

図 **7.13** QCD (量子色力学) を用いて得られているハドロン系の相図．横軸はクォークの化学ポテンシャル μ (μ が大きいほどクォークの密度が増える)，縦軸は温度．縦軸のスケールは MeV ($= 10^6$ eV) であり，高温超伝導のスケール (100 K〜0.01 eV) とは桁違いであることに注意．(青木秀夫, 初田哲男: 数理科学 2010 年 9 月「南部陽一郎」特集号, p.14 に基づく.)

な相をとると考えられているが，そのうちの一つが，QCDの自由度のうち，カラーとよばれるものが超伝導状態をとる**カラー超伝導**であり，ハドロン物理学などの分野で研究されている．考えられている相図を図7.13に示す（横軸はクォークの化学ポテンシャル μ（μ が大きいほどクォークの密度が増える），縦軸は温度）．

この系での量子相は，低温低密度でのハドロン相，高温でのクォーク・グルーオン・プラズマ相，低温高密度でのカラー超伝導相である．ハドロン相では，クォーク–反クォーク・ペアが凝縮し，クォークはディラック型の質量を獲得する．一方，カラー超伝導相では，クォーク–クォーク・ペアの凝縮が起こり，クォークはマヨラナ型の質量を獲得する．

いくつかの話題

本章では,超伝導にまつわる,いくつかの重要なテーマについて解説したい.

8.1 BKT 転移

超伝導,超流動の分野で大事な概念は,2次元系においては,相転移は普通の場合と異なり,ベレジンスキー(Berezinskii)(1972), コステルリッツ(Kosterlitz), サウレス(Thouless)(1973)によって提唱された特殊なものになる(一般に BKT 転移と略される),という点である[1]. 特に,2016 年のノーベル物理学賞が Kosterlitz, Thouless, Haldane に与えられ,周知されるようになった. 一口でいうと,通常の相転移が有限温度で起こることは不可能であるが(これを示したのがマーミン - ワグナー(Mermin - Wagner)定理)[2], 2次元系では,波動関数の位相に着目すると,位相が渦(vortex)および反渦(antivortex)を巻くので,渦と反渦が束縛される低温側と,両者が束縛されない高温側との間に相転移が起こり,これが2次元系における超伝導,超流動相転移である. 渦間の相互作用は2次元面内の距離の対数関数で,形式的に2次元クーロン気体(電気力線も2次元面内に閉じ込められているとした)と同型のハミルトニアンになる.

相転移温度は,

---

1) V.L. Berezinskii：Sov. Phys. JETP **32**, 493 (1971)；*ibid.* **34**, 610 (1972)；J.M. Kosterlitz and D.J. Thouless：J. Physics C **6**, 1181 (1973). 成書としては,J.V. José (editor)： *40 Years of Berezinsky - Kosterlitz - Thouless Theory* (World Scientific, 2013) がある.

2) N.D. Mermin and H. Wagner：Phys. Rev. Lett. **17**, 1307 (1966).

202　8.　いくつかの話題

$$T_{\mathrm{BKT}} = \frac{\pi}{8m} n_{\mathrm{s}}^{\mathrm{2D}} \tag{8.1}$$

で与えられる．ここで m は粒子の質量，$n_{\mathrm{s}}^{\mathrm{2D}}$ は 2 次元系における**超流動密度**（superfluid density）である．転移温度が超流動密度に比例することに注目される．超伝導というと，ほとんど専ら T_{c} が話題にされるが，実は超伝導の秩序変数は 2.3.1 項で述べたように超流動密度であり，T_{c} とは独立の量である．BKT 転移では，T_{c} がこれに直接比例するということになる．

　この量は実験的には，典型的に μSR（ミューオン・スピン回転）法により測定される．第 3 章の図 3.14 で紹介した植村プロットも，μSR 測定に基づいている．ただし，事情が簡単ではないのは，図 8.1(a) に示すように，様々な超伝導体の T_{c} を μSR の緩和率 $\sigma \propto n_{\mathrm{s}}$ に対してプロット[3]すると，T_{c} は n_{s} が小さい出だしのところではこの量に比例するが，そのうち，物質に依存する形でずれる．図 8.1(b) に，様々な銅酸化物超伝導体の T_{c} を 2 次元の超流動密度 $n_{\mathrm{s}}^{\mathrm{2D}}$ に対してプロットしたものを示したが，これも物質に大きく依存し，BKT 転移温度の振る舞い（μSR から測定した $n_{\mathrm{s}}^{\mathrm{2D}}$ を用いて $k_{\mathrm{B}} T_{\mathrm{F}}^{\mathrm{2D}} = (\pi \hbar^2 n_{\mathrm{s}}^{\mathrm{2D}})/m$ としたときの $T_{\mathrm{BKT}} = T_{\mathrm{F}}^{\mathrm{2D}}/8$）からもずれる[4]．

　理論的には，超流動密度の信頼できる計算法は未だにあまりないといってよい．超流動密度は $n_{\mathrm{s}} = mc^2/(4\pi e^2 \lambda^2) \propto \lambda^{-2}$　（ここで λ は 3.2 節で解説した磁場侵入長）で与えられるので，実験的には磁場侵入長を，例えば μSR 法の測定から見積もる．

　204 頁の図 8.2 では，YBCO 系の銅酸化物高温超伝導体を，2 次元系と見なせる単位胞 2 枚の薄さをもつ薄膜と，3 次元系と見なせる単位胞 40 枚の膜に対する実験結果を比較している[5]．図 8.2(a) では，単位胞 2 枚の薄膜で様々にドーピングを変えた試料に対する $1/\lambda^2 \propto n_{\mathrm{s}}^{\mathrm{2D}}$ の温度依存性の実験結果を示す．$T_{\mathrm{BKT}} = (\pi/8m) n_{\mathrm{s}}^{\mathrm{2D}}$ を表す破線との交点が BKT 転移温度と見なせる．図 8.2(b) では，T_{c} の超流動密度 $\propto 1/\lambda^2$ 依存性を，単位胞 2 枚の薄膜と，単位胞 40 枚の膜に対してプロットしている．2 次元系（そこでは

---

3)　Y.J. Uemura：Phys. Rev. Lett. **66**, 2665（1991）.

4)　Y.J. Uemura：J. Phys. Condens. Matter **16**, S4515（2004）.

5)　I. Hetel, *et al.*: Nature Phys. **3**, 700（2007）.

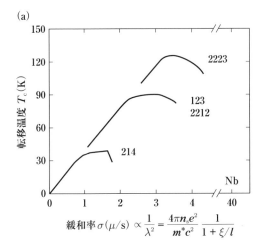

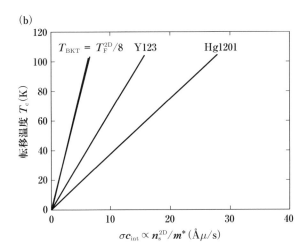

図 8.1 (a) 様々な超伝導体の T_c を μSR の緩和率 $\sigma \propto n_s$ に対してプロット．各線に付した "2223" などは銅酸化物超伝導体の略号．(Y.J. Uemura：Phys. Rev. Lett. **66**, 2665 (1991) に基づく．)
(b) 様々な銅酸化物超伝導体の T_c を 2 次元の超流動密度 n_{s2D} に対してプロット．左端の直線は BKT 転移温度．(Y.J. Uemura：J. Phys. Condens. Matter **16**, S4515 (2004) に基づく．)

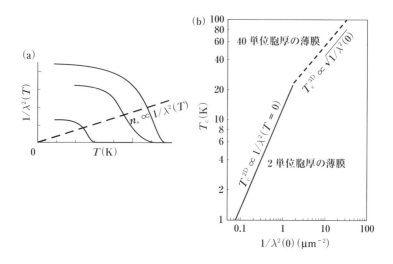

図 8.2 (a) 単位胞 2 枚の薄さをもつ銅酸化物高温超伝導体 $Y_{1-x}Ca_xBa_2Cu_3O_{7-\delta}$ 薄膜における, $1/\lambda^2 \propto n_s^{2D}$ (λ は磁場侵入長, n_s^{2D} は超流動密度) の温度依存性の概念図. 複数の線は異なるドーピング量に対する結果, 破線は, $T_{BKT} = \pi/(8m) n_s^{2D}$ を表す. (b) T_c の超流動密度 $\propto 1/\lambda^2$ 依存性を, 2 次元系とみなせる単位胞 2 枚の薄膜と, 3 次元系とみなせる単位胞 40 枚の膜に対して模式的に示す. T_c は (a) におけるような破線との交点から, 様々なドーピングの試料に対して見積もった. (I. Hetel, et al.: Nature Phys. **3**, 700 (2007) に基づく.)

$T_c^{2D} \propto 1/\lambda^2$) と 3 次元系 ($T_c^{3D} \propto \sqrt{1/\lambda^2}$) との違いが明確にわかる.

図 8.3 では, 2 次元性の高い Bi 系銅酸化物高温超伝導体 $Bi_2Sr_2CaCu_2O_{8+\delta}$ に対して, 超流動密度の温度依存性の実験結果を示す[6]. この測定では, $T_\theta \equiv n_s\hbar^2/m^*$ (n_s は, CuO 各層当たりの超流動密度) を, AC 伝導度 $\sigma(\omega) = i(e^2/\hbar c_{int})(k_B T_\theta/\hbar\omega)$ から見積もっている (c_{int} は層間の間隔). 破線は BKT 転移に対応する $T_\theta = (8/\pi)T$ を表し, 温度上昇にともない, この条件を超えると, データは周波数 ω に依存してばらけるのが見てとれる. これは, $T_c = 33$ K の試料と 77 K の試料に対してそれぞれ見られる. この結果は, BKT 条件の前と後で, ω が $\Omega = 1/\tau$ (τ は位相相関時間) を超えるまでは BKT 領域であり, 超えると周波数依存するようになると解釈されている.

---

6) J. Corson, et al.: Nature **398**, 221 (1999).

8.1 BKT 転移

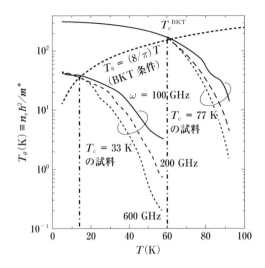

図 8.3 $Bi_2Sr_2CaCu_2O_{8+\delta}$ における超流動密度の温度依存性の実験結果の概念図. 縦軸（対数スケール）は $T_\theta \equiv n_s\hbar^2/m^*$ (n_s は, CuO 各層当たりの超流動密度), 左側のデータは $T_c = 33$ K の試料, 右側は 77 K の試料に対する結果. 異なる線種は異なる周波数 ω に対する結果. BKT 転移に対応する $T_\theta = (8/\pi)T$ も破線で表示. (J. Corson, et al.: Nature **398**, 221 (1999) に基づく.)

理論的には，ジアマルキ（Giamarchi）のグループが，銅酸化物を念頭に以下を示している[7]．図 8.4 には，2 次元系の超流動密度 n_s^{2D} の温度依存性の理論結果を示す．BKT 転移は渦糸・反渦糸の束縛・非束縛に関する相転移であると述べたが，ここでカギとなるパラメータは，1 個の渦糸を生成するのに要するエネルギー μ で，渦糸コアエネルギー（vortex core energy）とよばれる．この論文では，超伝導の位相に関する自由度については XY 模型とよばれる模型で記述できるので，そのハミルトニアン

$$H_{XY} = -\sum_{\langle ij \rangle} J_{ab} \cos(\theta_i - \theta_j)$$

を用いる．ここで，J_{ab} は面内での交換積分（超伝導体では $\hbar^2 n_s^{2D}/(4m)$ に対応），θ_i は，スピンは面内成分のみをもつとする XY 模型における i サイト

---
[7] L. Benfatto, et al.: Phys. Rev. Lett. **98**, 117008 (2007).

8. いくつかの話題

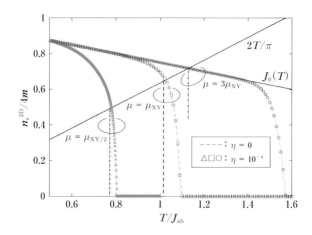

図 8.4 2次元系の超流動密度 n_s^{2D} の温度依存性の理論結果．左，中，右にそれぞれ示すのは異なる渦糸コアエネルギー μ に対する結果，記号とそれを結ぶ曲線は，異方性 $\eta = J_c/J_{ab}$ がノンゼロ（ここでは，アンダードープ YBCO に対応する 10^{-4}）の場合，垂直に落ちる破線は $\eta = 0$ の場合．右上がりの直線は，$T_{BKT} = (\pi/8m)n_s^{2D}$ に対応する線，右下がりの直線は，$J_0(T) = J_{ab}(1 - T/4J_{ab})$ に対応する線．(L. Benfatto, et al.: Phys. Rev. Lett. **98**, 117008（2007）．)

でのスピンの角度（超伝導体では凝縮体の複素平面での位相），2次元系が積層している3次元系を考える場合は層間の結合 J_c も取り入れる．ジアマルキらは，これを繰り込み群の手法で扱った．その際に，渦糸の fugacity（統計力学で逃散能と呼ばれる量）が渦糸コアエネルギー μ で決まる．

図では，異なる μ に対する結果が表示されている（μ の単位としているのは XY 模型での μ に対応する μ_{XY}（$\sim 5J_{ab}$）．それぞれの場合に，純粋な2次元系の場合（異方性 $\eta \equiv J_c/J_{ab}$ がゼロ）と，弱い層間結合をもつ場合（ここでは，アンダードープ YBCO に対応する $\eta = 10^{-4}$）を表示してある．

XY 模型を規定する唯一のパラメータは交換相互作用 J_{ab} で，これは超伝導においては超流動密度をエネルギー単位で表した $J_s = n_s^{2D}/(4m)$ に対応する（以下 $\hbar, k_B$ は省略）．これが図 8.4 の縦軸であり，BKT 条件は $J_s = (2/\pi)T_{BKT}$ となる．有限温度では準粒子励起のために $J_s = J_{ab}(1 - T/4J_{ab})$ のように減少することが XY 模型からわかるので，この振る舞いと $(2/\pi)T$ との交点に

おいて，純粋な2次元の場合は n_s^{2D} はゼロに跳び，これが BKT 転移に対応する．一方，異方性 η がノンゼロの場合（層間結合がある場合）は，ゼロに落ちるまでに間隔があり，ゼロになる点が3次元系としての T_c となる．2次元 T_c と3次元 T_c の間の乖離は，渦糸コアエネルギー μ が大きいほど激しい．

以上が理論であるが，2次元超伝導の具体的な系としては，上記のような単位胞数層から成る銅酸化物高温超伝導体，3次元銅酸化物の表面に電界ドーピングをした系[8]，鉄系超伝導においては，原子数層の FeSe 薄膜における超伝導がある．一般に，銅酸化物は2次元性が強く，層間はジョゼフソン結合的であるのに対して，鉄系は比較的弱いという印象があるが，鉄層と鉄層の間に厚い（30Å）ペロフスカイト・ブロック層を挟んだ鉄系もある[9]．その他，チタン酸ストロンチウム（$SrTiO_3$）基板と $LaAlO_3$ との界面[10]，なども2次元超伝導体の例となる．以上での相転移は BKT 転移と思われる．

BKT 転移の理論は，未だに十分には展開されていない．特に，理論的に超流動密度を見積もれない限りは，どうしたら2次元超流動密度を大きくできるかといった重要な問題に答えられない[11]．微視的な模型に対する数値計算も，2次元での揺らぎを取り入れるのが簡単ではない．そもそも，2次元で数値計算をしたときに，マーミン‐ワグナー定理を尊重して相転移は $T=0$ でしか起こらない結果が出るべきであるが，これすら相当高度なダイアグラム技法を用いないと実現されない[12]．特に，非従来型超伝導に対する超流動密度の理解が T_c の理解と並んで，あるいは論理的に絡まって，大事な将来課題と思われる．

---

8) A.T. Bollinger, *et al.*: Nature **472**, 458（2011）.

9) J. Shimoyama, *et al.*: Sol. Stat. Commun. **152**, 640（2012）.

10) A. Ohtomo and H.Y. Hwang：Nature **427**, 423（2004）; N. Reyren, *et al.*: Science **317**, 1196（2007）.

11) Superfluid weight $D_s = e^2 n_s/m$ という量を定義することもでき，外部ベクトル・ポテンシャル $\boldsymbol{A}$ に対する超電流は $\langle j_i \rangle = -[D_s]_{ij} A_j$ のように表される．大正準集合におけるグランドポテンシャル Ω を用いると，$[D_s]_{ij} = \frac{1}{\hbar^2 V} \frac{d^2\Omega}{dq_i\, dq_j}|_{\boldsymbol{q}=0}$ のように与えられる（$\boldsymbol{q}$ は超流体揺らぎの波数）．S. Peotta and P. Törmä：Nature Commun. **6**, 8944（2015）；P. Törmä, *et al.*：Nature Rev. Phys. **4**, 528（2022）を参照．

12) 例えば，G. Rohringer, *et al.*: Rev. Mod. Phys. **90**, 025003（2018）を参照．

8.2 Incipient バンド超伝導と平坦バンド超伝導

いままで様々に解説したように，斥力相互作用で相関する電子系における超伝導は，バンド構造に強く依存する．特に，フェルミ面の形状だけでなく，バンド分散の様子にも敏感である．また，系が単一バンドで表されるのか，多バンド系であるのかも重要である．これに関し本節では，incipient バンド超伝導と平坦バンド超伝導を解説する[13]．incipient バンド超伝導については，すでに 6.1 節と 6.2 節で詳しく述べた．これとも関連するのが，平坦バンド超伝導である．

平坦バンド超伝導

バンド分散に関しては，平坦バンドという話題がある．これは，当初は，斥力電子相関から強磁性状態を得るための模型であった[14]．その後，磁性以外にも様々な物性に関して平坦バンドは興味をもたれてきた．その一つの理由は以下である．

通常は，バンドが平坦化するのは，強束縛模型でいえば，サイトとサイトの間のホッピングをゼロにした極限で自明に平坦になる場合である．ところが，ある特別なクラスの模型があり，そこでは，ホッピングは大きいのに，平坦バンドが生じる．これは，量子力学的干渉効果による．それを端的に見るには，ワニエ波動関数を見るのがよい．

固体物理のテキスト的には，周期性をもつ結晶における固有波動関数は，ブロッホ（Bloch）波動関数の形をしており，これは運動量空間で定義される．実空間に行きたければフーリエ変換してワニエ（Wannier）波動関数を求めればよい．これにより，通常は，規格直交化されたワニエ関数が得られる．

ところが，上記の「特別な」平坦バンド系では，ワニエ関数が直交化できない，という数学的に特異なことが起こる．シュミットの直交化法を用いて無理に直交化すると，ワニエ関数が膨張してしまう．したがって，このクラスのワニエ関数系は，互いに重なる（非直交である）．これが，様々に異常な物性の原因となる．

---

13) Incipient という語に未だ適切な訳語がないので，そのまま使うことにする.

14) テキストとしては，草部浩一，青木秀夫：『強磁性』（東京大学出版会，1998).

8.2 Incipient バンド超伝導と平坦バンド超伝導　209

　例えば，電子間斥力を導入すると，基底状態は強磁性となり，直観的には，必然的に重なり合っているワニエ関数において，スピンを揃えればパウリの排他律により相互作用の効果をキャンセルでき，最安定状態となる（ただし，平坦バンドがハーフ・フィルドなどの条件は必要）．

　近年の1つの流れは，平坦バンドを用いて，斥力からの超伝導に有利な状況はつくれるか，という問題意識である．フェルミ・エネルギーを平坦バンドに合わせれば，状態密度が大きくなるから良いのでは，という考えは単純過ぎる．というのも，この場合，強相関過ぎて，自己エネルギーが巨大化（準粒子が短寿命化）してしまうからである．ここでポイントとなるのは，特別な平坦バンド系では，必然的に結晶の単位胞に複数の原子を含む非ブラベ格子であり，バンド構造は多バンドとなることである．この中の一つ（あるいは複数）が平坦となる．すると，たとえフェルミ・エネルギーが平坦バンドからずれていても，量子力学的には，分散バンド上のクーパー・ペアは，平坦バンド上のペアに（多体相互作用の行列要素を介して）散乱されるので，平坦バンドも効き得ることになる．実際，平坦バンドが incipient な場合（E_F から離れてはいるが，その直下あるいは直上に位置する場合）に顕著に効く．これが基本的なアイディアとなる．

　1950〜60年代に，通常の超伝導を示すバンド（典型的にsバンド）に，もう一つのバンド（典型的にdバンド）が共存する場合に，バンド間ペア散乱 U_{12} が存在すると，sバンド上の超伝導が増強され，この主要項は2次の過程（$\propto U_{12}^2 > 0$）なので，必ず増強されることが，スール（Suhl）ら，および近藤により示されており，スール – 近藤（Suhl - Kondo）機構とよばれている[15]．したがって，incipient 平坦バンドにおける超伝導増強は，この状況でスール – 近藤機構が顕著化すると見なすこともできる．

　平坦バンド模型は，リープ（Lieb）により最初に考えられた格子模型に始まり，その後，ミールケ（Mielke）の模型や，田崎による模型が提出され，任意の大きさの斥力の元で強磁性となることが示された．リープ模型（格子点をA副格子，B副格子に振り分けることができる bipartite とよばれる格子

15）H. Suhl, *et al.*: Phys. Rev. Lett. **3**, 552（1959）; J. Kondo：Prog. Theor. Phys. **29**, 1（1963）.

の一種）で平坦バンドが生じる理由は，単位胞に原子が奇数個あり，したがってA格子点とB格子点の数に差があるからである．これにより，線形代数でいうところのPerron - Frobenius定理により平坦バンドの存在を示せる．

ミールケ模型の代表例はカゴメ格子である．この場合はbipartiteではなく，その代わりに，ある格子点から隣接点に跳ぶときに2種のルートがあり，この間の量子力学的干渉により平坦バンドとなる．いずれの場合も，ワニエ関数は互いに重なっている．

最も簡単な平坦バンド模型は擬1次元系として例示することができ，図8.5(a)に示した，四角形が頂点共有で鎖状に連なったdiamond chainが典型である．3本あるバンドの真ん中が平坦であり，平坦バンドがincipientの場合，分散バンド上のペアが平坦バンド上のペアにペア散乱される振幅が大きくなり，超伝導増強が期待される．これは，DMRG（密度行列繰り込み群）

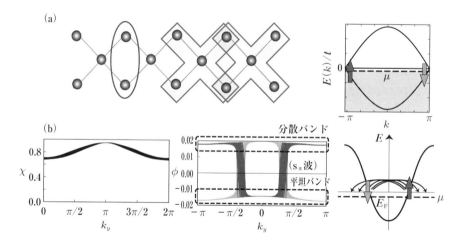

図 8.5 (a) 擬1次元で最も簡単な平坦バンド系の一つであるダイヤモンド鎖．十字型は（互いに直交しない）ワニエ軌道，楕円はクーパー・ペアの位置．右はバンド図．(K. Kobayashi, et al.: Phys. Rev. B **94**, 214501 (2016).)
(b) 分散バンドと平坦バンドの共存系におけるスピン帯磁率 χ（左），ギャップ関数 ϕ（中），バンド図とペア散乱のチャネル（右）．(K. Kuroki, et al.: Phys. Rev. B **72**, 212509 (2005).)

8.2 Incipient バンド超伝導と平坦バンド超伝導　　211

法で数値的に確認される[16]. ワニエ関数の重なりのため（換言すれば，量子もつれが大きいため），ペア散乱の影響も大きく，ペアの実空間でのサイズも広がっている. ちなみに，この模型においては，incipient な場合は，系がトポロジカル絶縁体となるフィリングに隣接している（強磁性となるフィリングからは離れている）.

元々のスール–近藤機構は，電子間に引力相互作用がある場合の理論であるが，強相関電子系では斥力相互作用である. この場合でも，上記のように超伝導が増強される. そこで，ペアの対称性を見ると，鎖方向と鎖直交方向に対するペア波動関数が逆符号という意味で d 波といえる. この模型は，黒木らによる，幅の広いバンドと幅の狭いバンドが共存する模型における超伝導と密接な関連がある[17]. 擬 1 次元では，このような場合は 2 本梯子に，対角線状に第二隣接ホッピングを加えた系で実現でき，ダイヤモンド鎖と関連深い. 平坦バンドを incipient にすると超伝導が増強される結果が得られており，この場合，ギャップ関数を見ると，平坦バンドでは正，分散バンドでは負という，一種の $s_{\pm}$ ペアリングが k 空間の全域で起こっている. これが，斥力相互作用の場合でも超伝導が増強される仕組みといえる. また，incipient（E_F が平坦（あるいは狭い）バンドに近からず遠からず）といったときに，どの程度近いのが最適なのか，についても，スピン帯磁率により目安が与えられている[18].

以上は多バンド系の話であるが，1 バンド系において，分散の一部が平坦であるような場合（典型的に，正方格子において，第二隣接ホッピング t' が最隣接ホッピング t の $(-1/2)$ 倍の場合）には，やはり，分散部分上のペアと平坦部分上のペアの間のペア散乱が期待され，平坦部分を incipient にすると，超伝導が増強されることが FLEX + DMFT により示される（図 8.6 の右から 2 番目の枠）[19]. ペア散乱のチャンネルが多数束になって存在するために増強され，結果として生じるペアも，コンパクトな d 波ではなく実空間で広

---

16) K. Kobayashi, *et al.*: Phys. Rev. B **94**, 214501（2016）.

17) K. Kuroki, *et al.*: Phys. Rev. B **72**, 212509（2005）.

18) K. Matsumoto, *et al.*: Phys. Rev. B **97**, 014516（2018）.

19) S. Sayyad, *et al.*: Phys. Rev. B **101**, 014501（2020）.

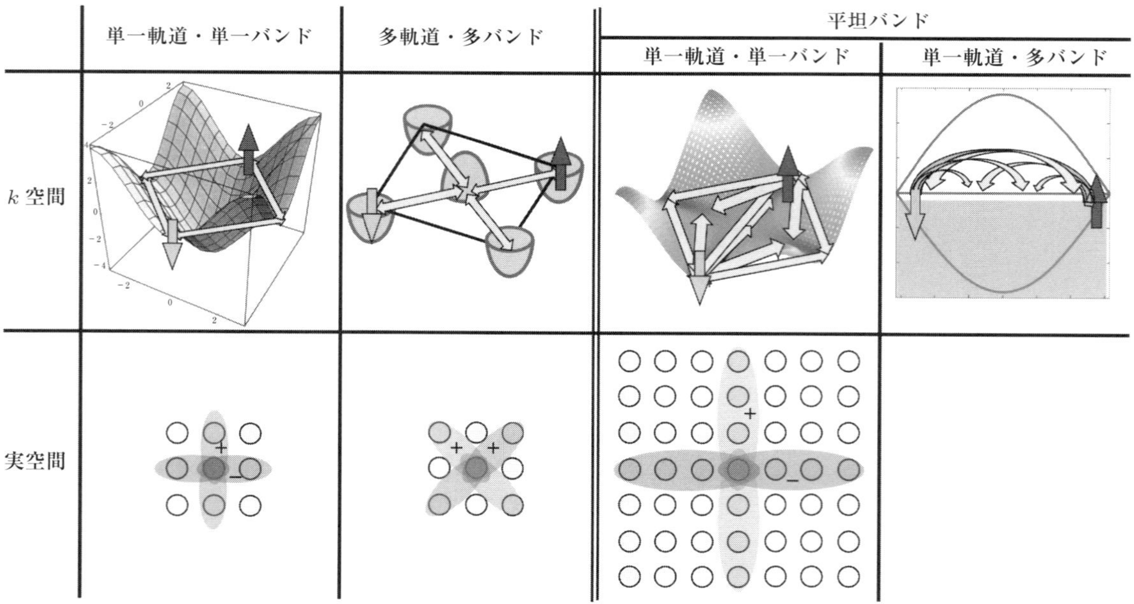

図 8.6 分散バンドをもつ単一軌道・単一バンド系（ここでは d 波超伝導体）および多軌道・多バンド系（s± 波）（左の 2 枠）と，平坦バンド系における単一軌道および単一軌道・単一バンド系および単一軌道・多バンド系（右の 2 枠）を概念的に比較．上段は k 空間，矢印はネスティング・ベクトル，下段は実空間でのペアの組み方を示す．（H. Aoki：J. Superconductivity and Novel Magnetism **33**, 2341 (2020).）

がったものとなることがわかる.

図 8.6 の左 2 枠で表示した通常の（分散をもつバンド）系では，図 6.6 でも示したように，ネスティング・ベクトルは主に特定の「ホット・スポット」（銅酸化物では antinodal 領域，鉄系では電子および正孔ポケット）の間を結び，これがスピン構造を通じてペアの対称性（銅酸化物では d，鉄系では $s_{\pm}$）を支配する．一方，図 8.6 右 2 枠の平坦バンド系では，ネスティング・ベクトルは束となって存在するので，スピン構造も鋭いピークではなくブロードとなり，ギャップ関数もこれを反映する．これにより，平坦バンドでは正，分散バンドでは負という $s_{\pm}$ ペアリング（図 8.5(b)）となる.

このように，平坦バンド超伝導が概念的に興味がもたれるのは，通常はネストしたフェルミ面の間のペア散乱で超伝導が起こるのとは対照的に，ネスティングを超えた描像となっていることである．ネストした場合は空間次元性が効く（3 次元系より層状系が有利）が，これにもあまり影響されないことが予測される．多バンドの場合の平坦バンドと，単一バンドにおける部分平坦バンドの違いは，バンド構造の差から来るスピン構造の差，それを通じたギャップ関数の振る舞いの差となって現れる（平坦バンド超伝導については，H. Aoki：J. Superconductivity and Novel Magnetism **33**, 2341（2020）を参照）.

電子系におけるフェッシュバッハ共鳴

本書の 3.3.3 項において，冷却原子系ではフェッシュバッハ共鳴という現象を用いて，粒子間の相互作用を制御できることに触れた．この共鳴は，2 粒子間のエネルギーを粒子間隔の関数としてプロットしたときに，散乱状態（open channel とよばれる）と束縛状態（closed channel）が存在する場合に，両者の結合のために散乱状態間の相互作用を変えることができる現象である．このエネルギー・ダイアグラムや，2 チャンネル間の結合は，原子物理では通常，磁場により制御する．冷却原子系ではこれを原子間相互作用に関して用いるが，電子系でアナロガスな設定（電子のフェッシュバッハ共鳴）は可能だろうか．理論的に多くの研究がされており，実際，アナロガスな設定は可能であることが提案されている.

例えば，図 8.7 に示すように，2 バンド電子系（軽い質量をもつバンド 1

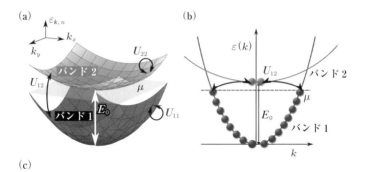

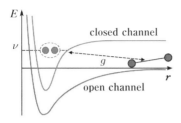

図 8.7 電子系におけるフェッシュバッハ共鳴の概念図

(a) 2バンド系（軽い質量をもつバンド1と，重い質量をもつバンド2）において化学ポテンシャル μ をバンド2の底直下に置いた incipient な状況．ペア散乱は，各バンド内の相互作用 U_{nn} およびバンド間相互作用 U_{12} から成る．
(b) この状況をバンド構造の断面図上で示す．E_0 はバンド間のオフセット．
(c) 原子物理におけるフェッシュバッハ共鳴．2原子間のエネルギーを原子間隔 r の関数としてプロット．散乱状態（open channel とよばれる）と束縛状態（closed channel）から成る．ν は束縛状態のエネルギー（電子系の $E_0 - \mu$ に対応），g はフェッシュバッハ結合とよばれる2チャンネル間の結合定数．

（H. Tajima, *et al.*: Phys. Rev. B **109**, L140504（2024）.）

と，重い質量をもつバンド2）において，化学ポテンシャル μ をバンド2の底直下に置いた incipient な状況を考える．ここでは簡単のために，引力相互作用を仮定し，バンド電子の間のペア散乱は，各バンド内の相互作用 U_{nn} およびバンド間相互作用 U_{12} から成るとする．

分散バンド上のクーパー・ペアが，重いバンド上にペア散乱されるために，バンド1における超伝導がバンド間相互作用のために共鳴的に増強され，これは特に質量比がある程度以上大きい BCS−BEC クロスオーバー領域で顕

著になる．この際，重いバンドの下に束縛状態が発生し，これはバンド間のペア散乱相互作用のために，離散準位ではなく共鳴準位（離散準位が連続スペクトル中に位置するときに一般に生じる Fano 共鳴とよばれる共鳴状態）となる．この共鳴付近で，超伝導がピーク的に増大することが示されている．

この現象は，原子物理におけるフェッシュバッハ共鳴において散乱状態（open channel）と束縛状態の間の結合のために open channel 上の原子の間の相互作用が変更を受ける状況とアナロガスであると見なせる．この意味で，上の状況は Fano-Feshbach 共鳴とよぶことができ，多バンド系に対する一つの制御法と考えられる[20]．

銅酸化物における incipient バンド超伝導

以上のような incipient バンド超伝導のアイディアにおいて，実際の物質がそれを実現している例はあるだろうか．1つの候補は，2019年になって，Li, Uchida ら[21]により実験的に発見された超伝導体 $Ba_2CuO_{3+\delta}$（$\delta \simeq 0.2$）である．この物質は 73K という高温の T_c をもつにもかかわらず，銅酸化物が高温超伝導体となるために必須と思われてきたいくつもの条件を破っており，この物質がこれまでとは異なる新しいタイプの銅酸化物高温超伝導体であることを示唆している．ここでは，1つのケーススタディーとして解説しよう[22]．

第一に，結晶構造からして特徴があり，CuO_2 面内から大量に（40%程度）面内酸素 O^{inplane} が欠損している（$Ba_2CuO_{3+\delta} = Ba_2CuO_{2(1-y)}^{\text{inplane}}O_2^{\text{apical}}$ と表記したとき，$\delta \simeq 0.2$ においては $y = (1-\delta)/2 \simeq 0.4$）．つまり，高温超伝導に必須と考えられてきた CuO_2 面が存在していない．

第二に，原子価も表示すると $Ba_2^{2+}Cu^{2+p}O_{3+\delta}^{2-}$ において Cu^{2+} から $p = 2\delta$ だけずれるので，酸素量が $\delta \simeq 0.2$ のときは 40% ものホールがドープされた領域で超伝導が発現する．従来の銅酸化物高温超伝導体における最適ホール

20）　H. Tajima, *et al.*: Phys. Rev. B Letter **109**, L140504（2024）.

21）　W.M. Li, *et al.*: Proc. Natl. Acad. Sci. USA **116**, 12156（2019）; 内田慎一，斬常青：固体物理 **55**, 275（2020）.

22）　$Sr_2CuO_{3+\delta}$（$= Sr_2CuO_{4-y}$）（Z. Hiroi, *et al.*: Nature **364**, 315（1993））においても $T_c \simeq 90K$ は高く，$Ba_2CuO_{3+\delta}$ と似通った特徴をもつ．

216   8. いくつかの話題

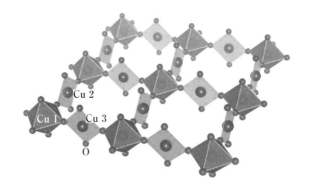

図 8.8 $Ba_2CuO_{3+\delta}$ の母物質 Ba_2CuO_3 に対して提案された結晶構造. 関与する銅原子は単位胞に 3 個あり，このうち Cu1 は酸素に 8 面体的に囲まれ，Cu2, 3 は四辺形的に囲まれる.（K. Yamazaki, et al.: Phys. Rev. Research **2**, 033356（2020）.）

量 $\simeq 15\%$ より大幅に多い.

第三に，銅と頂点酸素の距離が非常に短いということが挙げられる．酸素の 8 面体配位（図 4.4）が c 軸方向に押しつぶされた形になると，結晶場としては銅原子の $3d_{z^2}$ 軌道が $3d_{x^2-y^2}$ 軌道よりもエネルギー的に高くなり，多バンド・多軌道性が効くことが期待される．これも，単一バンド性が強い方がより高い T_c を与えるという，従来の常識からは外れた物質であることを示している．

理論的[23]には，結晶構造として，実験的に正方晶の 4 回対称性をもつことが示されているので，母物質 Ba_2CuO_3 に対して図 8.8 のような鳥瞰図を示す構造が提案されている．計算されたバンド構造では，E_F 近傍で関与する軌道は $d_{x^2-y^2}$ と d_{z^2} であり，2 枚のバンドはオーバーラップしている．

この多軌道模型に対して FLEX によりエリアシュベルグ方程式の固有値を求めると，図 8.9 のようになり，2 軌道のエネルギー差を変えて計算すると，d_{z^2} バンドが incipient の場合に T_c が最大化する．ギャップ関数は多軌道模型ゆえに行列になるが，軌道内行列要素は拡張 s 波，軌道間行列要素は d 波，という特徴をもつ．これは，2 軌道の混成が大きいために，ペア散乱の行列

---

23) K. Yamazaki, et al.: Phys. Rev. Res. **2**, 033356（2020）.

8.2 Incipient バンド超伝導と平坦バンド超伝導

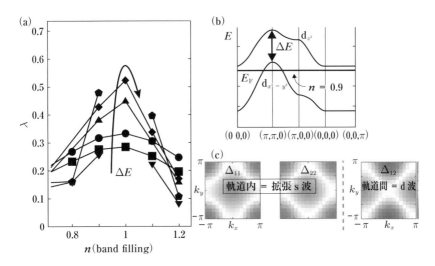

図 8.9 (a) $Ba_2CuO_{3+\delta}$ に対して計算された，エリアシュベルグ方程式の固有値 λ のバンド・フィリング n 依存性．$d_{x^2-y^2}$ と d_{z^2} バンドの間のオフセット ΔE を矢印のように変化させたときの振る舞いを異なる記号で表した．
(b) 2 バンドの相対位置の概念図．(a) でのピークは，この図のように $d_{x^2-y^2}$ バンドが incipient の状況に該当する．
(c) ギャップ関数（2 行 2 列）の振る舞いを濃淡で示す．
(K. Yamazaki, et al.: Phys. Rev. Research **2**, 033356 (2020).)

要素において異軌道をまたがる要素も大きいためである．

このように，ペア散乱でもギャップ関数でも異なる軌道間が大幅に混じるにもかかわらず，高温超伝導となる．その理由は，

$$1\,層 \cdot 2\,軌道系 \quad \leftrightarrow \quad 2\,層 \cdot 1\,軌道系$$

の間は，ハミルトニアンの段階で等価であり，このマッピングは或る条件（2 軌道ハバード模型において $U = U' = J = J'$）の元では厳密になるからである．前者での軌道間準位差 ΔE が，後者での層間ホッピング $t_\perp \times 2$ に翻訳される．

単一軌道の 2 層系正方格子ハバード模型は近年調べられており，層間ホッピング $t_\perp$ を変化させたとき，ちょうど片方のバンドが incipient となる領域

において $s_\pm$ 波超伝導が強く増強されることが指摘されており[24]，これに対応する．$Ba_2CuO_{3+\delta}$ $(\delta \simeq 0.2)$ の超伝導の理論および実験については，山崎公裕，他：固体物理，**56**, 315（2021）に解説がある．

トポロジカル平坦バンド超伝導

平坦バンド超伝導に関して，さらにトポロジカル系に立ち入って議論しているのが Törmä のグループである[25]．一般に，バンド構造においてバンドがトポロジカルになる一連の場合がある．この場合，バンドはトポロジカル数で特徴づけられる（10.2 節でも解説するチャーン数であり，量子ホール効果の場合は磁場中であったが，ここではゼロ磁場において，バンド自体がノンゼロのチャーン数をもつ場合）．

Törmä らが示したのは引力相互作用 U をもつ系で，平坦バンドがトポロジカルでチャーン数 $C \neq 0$ をもつ場合は，超流動密度 n_s が，

$$n_s \geq \frac{|U|}{h^2}|C| \tag{8.2}$$

のように，チャーン数より大きいという強い保証をもつことである．

超流動密度 n_s（異方的な系では一般にテンソルとなる）は，8.1 節でも触れたように，

$$(n_s)_{i,j} = \lim_{\boldsymbol{q} \to 0} \frac{1}{Vh^2}\frac{\partial^2 \Omega}{\partial q_i\, \partial q_j} \tag{8.3}$$

として計算される．ここで Ω は大分配関数から与えられるグランドポテンシャル，V は系の体積，$\boldsymbol{q}$ は運動量である．当初の論文では，(8.2) は平均場近似を用いて示されたが，その後，平均場を超えても結果は同様であることも確認されている[26]．

この結果が著しいのは，第 2 章でも強調したように，超流動（および超伝導）の秩序変数は超流動密度（例えば光学伝導度の実部 $\sigma_1(\omega) = n_s\delta(\omega) + \cdots$

---

24) T.A. Maier, *et al.*: Phys. Rev. B **99**, 140504（R）(2019); K. Matsumoto, *et al.*: J. Phys. Soc. Jpn. **89**, 044709 (2020); D. Kato and K. Kuroki : Phys. Rev. Res. **2**, 023156 (2020).

25) S. Peotta and P. Törmä : Nature Commun. **6**, 8944 (2015).

26) R. Mondaini, *et al.*: Phys. Rev. B **98**, 155142 (2018) では MDRG ＋ 厳密対角化で示している．

8.2 Incipient バンド超伝導と平坦バンド超伝導　219

などに現れる）であるが，トポロジカル平坦バンド超伝導ではその大きさが
トポロジカルに保護される（下限をもつ）という点と，その下限が相互作用
U に比例する，という点である．

　量子状態のトポロジーについて付け加えると，最近ではさらに数学的に踏
み込んで，**量子計量**（quantum metric）という概念まで議論されている．ま
ず，従来のトポロジカルな概念は，個々の量子力学的波動関数ではなく，そ
の全体的な構造（結晶中の電子の波動関数であれば，個々のブロッホ状態で
はなく，考えるバンド上のブリルアン帯全体に亘る波動関数）を問題にする．
これにより，新たな特徴づけ（バンドがトポロジカルか否か）ができる．

　トポロジカルな性質の説明によく用いられるのは，面上で定義されたベク
トル場において，あるベクトルを平行移動させたときに，この空間が平面的
なのか，曲率をもっているのか（例えば球面）などによるという点である．こ
れは曲率により支配され，曲率の全面に亘る積分がチャーン数となる．そこに
おいて実は，より一般的な量として**量子計量テンソル**（quantum geometric
tensor）とよばれる，

$$\mathcal{B}_{ij}(\boldsymbol{k}) = \langle \partial_i u_{\boldsymbol{k}} | \partial_j u_{\boldsymbol{k}} \rangle - \langle \partial_i u_{\boldsymbol{k}} | u_{\boldsymbol{k}} \rangle \langle u_{\boldsymbol{k}} | \partial_j u_{\boldsymbol{k}} \rangle$$

を定義できる（ここで $\partial_i \equiv \partial/\partial k_i$, $u_{\boldsymbol{k}}$ は運動量 $\boldsymbol{k}$ をもつブロッホ波動関数）．
この量の虚部 $\mathrm{Im}\,\mathcal{B}_{ij}(\boldsymbol{k}) = i\nabla_{\boldsymbol{k}} \times \langle u_{\boldsymbol{k}} | \nabla_{\boldsymbol{k}} u_{\boldsymbol{k}} \rangle$ がベリー位相に関わる．一方，
この量の実部 $\mathrm{Re}\,\mathcal{B}_{ij}(\boldsymbol{k}) \equiv g_{ij}$ が量子計量であり，波動関数間の一種の距離
を与える．

　異なる波動関数の間については，普通は，ブロッホ関数あるいはワニエ関
数の間の重なり積分とよばれる $\langle u_{\boldsymbol{k}} | u_{\boldsymbol{k}'} \rangle$ が扱われるが，より一般には g_{ij} の
方が大事となり得る．これは単に数学的に精密な定式化というだけでなく，
観測可能量とも関連する，ということが近年認識され始めていて，量子ホー
ル効果などのトポロジカル系で議論されている．特に面白いと思われるのは，
分数チャーン絶縁体（fractional Chern insulator）とよばれる状態や，平坦
バンド超伝導に関するものである．このテーマは現在発展途上中であるが，
面白い将来性をもっていると思われる（総合報告はまだ少ないが，例えば
P. Törmä：Phys. Rev. Lett. **131**, 240001 (2023) を参照）．

8.3 トポロジカル超伝導

本節ではトポロジカル超伝導を解説するが，まず，一般的にトポロジカル系が対称性によりどのように分類されるかを見ると，その位置づけがはっきりする．

トポロジカル系の物理は，近年の物性物理の最も大きな分野の一つとして発展している．10.2 節で解説するように，歴史的に最初に認識されたトポロジカル系は 1980 年代に発見された量子ホール系であるが，その後，様々な系や物理現象においてトポロジカル系の地平は驚くほど広がっている．その多彩な系の普遍的クラス（universality class）を，対称性によってきれいに分類する方法がその後，確立している．

図 8.10 に分類表を示す．全部で 10 種類の普遍的クラスがあり，トポロジ

	普遍的クラス	時間反転 Θ^2	電子-正孔 Ξ^2	カイラル $\Xi\Theta$	空間次元 $d=1$	$d=2$	$d=3$
Wigner-Dyson	A(unitary)	x	x	x		IQHE；Haldane model (Z)	–
	AI(orthogonal)	+1	x	x		–	–
	AII(symplectic)	−1	x	x		QSHE；Kane-Mele (Z₂)	(Z₂) Z₂TI
カイラル	AIII(chiral unitary)	x	x	1	Z	–	Z
	BDI(chiral orthogonal)	+1	+1	1	Z	–	–
	CII(chiral symplectic)	−1	−1	1	2Z	–	Z₂
BdG	D(p-wave SC)	x	+1	x	p SC (Z₂)	(Z) p + ip SC	
	C(d-wave SC)	x	−1	x	–	(2Z) d + id SC	
	DIII(p-wave TRS SC)	−1	+1	1	Z₂	Z₂	(Z) ³He-B
	CI(d-wave TRS SC)	+1	−1	1	–	–	2Z UTe₂

図 **8.10** トポロジカル系の分類表．記号 "x, +1, −1" については本文参照．系の空間次元 $d = 1, 2, 3$ に対して，トポロジカル数は Z（整数），Z₂（−1, +1 の 2 つの場合から成る）で表示（A.P. Schnyder, S. Ryu, A. Furusaki and A.W.W. Ludwig：Phys. Rev. B **78**, 195125（2008）; S. Ryu, *et al.*: New J. Phys. **12**, 065010（2010）に基づく）．丸で囲んだ項については，典型的な量子状態や物質も記入してある．

8.3 トポロジカル超伝導 221

カル超伝導体は，表で BdG とラベルされた区画に対応する．BdG というのは，3.2 節で解説したボゴリューボフ理論に基づく Bogoliubov-de Gennes 理論で表されたハミルトニアンに対するもの，という意味である．各クラスには，様々な空間次元をもつ系が属し，典型的な例も付した．図 8.10 には，± 1, Z などの記号があり，これを説明しよう．

それには，物理系は

- 時間反転対称性（TRS；演算子としては Θ），
- 電荷共役（～ 電子 - 正孔）対称性（PHS；演算子としては Ξ）

という対称性がどうなるかによって特徴づけられることから出発する．ここで，KU という演算（K は複素共役，U はユニタリ変換）をハミルトニアンに施したときの固有値が指標となる．

例えば，クラス AI に対しては $\Theta = K$，クラス AII に対しては $\Xi = -i\sigma_y K$ などとなる．各対称性に対して，その対称性が

不在 $\rightarrow$ x
存在 $\rightarrow$ $+1$ 　 [(対称操作演算子)^2 = 恒等操作の場合]
　　　　　 -1 　 [(対称操作演算子)^2 = $-$ 恒等操作の場合]

という記号が表に記入されている．したがって，（TRS に対する 3 つの場合）$\otimes$（PHS に対する 3 つの場合）があるので，合計 9 つの場合がある．

さらに，カイラル対称性というものが TRS $\otimes$ PHS という積で表される（演算子としては $\Theta\Xi$）．(TRS, PHS) $=$ (x, x) の場合に，$\Theta\Xi$ 対称性は存在（$\Theta\Xi = 1$）あるいは不在（$\Theta\Xi = $ x）の可能性があり，結局，全体では 10 種の普遍クラスがある．例えば，量子ホール系はクラス A（ユニタリ，そこでは時間反転対称性は外部磁場により破られている）に属する．

トポロジカル超伝導体は，BdG のカテゴリーであり，4 つのクラスから成る．具体的には，時間反転対称性を自発的に破った p + ip 波，d + id 波超伝導や，この表で含めた超流動体も考慮すると ^{3}He の超流動（の中で B 相と

222　8. いくつかの話題

よばれる量子状態, 波動関数としては BW 状態) などが典型例となる[27].

　それでは, この分類表を見ながらトポロジカル超伝導を解説しよう. まず, クラス A に属する量子ホール効果 (10.2 節) とトポロジカル超伝導とはアナロガスであろうか. 一見すると

	整数量子ホール効果	超伝導
バルク	エネルギー・ギャップ (ランダウ準位間隙)	エネルギー・ギャップ (超伝導ギャップ)
端	カイラル端状態	アンドレーエフ状態

という対応があるように思える. しかしこれは単純過ぎ, 超伝導状態がトポロジカルになるためには, 分類表で BdG クラスのうち, トポロジカル数 (Z または Z_2) が付された項目に該当する必要がある. 代表的には, 2 次元系の場合には, 時間反転対称性が自発的に破れた, $p_x + ip_y$ 波 (クラス D) や $d_{x^2-y^2} + id_{xy}$ 波 (クラス C) 超伝導状態 (カイラル超伝導ともよばれる) がこれに相当する. これらの状態は BdG 形式において 2×2 行列のハミルトニアン

$$\mathscr{H} = t \sum_{\boldsymbol{k}} \begin{pmatrix} \epsilon_{\boldsymbol{k}} - \mu & \Delta(\boldsymbol{k}) \\ \Delta^*(\boldsymbol{k}) & -\epsilon_{\boldsymbol{k}} + \mu \end{pmatrix} = \boldsymbol{R}(\boldsymbol{k}) \cdot \boldsymbol{\sigma} \tag{8.4}$$

で扱われる. ここで, $\boldsymbol{R} = {}^t(\mathrm{Re}\,\Delta(\boldsymbol{k}), -\mathrm{Im}\,\Delta(\boldsymbol{k}), \epsilon_{\boldsymbol{k}} - \mu)$ というベクトルを定義した. $\epsilon_{\boldsymbol{k}}$ はバンド分散, 非対角要素の Δ はギャップ関数である.

　カイラル超伝導に対しては, 例えば $p_x + ip_y$ の場合は $\Delta(\boldsymbol{k}) \sim k_x + ik_y$ であり, この量が複素数であることは, 時間反転対称性の破れを反映している. 量子ホール状態はトポロジカル数 (TKNN 公式で与えられるチャーン数) で特徴づけられた. トポロジカル超伝導もトポロジカル数 (チャーン数) で特徴づけられ, これは

$$C = \frac{1}{4\pi} \int \hat{\boldsymbol{R}} \cdot \left(\frac{\partial \hat{\boldsymbol{R}}}{\partial k_x} \times \frac{\partial \hat{\boldsymbol{R}}}{\partial k_y} \right) d\boldsymbol{k} \tag{8.5}$$

---

　27) 詳しくは, 例えば Hideo Aoki：Integer quantum Hall effect in *Comprehensive Semiconductor Science & Technology*, 2nd Edition (Elsevier), to be published を参照.

で与えられ（ここで $\hat{\bm{R}} \equiv \bm{R}/R$），これが量子ホール効果の TKNN 公式（式 (10.6)）に対応する．正確にいうと，グラフェンのような 2 バンド系（グラフェンは，ディラック点で接する 2 バンド系と見なせる）に対する TKNN 公式に対応する．この場合，ハミルトニアンは 2×2 行列となり，超伝導を南部表示を用いて BdG 形式で扱うと，より直接的な対応となる．トポロジカル系はトポロジカル端状態により特徴づけられるが，トポロジカル超伝導体も量子ホール系におけるのと同様な端状態をもつ．

図 8.11 は，それらの概念図である．量子ホール系およびトポロジカル超伝導体のどちらにおいても時間反転対称性が破れており（前者では外部磁場により，後者では自発的に），そのために特定の向きをもった（カイラルとよばれる）端電流が試料の端に発生する．銅酸化物超伝導体の 4.3 節で，ペアリング対称性は，物質の構造の対称群（結晶の空間群）の既約表現で分類されることを述べたが，p 波超伝導も含めて，正方晶系に対して表示すると，

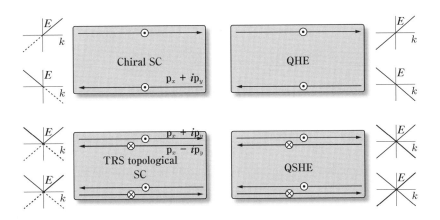

図 8.11 様々な量子ホール系およびトポロジカル超伝導体におけるカイラル端電流（矢印）．上段：2 次元のカイラル超伝導体と量子ホール系（どちらにおいても時間反転対称性が破れている）．下段：時間反転対称性を破らない（TRS）2 次元トポロジカル超伝導体と量子スピン・ホール（QSHE）絶縁体におけるヘリカルな端状態対（⊙：スピン上向き電子；⊗：スピン下向き）．(X.L. Qi, *et al.*: Phys. Rev. Lett. **102**, 187001（2009）.)

224　8.　いくつかの話題

ペアの対称性	既約表現	$\Delta(\boldsymbol{k})$ の $\boldsymbol{k}$ 依存性	パリティ
s, 拡張 s	A_{1g}	定数 $+\cos k_x + \cos k_y$	$+$
p_x, p_y	E_u	$\cos k_x, \cos k_y$	$-$
$d_{x^2-y^2}$	B_{1g}	$\cos k_x - \cos k_y$	$+$
d_{xy}	B_{2g}	$\sin k_x \sin k_y$	$+$

となる（パリティは空間反転に対する符号変化）.

　なお，実はトポロジカル超伝導体には，時間反転対称性を破らないものの存在も可能であり，図 8.10 でも含めており，時間反転不変（TRS）のものはクラス DIII などに対応する．高度な話題となるのでここでは詳述しないが，量子ホール系や通常のトポロジカル超伝導体においてはトポロジカル量子数はチャーン数であるのに対して，時間反転不変の 2 次元トポロジカル超伝導の場合は，別の，Z_2 とよばれるトポロジカル数をもつ[28]．時間反転対称 3 次元超伝導の場合は，トポロジカル数はチャーン数である．ペアリング対称性は，スピン・トリプレット p 波である.

　BdG 形式においては，ハミルトニアンは行列（スピンも入れると 4×4）で表され，ギャップ関数 Δ はその非対角項に入るが，スピン・トリプレット超伝導の場合も含めた場合は，

$$\mathscr{H} = [\Delta(\boldsymbol{k}) + \boldsymbol{d}(\boldsymbol{k}) \cdot \boldsymbol{\sigma}]i\sigma_y$$

となり，ここで $\boldsymbol{\sigma}$ はパウリ行列，$\boldsymbol{d}(\boldsymbol{k})$ は d ベクトルとよばれる，トリプレット・ペアリングを特徴づける量である（一方，$\Delta(\boldsymbol{k})$ はシングレット・ペアリングを特徴づける）.

　例えば，$p_x + ip_y$ 波の場合は，$\boldsymbol{d}(\boldsymbol{k}) = (k_x + ik_y)\hat{\boldsymbol{z}}$（$\hat{\boldsymbol{z}}$ は z 方向の単位ベクトル）である．$p_x + ip_y$ 波の候補としてはルテニウム化合物 Sr_2RuO_4 が長年考えられてきたが，これは実験と合わないことが判明した[29]．それでは何が正しいペアリング対称性か，という点については研究が続いている[30].

---

28)　例えば，X.L. Qi, *et al.*: Phys. Rev. Lett. **102**, 187001 (2009) を参照.

29)　主に NMR 実験からの結論で，A. Pustogow, *et al.*: Nature **574**, 72 (2019)；K. Ishida, *et al.*: J. Phys. Soc. Jpn. **89**, 034712 (2020) を参照.

30)　例えば，V. Grinenko, *et al.*: Nature Commun. **12**, 3920 (2021)；Y. Maeno, *et al.*: J. Phys. Soc. Jpn. **93**, 062001 (2024) を参照.

d 波の場合，$d_{xz} + id_{yz}$ 波であれば同じ既約表現に属する複数の波の結合となるが，一方 $d_{x^2-y^2} + id_{xy}$ 波も可能であり，この場合には異なる表現の足し算となる．

液体 ^{3}He の B 相とよばれる超流動相（波動関数は BW 状態とよばれるもので記述）の場合には $\boldsymbol{d}(\boldsymbol{k}) = k_x \hat{\boldsymbol{x}} + k_y \hat{\boldsymbol{y}} + k_z \hat{\boldsymbol{z}}$ である．固体においては，重い電子系に属するウランの化合物 UTe_2 が候補となる[31]．

時間反転を破ったトポロジカル超伝導に戻ると，一般に，相図上で異なるペアリング対称性が存在するときに，それらの相境界近傍で発生することが

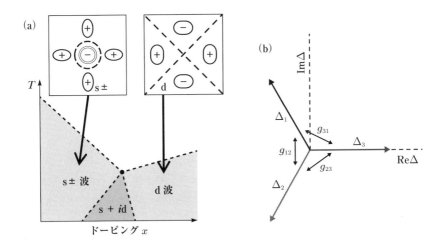

図 8.12 (a) 相図において異なるペアリング対称性が現れる場合，両者の相境界近傍で，両者を複素数で結合した（時間反転を破った）ペアリングが現れる場合がある．この図は，122 鉄系超伝導体における $s_\pm$ と d 波についての概念図．添図はフェルミ面とギャップ関数の節（破線）．
(R.M. Fernandes and A.J. Millis：Phys. Rev. Lett. **111**, 127001（2013）．)
(b) 3 バンド超伝導体においてはギャップ関数は 3 成分 $\Delta_1, \Delta_2, \Delta_3$ をもち，バンド i, j 間のジョゼフソン結合 g_{ij} において $g_{12} \simeq g_{23} \simeq g_{31}$ の場合は，ギャップ関数の実部，虚部の平面上で 3 成分が互いに反対符号をとろうとしてフラストレートするために，120° 構造をとり，ギャップ関数は時間反転を破る複素数となる．

---

31) 比較的最近の総説は，D. Aoki, *et al.*: J. Phys.: Condens. Matter **34**, 243002（2022）を参照．

226 **8. いくつかの話題**

ある. これを図 8.12(a) に示す.

全く別の道として, 3 バンド超伝導がある. 3 バンド系においては 3 種のギャップ関数が生じるが, 斥力相互作用系では, 3 種のギャップ関数のどの 2 個も反対符号をとろうとする. ところが, これはフラストレーション (結晶格子におけるものではなく, ギャップ関数の空間における) のために不可能であり, ギャップ関数の実部, 虚部をそれぞれ横軸, 縦軸にとった座標上で, 互いに 120° を成す構造が最安定となる (図 8.12(b))[32]. 別の提案としては, 通常の (トポロジカルでない) 超伝導を, 系を非平衡にすることによりトポロジカル超伝導にする理論的提案もあるが, これについては次節で触れる.

8.4 非平衡誘起トポロジカル超伝導

ここで, 普通の (非トポロジカル) 超伝導体を, 非平衡を用いてトポロジカル超伝導にする試みに一寸触れておこう. これは, いまのところ理論的提案にとどまっているが, 非平衡による超伝導特性やトポロジカルな性質の制御という意味で新たな将来性を示唆するかも知れない.

フロッケ理論

この試みでは, 超伝導体にレーザーを照射して非平衡にするので, まずは, 量子系にレーザー (電磁波) のような時間に周期的な外場を加えたときの一般論を簡単に紹介しよう.

これは, フロッケ (Floquet) 理論とよばれるものである. そもそも非平衡の物理は, 平衡においては考えられないような新奇量子相を与える可能性があるので, 最近大きな分野に育っている. これをキックオフした一つは, フロッケ・トポロジカル絶縁体という現象で, 普通の (非トポロジカルな) 系を非平衡においてトポロジカルにする, というものである[33].

具体的には, グラフェンに円偏光を照射すると, トポロジカルなギャップがダイナミカルに (非平衡下で) 生じ, 系は一種の **anomalous** 量子ホール

---

32) V. Stanev and Z. Tesanovic : Phys. Rev. B **81**, 134522 (2010); Y. Ota, *et al.* : ibid **83**, 060507 (R) (2011).

33) T. Oka and H. Aoki : Phys. Rev. B **79**, 081406 (R) (2009); *ibid* **79**, 169901 (E) (2009).

状態（AQHE）となる（231 頁の図 8.13(a),(b) を参照）．ここで AQHE という のは，元来ホルデイン（Haldane）により 1988 年に提唱された概念で[34]，グラフェンのような蜂の巣格子に，空間の部分ごとに異なる磁束を通すが，全体としてはゼロ磁場のようにしても量子ホール効果と同等の現象が起こる，という現象である．これは，人工的に見える模型だが，実はグラフェンに円偏光を当てればフロッケ状態として実現するということになる．レーザー照射のために，ハミルトニアンに時間的に周期的な変調を加えたときの問題となり，この一般論であるフロッケ理論を用いる．

フロッケ理論は 1883 年に提出されたものであり[35]，固体物理のバンド構造のところで必ず出てくる，ハミルトニアンに空間的に周期的な変調を加えたときのブロッホの定理（1928 年）の時間版といえるが，実はフロッケの方が半世紀近く先行して出された．ここで詳述はしないが，骨子は以下のようである．

出発点は時間依存シュレーディンガー方程式

$$i\frac{d}{dt}\Psi(t) = H(t)\Psi(t) \tag{8.6}$$

であり，ここで $\Psi(t)$ は波動関数，ハミルトニアン $H(t)$ は周期 $\mathscr{T}$ をもって時間的に周期的（$H(t + \mathscr{T}) = H(t)$）とする．この解が

$$\Psi_\alpha(t) = e^{-i\varepsilon_\alpha t}\Phi_\alpha(t) \tag{8.7}$$

となる，というのがフロッケ定理である．ここで α は固有関数のラベル，$\Phi_\alpha(t) = \Phi_\alpha(t + \mathscr{T})$ は時間的に周期的な関数，ε_α は擬エネルギーとよばれる量で，振動数 $\Omega \equiv 2\pi/\mathscr{T}$ の整数倍の不定性をもって定義される．これですぐわかるように，Ψ と ε は，ブロッホの定理におけるブロッホ波動関数と結晶運動量（$2\pi/a$ の整数倍の不定性をもって定義される）にそれぞれ対応する．

ブロッホ理論が問題を空間的にフーリエ変換して定式化できるように，いまの場合は時間的にフーリエ変換して定式化でき，変換の後は時間依存シュ

---

34) F.D.M. Haldane：Phys. Rev. Lett. **61**, 2015（1988）.

35) G. Floquet：Ann. Sci. Ec. Normale Super. **12**, 47（1883）.

228　8.　いくつかの話題

レディンガー方程式は

$$\sum_n (H_{mn} - n\Omega\delta_{mn})\Phi_\alpha^n = \varepsilon_\alpha \Phi_\alpha^m \tag{8.8}$$

となる．ここで波動関数を $\Phi_\alpha(t) = \sum_n e^{-in\Omega t}\Phi_\alpha^n$ のようにフーリエ変換し，Φ_α^n は n 番目のフロッケ・モード，$H_{mn} \equiv \dfrac{1}{\mathscr{T}}\displaystyle\int_0^{\mathscr{T}} dt\, e^{i(m-n)\Omega t}H(t)$ はフーリエ変換されたハミルトニアン行列である．

このように，擬エネルギー ε_α はフロッケ行列 $H_{mn} - n\Omega\delta_{mn}$ の固有値となる．固有値 ε_α に対して $\varepsilon_\alpha + n\Omega$（$n$ は任意の整数）も固有値となるので，普通は $-\Omega/2 < \varepsilon_\alpha \leq \Omega/2$ という制限を課すと，エネルギーは Ω の間隔をもった梯子構造となり，これはブロッホ理論における第 1 ブリルアン帯に対するバンド構造に対応する．

このように，時間依存の問題が時間非依存の問題に焼き直ったが，代償としてフロッケ指数 n という自由度が入る．テクニカルには，このような問題を，非平衡を扱うためのケルディッシュ（Keldysh）グリーン関数を用いて解く．多体効果を扱う場合にはフロッケ理論と非平衡動的平均場近似を合体させた Floquet-DMFT とよばれる手法を用いる[36]．

光照射下の有効ハミルトニアンを構築すると，主要項はハミルトニアン行列の非対角要素の 2 次摂動（光子の吸収・放出が 2 回）で

$$\hat{H}_{\mathrm{eff}} = \hat{H}_0 + \sum_{m\neq 0}\frac{[\hat{H}_{-m}, \hat{H}_m]}{2m\Omega} \tag{8.9}$$

が得られる．ここで，$\hat{H}_{m-m'} \equiv \hat{H}_{m,m'}$ である．

以上の一般論をグラフェンに適用するには，グラフェンは 7.2 節で解説したようにディラック電子系であることに注意する必要がある．ハミルトニアンは 2×2 行列として

$$H(t) = \tau_z v[k_x + A_{\mathrm{ac}}^x(t)]\sigma_x + v[k_y + A_{\mathrm{ac}}^y(t)]\sigma_y \tag{8.10}$$

となる．ここで $\tau_z = \pm 1$ は，ブリルアン帯において K と K′ に位置する 2 個のディラック点をラベル，v は電子の速度，σ_i はパウリ行列，$\boldsymbol{A}_{\mathrm{ac}}$ は照

---

36)　H. Aoki, *et al.*: Rev. Mod. Phys. **86**, 779（2014）．

射するレーザーの電場を表すベクトル・ポテンシャルである．円偏光に対しては $(A_{\mathrm{ac}}^x, A_{\mathrm{ac}}^y) = A(\cos \Omega t, \sin \Omega t)$ である（$A \equiv F/\Omega$, F はレーザー電場の強さ，Ω はレーザーの振動数）．

ディラック電子に対しては，フロッケ・ハミルトニアンは

$$
H^K = \begin{bmatrix}
\ddots & & m=+1 & 0 & & -1 & & \\
 & \Omega & k & 0 & A & 0 & 0 & \\
 & \bar{k} & \Omega & 0 & 0 & 0 & 0 & \\
 & 0 & 0 & 0 & k & 0 & A & \\
 & A & 0 & \bar{k} & 0 & 0 & 0 & \\
 & 0 & 0 & 0 & 0 & -\Omega & k & \\
 & 0 & 0 & A & 0 & \bar{k} & -\Omega & \\
 & & & & & & & \ddots
\end{bmatrix}
\begin{matrix} \\ m=+1 \\ \\ 0 \\ \\ -1 \\ \end{matrix}
$$

となる．詳細は略すが，この行列方程式を解くと，ディラック点においてトポロジカル・ギャップが開き，その大きさは $2\kappa = \sqrt{4A^2 + \Omega^2} - \Omega$ であることがわかる．フロッケ行列の言葉でいうと，元の電子と，光子を1個（$n = \pm 1$）まとった電子の間に量子力学的遷移が起こり，摂動の2次における有効ハミルトニアンがホルデイン模型と全く同型となる．そこでは，光によってホッピングが2回誘起されるので，次近接ホッピングが発生し，蜂の巣格子においてはこれが虚数のホッピング振幅となるためにホルデイン模型と同型となる．

光誘起トポロジカル超伝導

それでは，以上のフロッケ理論を用いて，通常の（非トポロジカル）超伝導体をトポロジカル超伝導にする提案[37]に触れよう．上では，一体問題として，グラフェンを円偏光によってトポロジカル絶縁体に相転移させることに触れた．それでは，超伝導体を光を用いてトポロジー制御ができるだろうか．ところが，これは簡単にいかないことがすぐにわかる．というのも，超伝導のギャップ関数は電荷中性で電磁場と直接結合しないために，光の電場によって超伝導のトポロジーを制御するのは簡単ではないからである．このため，時

---

37) S. Kitamura and H. Aoki：Communications Physics **5**, 174（2022）; 北村想太, 青木秀夫：日本物理学会誌 **78**, 404（2023）.

230　8. いくつかの話題

間反転対称性を露わに破った円偏光を用いて，超伝導状態も時間反転を破った状態にできるのでは，という期待は単純には実現しない．この事情のために，これまでに，超伝導ギャップ関数の構造は変化させず，常伝導状態のバンド構造を光によって変調させるという迂回路が主に考案されてきたが，超伝導を光で直接制御できないだろうか．

　そこで新たな観点として提案されたのは，意外にも強相関物質を光で駆動する対象に選ぶことである．これにより，電子やスピンにはたらく相互作用そのものを制御することが可能となる．すなわち，強相関超伝導体に円偏光を照射すると，強相関効果を考慮して初めて現れる時間反転対称性の破れた相互作用が斥力ハバード模型に発生する．そして，クーパー・ペア形成の起源となる反強磁性的なスピン相互作用に加えて，電荷やスピンのカイラルな相互作用がペアリングに影響を与える．

　カイラル相互作用は，超伝導相関をもつボンド間の相対的位相にひねりを与え，この効果によって通常の $d_{x^2-y^2}$ 波超伝導が $(d_{x^2-y^2} + id_{xy})$ 波という "非平衡誘起トポロジカル超伝導" に転換し得ることがわかる．図 8.13 には，フロッケ状態として円偏光に誘起される様々な非平衡量子状態を示した．図の左はグラフェンにおけるフロッケ・トポロジカル絶縁体，中図では反強磁性をもつモット絶縁体に円偏光を照射するとカイラル・スピン相互作用が生じる様子を示した．右図が，本節の主題である，$d_{x^2-y^2}$ 波超伝導体に円偏光を照射すると，対角サイト間に虚数のペア振幅（細長い楕円）が誘起され，$d_{x^2-y^2} + id_{xy}$ 波超伝導体が生じる様子である．

　それでは，これを簡単に解説しよう．BdG 形式での超伝導状態にレーザー外場の効果を取り入れる理論は次の第 9 章でも用いる．レーザー電場を含めた BdG ハミルトニアンは

$$\hat{H}_{\mathrm{BdG}}(\boldsymbol{k}) = \begin{pmatrix} E_{\boldsymbol{k}-e\boldsymbol{A}(t)} & F_{\boldsymbol{k}} \\ F_{\boldsymbol{k}}^* & -E_{\boldsymbol{k}+e\boldsymbol{A}(t)} \end{pmatrix} = \boldsymbol{R}(\boldsymbol{k}) \cdot \boldsymbol{\sigma} \tag{8.11}$$

で与えられる．ここでベクトル・ポテンシャル $\boldsymbol{A}$ は，対角項においては，BCS 理論における電子と正孔で逆符号の作用をする．一方，肝心の非対角項 F（ギャップ関数）は，光とは（線形応答の範囲内では）結合しない．

8.4 非平衡誘起トポロジカル超伝導 231

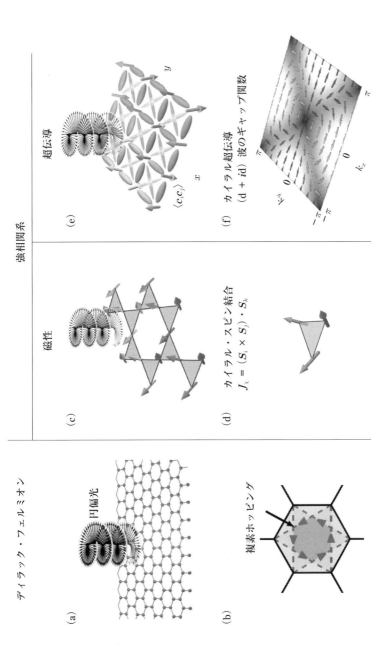

図 8.13 フロッケ状態として円偏光に誘起される様々な非平衡量子状態．グラフェン（ディラック電子系）に円偏光を照射すると (a)，複素ホッピング（矢印）が生じ，Haldane 模型と同型の anomalous 量子ホール状態となる (b)．反強磁性をもつモット絶縁体に円偏光を照射すると (c)，カイラル・スピン相互作用が生じる (d)．$d_{x^2-y^2}$ 波超伝導体に円偏光を照射すると，対角サイト間に虚数のペア振幅（細長い楕円）が誘起され (e)，$d_{x^2-y^2} + id_{xy}$ 波超伝導体が生じる．矢印は k 空間における複素キャップ関数の位相を表す (f)．

232   8. いくつかの話題

つまり，ペアリング相互作用 $V_{k,k'}$ は移行運動量のみに依存しており，レーザー電場（A）は現れない．トポロジカル状態にするにはギャップ関数に虚部をもたせる必要があるが，(8.9) の 2 次摂動の有効ハミルトニアンにおいても，対角項の交換子からは非対角項（ギャップ関数）の変調を引き起こすことはできない．

以上では実は，レーザー光が強い場合でも電子系のスピン揺らぎや，ひいてはペアリング相互作用は平衡におけるものと変わらないということを暗に仮定している．この仮定は，強相関電子系の場合は妥当でなくなる．これを見るには，現象論的な BdG 形式ではなく，微視的なハバード模型に立ち返って，強相関の場合に，強い外場が有効相互作用をどのように変調させるかを調べる必要がある．

外場がない平衡状態では，ドープされたハバード模型で斥力相互作用 U が大きい場合は，$1/U$ 展開を行うと，t-J 模型とよばれる，ホッピング t（ただし，電子の二重占有は排除した空間で）と，運動交換相互作用 $J \sim t^2/U$ が得られることはよく知られているが[38]，外場の元では電子が光子を発射・吸収する効果を加味してこれを行うことになり，そのときに平衡系と大きな違いが生まれる．

詳細は省くが，有効ハミルトニアンは 2 次摂動までを考慮した場合に

$$\hat{H}_{\mathrm{F}} = -\sum_{ij\sigma} \tilde{t}_{ij} \hat{P}_G \hat{c}_{i\sigma}^\dagger \hat{c}_{j\sigma} \hat{P}_G + \frac{1}{2} \sum_{ij} J_{ij} \left(\hat{\boldsymbol{S}}_i \cdot \hat{\boldsymbol{S}}_j - \frac{1}{4} \hat{n}_i \hat{n}_j \right)$$
$$+ \sum_{ijk\sigma\sigma'} \Gamma_{i,j;\,k} \hat{P}_G \hat{c}_{i\sigma}^\dagger \hat{c}_{j\sigma'} \hat{P}_G \left(\boldsymbol{\sigma}_{\sigma\sigma'} \cdot \hat{\boldsymbol{S}}_k - \frac{1}{2} \delta_{\sigma\sigma'} \hat{n}_k \right) \quad (8.12)$$

が得られる．ここで $\hat{P}_G = \prod_i (1 - \hat{n}_{i\uparrow} \hat{n}_{i\downarrow})$ は，二重占有サイトを排除するグッツヴィラー射影演算子である．ハミルトニアンの初項は二重占有が生じないという制約のもとでの正孔のホッピング $\tilde{t}$ であるが，その振幅は光照射下では平衡のものと異なる．第 2 項は電子スピン $\hat{\boldsymbol{S}}_i$ にはたらく反強磁性的交換相互作用 J_{ij} で，その大きさは，やはりレーザー光の影響を受ける．これら

---

38)　K.A. Chao, *et al.*：J. Phys. C **10**, L271 (1977)；M. Ogata and H. Fukuyama：Rep. Prog. Phys. **71**, 036501 (2008).

8.4 非平衡誘起トポロジカル超伝導　233

の量に対する表式のエネルギー分母には $U - m\Omega$（m は光子のモードを表す整数）が含まれるので，相関電子系では "$U - \Omega$ 共鳴" とでもよぶべき共鳴効果がある.

以上の 2 つの項は係数の値は変化するが，形は平衡系と同様な相互作用である. 一方，円偏光が時間反転対称性の破れを発生させるのは第 3 項である. これは，3 サイト項とよばれる相互作用 $\Gamma_{i,j;k}$ で，正孔のホッピングと交換相互作用を相乗させたような項である（2 段階（t を 2 回使う）ホッピングだが 3 サイト (i, j, k) に亘る）. 3 サイト項は平衡においても存在するが，小さな補正項なので無視されることが多い.

ところが，非平衡ではこの相互作用は，その強さだけでなく，形まで光照射の影響を強く受ける. 特に，円偏光がこの項に虚数部を与える. 蜂の巣格子の一体問題では光が虚数ホッピングを誘起したが，ここでは相互作用に虚数部が誘起される. 前者は正方格子では存在しないが，後者は正方格子でも存在するので，その意味でも時間反転破れ相互作用は相関効果により初めて現れる光誘起現象であるといえる. また，ホッピングの 4 次摂動まで考えるとスピンの 3 体カイラル相互作用 $(\hat{\boldsymbol{S}}_i \times \hat{\boldsymbol{S}}_j) \cdot \hat{\boldsymbol{S}}_k$ も現れることが北村らにより示されており[39]，トポロジカル超伝導に対しては 3 サイト項と似たようなはたらきをすることも示せる.

外場によって複素数になった相互作用は，d 波超伝導にはどのように影響するだろうか？ t-J 模型を BdG 形式を用いて記述する方法として，BCS 波動関数にグッツヴィラー射影をした変分波動関数を採用する平均場近似が知られている. これを用いて相互作用の虚部が超伝導にもたらす影響を調べると，得られるギャップ関数 $F(\boldsymbol{k})$ の主要項は $J\Delta(\cos k_x - \cos k_y)$ と $i\gamma\delta\Delta \sin k_x \sin k_y$ の線形結合となる（ここで δ はドープ量，Δ は元々の $\mathrm{d}_{x^2-y^2}$ 波対称性におけるペアリング振幅）. これでわかるように，円偏光下では，$\mathrm{d}_{x^2-y^2}$ 波超伝導は，d_{xy} 波の成分を虚部として獲得し，結局，d 波 → d + id 波超伝導となる.

これをもたらす 3 サイト項の虚部の係数 γ が，d_{xy} 波成分の係数として現

---

39)　S. Kitamura, *et al.*: Phys. Rev. B **96**, 014406（2017）.

れている．3 サイト項は，異方的ペアリングでは異なるサイトに亘るボンド上に存在する超伝導秩序に対して，その周囲のボンドにも超伝導秩序を誘起し，γ に虚数単位 i が掛かることはペアリングの相対位相を規定するため，d_{xy} 波が虚部として誘起される（図 8.13(e), (f)）．

このようにして，$d_{x^2-y^2}$ 波にあったギャップ・ノードにギャップが開き，この $d_{x^2-y^2} + id_{xy}$ 状態はトポロジカルに非自明なチャーン数をもつ．発生するギャップ関数の d_{xy} 成分は（0.2 程度のドーピングに対し）およそ $F^{xy}(\boldsymbol{k}) \simeq 0.3t_0 \times i\Delta \sin k_x \sin k_y$ という大きさが見積もられている．

必要なレーザー電場強度としては，具体的に銅酸化物の $t_0 \simeq 0.4\,\mathrm{eV}$ に対して $E \sim 10^2\,\mathrm{MV/cm}$ で，これは現在得られる（例えばグラフェンでのフロッケ・トポロジカル絶縁体観測で使われた）強度の範囲内に入る．低周波数帯に行けば，必要なレーザー強度はさらに低くなる．注意が必要なのは，物質をレーザー駆動する際には系の加熱の問題は避けて通れないことである．環境との相互作用を考慮した場合は，外場の仕事とエネルギー散逸のつり合いが非平衡定常状態を支配する．非平衡では，このような考察が必須といえる．これらをクリアできれば，「光と超伝導体の結合系」が新たな物質設計の一路となり得ると考えられる．

9 非平衡下の超伝導
―ヒッグス・モード―

非平衡現象は物理学の多様な分野において長い歴史をもっているが,固体物理においても非平衡がもたらす様々な現象が予言されたり,観測され始めている.平衡においては,対称性の自発的破れからくる多様な量子相が存在するが,非平衡では,平衡では考えられないような多彩な相が非平衡定常状態で発生したり,非平衡ダイナミクスが新たな現象を発現させ,より広い可能性を拓く道となっている.8.4節で非平衡に誘起されたトポロジカル超伝導を解説したが,本章では超伝導体におけるヒッグス・モード(Higgs mode)を中心に解説する.

9.1 超伝導体における集団励起

非平衡下の超伝導に関しては,光誘起超伝導やヒッグス・モードの観測などが近年報告されている.これら超伝導体の非平衡状態や励起状態では,時間依存の外場に対する応答や,複数の自由度が絡み合った相関効果を扱うことも重要になる.実験手法の進歩も著しいが,理論的には,相互作用系は平衡においてすでに扱いが大変であるから,非平衡を理論的に扱うには,まず方法論の開発が要となる.代表的には,非平衡相関系を扱う強力な手法の一つである「非平衡動的平均場理論(非平衡 DMFT)」が開発されている[1].

光誘起超伝導については,カヴァレリ(Cavalleri)のグループが長年に亘り,高温超伝導体を含む様々な超伝導体にレーザーを照射すると,過渡的ではあるが T_c が大幅に上昇するという報告をしている.実験的測定は主に光学伝導度の周波数依存性を用いる.ただ,未だに不確定要素も大きいので,

---

1) H. Aoki, *et al.*: Rev. Mod. Phys. **86**, 779 (2014).

236 9. 非平衡下の超伝導

テキスト的な記述は時期尚早と思われる[2].

本節では，超伝導体におけるヒッグス・モード（Higgs mode）を解説する．これは，超伝導体を非平衡に擾乱する際に立つモードであり，実験的に，松永らにより 2013, 2014 年に観測された．それではまず，物性物理における対称性の自発的破れから始めよう．

南部により提唱された「対称性の自発的破れ」という概念は，磁性，超伝導，超流動などを包含し（2.3 節を参照），特に，（離散的ではなく）連続的な対称性が自発的に破れた系では，秩序パラメータに関する二種の揺らぎが生じる．一つは秩序パラメータの位相の揺らぎであり，もう一つは秩序パラメータの振幅の揺らぎである．

最近の物性物理において「ヒッグス・モード」とよばれて話題になっている励起は，この振幅の揺らぎに関する集団励起モードであり，以前から議論はされていたが，近年，超伝導体において明確に観測され，理論解析も進み，一つの分野となっている．物性におけるヒッグス・モードは，素粒子物理学における素粒子としてのヒッグス粒子に由来する．

ヒッグス粒子は，ゲージ場理論において対称性の自発的破れにともなって，秩序パラメータの振幅揺らぎを量子化したものとして現れる．ヒッグス粒子は「ヒッグス機構」とよばれる機構により現れるもので，ゲージ場に質量を与える重要なはたらきをする．本節では，ゲージ場と結合した系でヒッグス機構がはたらいている際に，秩序パラメータの振幅揺らぎとして現れる励起モードを，単なる振幅モードと区別して「ヒッグス・モード」とよぶことにする．

ヒッグス・モードはヒッグス粒子に由来と言及すると，物性物理が素粒子物理から概念を借用したように思えるかもしれないが，実は歴史を紐解くと事実は逆であって，そもそもヒッグス粒子とヒッグス機構は，超伝導現象を

---

2) 例えば村上雄太，辻 直人，青木秀夫：固体物理 **53**, 209（2018）を参照．最近の実験の文献としては，島野グループによる K. Katsumi, *et al.*: Phys. Rev. B **107**, 214506（2023）があり，高温超伝導体（この論文では YBCO）における光学伝導度と第三高調波を組み合わせた結果が与えられている．光誘起超伝導の文献としても，この論文の引用文献を参照．

用いた研究を出発点としている[3].

ヒッグス粒子は 2012 年に CERN の LHC（コラム「超伝導と粒子加速器」を参照）において発見され，2013 年のノーベル物理学賞が与えられたが，超伝導体においてもヒッグス・モードが存在するはずである．ところが，超伝導体のヒッグス・モードは数年前まではほとんど観測例がなかった．「ほとんど」というのは，下で解説するように，超伝導と CDW が共存する物質においては，この共存がヒッグス・モードをラマン活性にするために観測されたが，共存のない系での観測はされてこなかったということを指す．

時間がかかった一つの理由は，ヒッグス・モードの"質量"（固有周波数）は，典型的な超伝導体においてはテラヘルツ（THz）光の帯域であるが，これまでは高強度の THz 光を発生させることは困難であったからである．しかし，近年のレーザー技術の発展により可能となり，高強度を要する超伝導体のヒッグス・モード観測の道が拓けた．

まず 2013 年には松永らが，s 波超伝導体である NbN におけるヒッグス・モードの実時間観測に高強度 THz 波パルスを用いて成功し[4]，さらに非線形応答を見ることにより，電磁場とヒッグスモードの共鳴現象が発見された[5]．その結果，ヒッグス・モードとして理論的に予想される"質量"のところにコヒーレントな集団励起モードがあることが観測・理論解析され，ヒッグス機構がはたらいているときに期待されるヒッグス・モードとゲージ場との相互作用が固体物理において実証された．

集団励起位相モードと振幅モード

それでは，順番に述べていこう．BCS 理論の 1 年後の 1958 年には，ボゴリューボフやアンダーソンが BCS 理論に基づいて超伝導体の集団励起モードを議論している．特にアンダーソンは，すでにこのときヒッグス・モード

---

3) 解説としては，青木秀夫：日本物理学会誌 **64**, 80（2009）；原子核研究 **53**, Suppl. **3**, 183（2009）を参照．

4) R. Matsunaga, *et al.*: Phys. Rev. Lett. **111**, 057002（2013）．

5) R. Matsunaga, *et al.*: Science **345**, 1145（2014）；N. Tsuji and H. Aoki：Phys. Rev. B **92**, 064508（2015）．Science の論文の *Perspective* 記事の見出しは，"Particle physics in a superconductor"．

238   9. 非平衡下の超伝導

に対応する超伝導体の集団励起を考察している[6]. このモードは超伝導体の秩序パラメータの振幅, すなわち超流動密度の集団励起である. 一方, 南部による対称性の自発的破れにおいて, 秩序パラメータの位相の集団励起も, 結晶における音響フォノンや磁性体におけるマグノンを典型例として一般的に存在する.

様々な対称性の自発的破れにおける位相モード, 振幅モードを表にすれば次のようになる.

物理系	位相モード	振幅モード	自発的に破れる対称性
結晶	音響フォノン	光学フォノン	連続並進
磁性体	マグノン	振幅モード	スピン回転
電荷密度波	フェイゾン	アンプリチュードン	離散並進
ボース凝縮体	ボゴリューボフ・モード	振幅モード	位相回転
超流動 ^{3}He	ボゴリューボフ・モード	振幅モード	スピン, 軌道, 位相の回転
超伝導体	—	ヒッグス・モード	位相回転
原子核	パイオン	シグマ粒子	カイラル対称性

超伝導体の欄をみると, 位相モードの箇所に "—" が付されているが, これは下で述べるアンダーソン・ヒッグス機構がはたらくために位相モードが存在しない (高エネルギーに跳んでしまう) ことを表す. 振幅モードでヒッグス・モードと呼んだのは超伝導体の欄のみだが, これは, ゲージ対称性が存在してヒッグス機構がはたらくのは, この表では超伝導体のみという理由による.

このような南部による対称性の自発的破れの概念が出されたほとんど直後に, ゴールドストーン (Goldstone) らにより (かつ南部自身も考えていたように) ゴールドストーンの定理が提出された. これによると, 連続的な対称性が自発的に破れると, それにともなって長波長極限でゼロになるような励起エネルギーをもつ集団励起モード (量子化すれば質量ゼロのボソン) が出現する. このスカラー粒子は南部－ゴールドストーン (**NG**) ボソンとよばれ, 秩序パラメータの位相の揺らぎに対応した集団励起モードである. ちなみに, 素粒子物理学に対称性の自発的破れを応用しようとすると, ゴールド

---

6) P.W. Anderson：Phys. Rev. **112**, 1900 (1958).

ストーンの定理から存在が要請される質量ゼロのスカラー粒子が見つからないため，謎となった．

アングレール（Englert）- ブラウト（Brout），ヒッグスらは，実はゲージ対称性がある場合にはゴールドストーンの定理を回避して質量ゼロのボソンが出現しない機構が存在することを指摘した．それによると，秩序パラメータの位相モードである NG 粒子がゲージ場の縦波成分と結合して消えると同時に，ゲージ場が質量を獲得する．一方，秩序パラメータの振幅モードに対応する粒子は生き残り，質量をもったヒッグス粒子として現れる．この「ヒッグス機構」はその後，素粒子物理学の標準理論に組み込まれた．

ヒッグス粒子は，その予言から 50 年近くを経た 2012 年に CERN で実験的に発見された．なお，ヒッグスらの理論に先立って，超伝導体中のマイスナー効果を「フォトンが質量を獲得する」機構の例として示したアンダーソンの理論があり[7]，ヒッグスらの理論は，これを相対論的な場の理論の枠組みでも同様の現象が起こることを示したといえる．これが，ヒッグス機構がアンダーソン - ヒッグス機構ともよばれる所以である．

超伝導と粒子加速器

超伝導は基礎・応用共に物性物理学の分野に属するが，実は，高エネルギー物理学（素粒子物理学）とも重要な接点がある．高エネルギー物理学の実験においては，巨大な粒子加速器を用いるが，現在の最先端は，ジュネーブにある CERN（ヨーロッパ共同原子核研究所）で稼動している LHC（Large hadron collider, http://lhc.web.cern.ch/lhc/）である．これは，ヨーロッパだけでなく，日本，アメリカなども参加している国際協力研究である．

この加速器は，陽子と陽子を衝突させるもので，2012 年にヒッグス粒子を発見したことで一般にも一躍知られるようになった（2013 年にノーベル物理学賞）．さらに，素粒子の標準理論を超える粒子などが探られている．

加速された粒子を収束させたり，曲げたりさせるには磁場が必要であるが，これに超伝導磁石が用いられている（図 9.1）．超伝導物質は Nb - Ti で，液体ヘリウム

---

7) P.W. Anderson：Phys. Rev. **130**, 439（1963）．

240   9. 非平衡下の超伝導

図 9.1 超伝導磁石を用いた加速器 (LHC). CERN のウェブサイト (LHC images gallery) より許可を得て転載. 左下添図は, 素粒子が走る経路に備えられた超伝導磁石の開封模型 (CERN にて筆者撮影). 超伝導体は Nb と Ti の合金であるが, 現在 LHC では, それ以外の材料の検討も行われている.

で冷やされている. 日本の高エネルギー加速器研究機構 (KEK) などが装置の製作に寄与している.

また, サイクロトロン (磁場中で荷電粒子は円軌道を描くが, これを電場で加速する (したがって軌道はスパイラルとなる) 装置で, 原子核物理学などで用いられる) においても超伝導磁石が使われており, 最近では理化学研究所の超伝導サイクロトロンにおいて, 酸素の同位体 ^{28}O の検出が報告されている (Y. Kondo, et al.: Nature **620**, 965 (2023)).

以上は素粒子・原子核物理の分野であるが, 物性物理における巨大設備においても, 例えば自由電子レーザー (free-electron laser; FEL) で超伝導体が使われている. FEL は高強度の光パルスを発生させる装置で, 相対論的にまで加速された電子を, undulator とよばれる装置中の磁場を通過させて蛇行させることにより, 放射光を得る. ハンブルクの DESY という研究施設にある FLASH と名付けられた X 線帯域を発生させる自由電子レーザーでは, 電子を加速するモジュールに, 超伝導体 (ニオブ) が用いられている (https://flash.desy.de/を参照).

9.2 超伝導ヒッグス・モードに対するギンツブルグ-ランダウ理論 **241**

話を固体物理に戻すと，超伝導体においてヒッグス・モードは最近まで観測されなかった．その大きな理論的理由は，8.4 節でも注意したように，超伝導体におけるヒッグス・モードは外部電磁場と（線形では）結合しないためである．ただし，超伝導と電荷密度波（CDW）が共存する $NbSe_2$ においては観測されていた．CDW が存在すると，電子-格子相互作用を介してフェルミ面の状態密度が振動し，これが超伝導のヒッグス・モードと結合してラマン過程が活性になるためである．事実，類縁物質で CDW をもたない NbS_2 では，ヒッグス・モードは観測されていなかった．そこに，松永らの 2013,2014 年の観測が現れた．

この観測を可能にしたのは，まず，超伝導体のヒッグス・モードは電磁波に対して確かに線形応答はしないが非線形の結合は存在し，十分強いレーザーに対しては応答するということである．もう一つの新たな観点そして，ヒッグス・モードと共鳴するようなフォトン・エネルギーをもつレーザーを照射すると，ヒッグス・モードとの一種の共鳴現象が起こり，これにより強い第三高調波が発生してヒッグス・モードの存在を際立たせる，という点である．

9.2 超伝導ヒッグス・モードに対するギンツブルグ-ランダウ理論

ヒッグス・モードが発生する機構を略述しよう．第 2 章でギンツブルグ-ランダウ（GL）理論を解説した．この理論では，自由エネルギー密度 f は

$$f[\Psi] = f_0 + a|\Psi(\boldsymbol{r})|^2 + \frac{b}{2}|\Psi(\boldsymbol{r})|^4 + \frac{1}{2m^*}|(-i\nabla - e^*\boldsymbol{A})\Psi(\boldsymbol{r})|^2 \quad (9.1)$$

となる．超伝導相では，図 9.2 に示すように，超伝導状態の自由エネルギー F は，凝縮体 Ψ の実部と虚部の座標上でメキシカン・ハット型となる．(9.1) では，秩序パラメータ Ψ は実空間の座標 $\boldsymbol{r}$ に依存するとし，m^* は有効質量，e^* は電荷，$\boldsymbol{A}$ は外部電磁場によるベクトル・ポテンシャルである．

この系は局所ゲージ対称性をもっている．「局所」というのは，座標 $\boldsymbol{r}$ に依存するゲージ変換 $\Psi(\boldsymbol{r}) \rightarrow e^{ie^*\chi(\boldsymbol{r})}\Psi(\boldsymbol{r})$, $\boldsymbol{A}(\boldsymbol{r}) \rightarrow \boldsymbol{A}(\boldsymbol{r}) + \nabla\chi(\boldsymbol{r})$ に対して不変という意味である．

基底状態からの揺らぎを考慮するために，

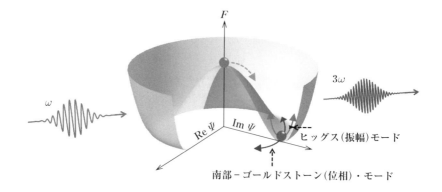

図 9.2 中央のメキシカン・ハット型は，超伝導状態の自由エネルギー F を，凝縮体 Ψ の実部と虚部の座標上で表示したものである．メキシカン・ハットの円状の底において，底に沿って振動するのが南部 - ゴールドストーン（位相）・モード，底から坂を駆け上がって振動するのがヒッグス（振幅）・モード．ヒッグス・モードとの非線形共鳴により，振動数 ω の光を超伝導体に照射すると，3 倍の 3ω の光（第三高調波）が発生する．

$$\Psi(\boldsymbol{r}) = [\Psi_0 + H(\boldsymbol{r})]e^{i\theta(\boldsymbol{r})} \tag{9.2}$$

のように，Ψ を振幅の揺らぎ $H(\boldsymbol{r})$ と位相の揺らぎ $\theta(\boldsymbol{r})$ に分解しよう．揺らぎの 2 次まで展開し，ユニタリ・ゲージとよばれるゲージを採用すると

$$f = -2aH^2 + \frac{1}{2m^*}(\nabla H)^2 + \frac{e^{*2}\Psi_0^2}{2m^*}\boldsymbol{A}^2 + \frac{e^{*2}\Psi_0}{m^*}\boldsymbol{A}^2 H + \cdots \tag{9.3}$$

となることがわかる．この表示では θ は消え，その代わりに第 3 項に電磁場の質量項（$\boldsymbol{A}^2$ に比例する項）が現れる[5]．これが，NG モードが電磁場の縦波成分に吸収されて電磁場が質量を獲得する（つまり侵入長 λ で減衰する），アンダーソン - ヒッグス機構である．

ここで大事なのは，超伝導体は中性粒子が超流動しているのではなく，電子という電荷をもった粒子の系，つまりクーロン系ということである．7.5 節でも触れたように，クーロン系はプラズモンとよばれる集団励起（疎密波）をもつが，プラズモンの分散は，$k \to 0$ で 0 とはならず，有限なプラズマ振動数 ω_p から立ち上がる（つまり，質量がある（massive））．集団励起には，横（transverse）モードと縦（longitudinal）モード（疎密波）があるので，これらを区別して考える必要があるが，massive なのは縦モードの方である．

9.2 超伝導ヒッグス・モードに対するギンツブルグ–ランダウ理論　243

それでは，この荷電粒子系がゲージ対称性を破る超伝導転移をしたらどうなるだろうか．この状態は U(1) ゲージ対称性が破れた状態だから，それに付随してゼロ質量の集団モードが立ちそうな気がするが，実は横モードの方も massive になる，というのが，アンダーソンが提唱し，ヒッグスが（相対論的に）定式化した機構である．図 9.3 に，集団励起モードが，中性の超流動体から超伝導体にいくとどのように変わるかを示した．

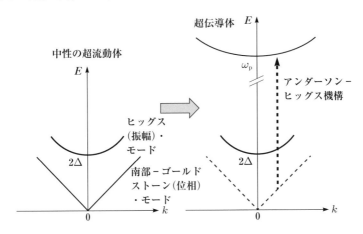

図 9.3　超流動，超伝導における集団励起モード，縦軸はエネルギー，横軸は波数．左：中性の超流動体においては，原点から立ち上がる南部–ゴールドストーン・モードと，有限エネルギーに底をもつヒッグス（振幅）・モードがある．右：超伝導体においては，南部–ゴールドストーン・モードは，アンダーソン–ヒッグス機構のために，プラズマ振動数 ω_p の高エネルギーにシフトする．

自由度を数えると，ヒッグス機構が起こる前後で 2（電磁場の横成分）+ 2（Ψ の実部と虚部）→ 3（電磁場の縦成分と横成分）+ 1（ヒッグス・モード）となる．付言すると，電子系において，電子間のクーロン力は質量ゼロのボソンである光子が媒介する一方，プラズモンは電子のモードのように見えるが，光子と電子は結合していて光子のモードともいえる．超伝導状態になると，磁場が有限距離 λ しか侵入しないというマイスナー効果が起こるが，これも同様に光子に対する効果だと思うと，光子がアンダーソン–ヒッグス機構により massive な（ギャップをもつ）励起モードを得たともいえる．

244　9.　非平衡下の超伝導

　一般に，考えている場をこのような機構でmassiveにする役を担う場をヒッグス場というが，マイスナー効果では超伝導の凝縮体 Ψ がヒッグス場の役を果たすわけである．式でいえば，第1章で既に述べたように，ロンドン方程式(1.18)は，光子の場がmassive（質量 M）であるという方程式 $\Box A = M^2 A$ の形(1.20)をしていて，質量は $M = 1/\lambda^2$ である．ここでは4元形式により，d'Alambertian $\Box \equiv \frac{\partial^2}{c^2 \partial t^2} - \nabla^2$ を用いた．ロンドンの侵入長は $\lambda^2 \propto 1/|\psi|^2$ なので，$M \propto |\psi|^2$ である．こうして，超伝導体中の集団モードはmassiveとなる．さもなければ，（Varmaの表現[8]でいえば）常伝導体が超伝導転移すると色が変わってしまうことになる．

　(9.3)で，A に線形な項は存在せず，ヒッグス・モードは電磁場と線形では結合しない．ところが，高次の項を見ると，$A^2 H$ という非線形な結合は存在するので，これが非線形応答を通じてヒッグス・モードを観測可能にする．以下詳細は略すが，直観的には以下のようである．

　それには，アンダーソンによる「擬スピン」表示が役に立つ．これは，

$$\begin{cases} \sigma_k^x = \dfrac{1}{2}(c_{k\uparrow}^\dagger c_{-k\downarrow}^\dagger + c_{-k\downarrow} c_{k\uparrow}) \\[2mm] \sigma_k^y = \dfrac{1}{2i}(c_{k\uparrow}^\dagger c_{-k\downarrow}^\dagger - c_{-k\downarrow} c_{k\uparrow}) \\[2mm] \sigma_k^z = \dfrac{1}{2}(c_{k\uparrow}^\dagger c_{k\uparrow} - c_{-k\downarrow} c_{-k\downarrow}^\dagger) \end{cases} \tag{9.4}$$

のように定義される．つまり，擬スピン $\boldsymbol{\sigma}$ の x, y 成分は（$\boldsymbol{k}$ 成分に分解した）クーパー・ペアの振幅の実部と虚部にそれぞれ対応し，z 成分は電子の占有数に対応する．3.2.2項で導入した南部スピノル ψ を用いると，

$$\boldsymbol{\sigma}_k = \frac{1}{2}\psi_k^\dagger \boldsymbol{\tau} \psi_k \tag{9.5}$$

と表される（ここで $\boldsymbol{\tau}$ は擬スピン空間におけるパウリ行列）．

　図9.4では，s波超伝導状態に対して，擬スピン $\boldsymbol{\sigma}_k$ を $\boldsymbol{k}$ に対して示した．常伝導状態ではフェルミ・エネルギー以下では準位が占有され（擬スピンはすべて上向き），フェルミ・エネルギー以上では空（すべて下向き）である．超伝導状態になると第3章で示したように電子と正孔が混成して，擬スピンは

---

8)　C.M. Varma and J. Low Temp : Phys. **126**, 901 (2002).

9.2 超伝導ヒッグス・モードに対するギンツブルグ–ランダウ理論　245

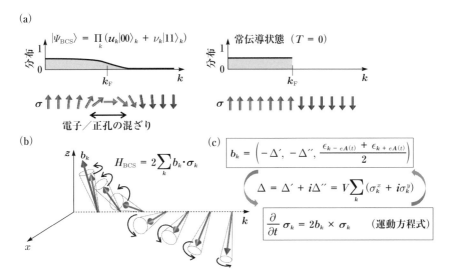

図 9.4　(a)　BCS 状態と常伝導状態に対するアンダーソン擬スピン表示.
上段：波数 k に対する電子分布，下段：擬スピンの向き
(b)　超伝導体を励起したときの擬スピンの時間発展
(c)　擬スピン表示での系の運動方程式

フェルミ・エネルギー近傍で上向きから下向きに徐々に捻じれたテクスチャーになる．キッテル（Kittel）は，これを強磁性体におけるブロッホの磁壁のような，と表現している)[9]．

擬スピン表示では，BCS ハミルトニアンは

$$H_{\mathrm{BCS}} = 2 \sum_k \boldsymbol{b}_k \cdot \boldsymbol{\sigma}_k \tag{9.6}$$

のように，仮想磁場

$$\boldsymbol{b}_k = (-\Delta', -\Delta'', \varepsilon_k) \tag{9.7}$$

の中のスピン系のハミルトニアンの形に書ける．したがって，系を擾乱させたときの時間発展は仮想磁場中の擬スピンの運動となる．ただし重要なことは，仮想磁場 (9.7) の x, y 成分である秩序パラメータは平均場の自己無撞着

---

9)　C. Kittel: *Quantum Theory of Solids*, Ch.8（Wiley, 1963）．

条件 $\Delta = V \sum_k \langle c_{k\uparrow}^\dagger c_{-k\downarrow}^\dagger \rangle \equiv \Delta' + i\Delta''$ から決まっており，つまり σ が運動すれば Δ を変え，それがまた σ に反映されるという「自己無撞着運動」ということである．

実験的にヒッグス・モードを励起するには，レーザー・パルスを照射する．理論的には，これにより秩序パラメータが突然変化し，擬スピンの描像では仮想磁場の x, y 成分が突然変化し，擬スピンはその変化に追随するために新たな仮想磁場の周りで歳差運動を始める．秩序パラメータと擬スピンは自己無撞着に関連しているので，擬スピンの変化は秩序パラメータにも反映される．したがって，擬スピンが集団的に同期して歳差運動すれば（図 9.4(b)），同時に秩序パラメータの振動が現れる．

9.3 ヒッグス・モードの実験
── ポンプ・プローブおよび第三高調波発生 ──

次に，ヒッグス・モードの実験について解説しよう．ヒッグス・モードを励起するには，冷却原子系（ここでもヒッグス・モードが観測されている）の場合は，フェッシュバッハ共鳴という現象を利用して原子間の相互作用の強さを変えることが瞬間的にできる．超伝導体の場合は，レーザーの短パルスを照射し，その後の応答を別のプローブ光で観測する（ポンプ・プローブ法）．つまり，パルスにより準粒子分布を瞬時に変化させて，秩序パラメーター振動を起こさせるというものである．ただし，照射する光子エネルギーが超伝導ギャップより大きすぎると，ペアが大幅に破壊されてしまうので，光子エネルギーは超伝導ギャップ 2Δ と同程度（通常の超伝導体では THz 帯域），かつ，レーザー強度は超伝導体を大きく変える程度に強く，瞬間的に超伝導体を変化させるためにはパルスは十分短い，という条件が必要となる．応答を時間分解で観測すれば，ヒッグス・モードの応答を直接追える．

最初の実験（R. Matsunaga, *et al.*: Phys. Rev. Lett. **111**, 057002 (2013)）では，従来型の低温超伝導体 $\mathrm{Nb}_{1-x}\mathrm{Ti}_x\mathrm{N}$ が使われ，$2\Delta = 3\,\mathrm{meV} = 0.7\,\mathrm{THz}$ であり，使われたポンプ光も同程度の光子エネルギーをもつ．

図 9.5 に典型的な実験結果を示す．時間を追った測定結果は，ポンプとプローブの間の遅延時間 t_{pp} に対してプロットしてある．ポンプすると準粒子

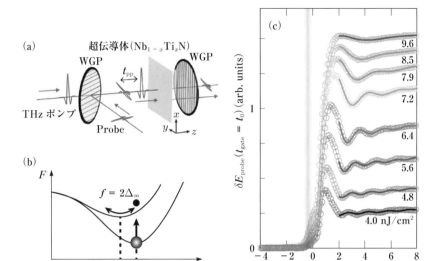

図 9.5 (a) 超伝導体に THz 帯のポンプ光を照射するセットアップ. t_{pp} はポンプとプローブの間の遅延時間, WGP は wire grid polarizer.
(b) メキシカン・ハット（図 9.2）の断面図において, 照射前の安定点（丸）が, 照射後の自由エネルギー最低点の周りを振動し始める.
(c) ヒッグス・モード信号（縦軸）の時間依存性の実験結果. 異なるデータは異なるポンプ強度に対応し, 垂直の帯はパルス照射の時間を表す.（R. Matsunaga, et al.: Phys. Rev. Lett. **111**, 057002（2013）.）

密度が増加するために, ギャップ 2Δ は突然減少する. 自由エネルギーは, 超伝導相で GL 理論の示すようにメキシカン・ハット型となるが, この形が低くなり, 同心円上の底の半径も小さくなり, これが突然起こるので, 系は変化後の時点から, 新たなメキシカン・ハットの上で動径方向（振幅方向）に振動を始める（図 9.5(b)）. これが実験で得られた振動（図 9.5(c)）に対応し, ヒッグス・モードを表す. 励起後十分時間が経った後は, ギャップはポンプ強度に応じた値 $2\Delta_\infty$ に漸近的に近づき, これが振動周期を与える.

連続励起

以上はポンプ・プローブ法（系をパルスで励起した後に応答を観測する）であるが, それでは, 系を連続的なレーザーで励起したときには, その最中に

248   9. 非平衡下の超伝導

何が起こるであろうか.

　連続的なレーザーの光子エネルギー ω を固定して，温度 T を変化させると，超伝導体の $2\Delta(T)$ が変化する（図 9.6(b)）．この状況で，$\omega > 2\Delta(T)$ の場合は秩序パラメータが単純に減少するだけであるが，$\omega < 2\Delta(T)$ のサブギャップ光子エネルギーの場合は，秩序パラメータが $2\omega = 2\Delta(T)$ の振動数をもってコヒーレントに振動する様子が明確に観測される.

　なぜ $2\omega = 2\Delta(T)$ となるのだろうか．これは，9.2 節の GL 理論で解釈できる．そこで示したように，ヒッグス・モードと電磁場が線形で結合する成分（NG モード θ）はヒッグス機構により吸収されてしまうが，ヒッグス・モードと電磁場の間に A^2H という非線形結合は存在する．この場合の運動方程式において，ヒッグス・モードと結合する外場がベクトル・ポテンシャル A の 2 乗であるため，秩序パラメータの振幅の変化である $H(t)$ は 2ω の周波数で振動する.

　一方，非線形応答についてはどうだろうか．電流密度は GL 理論では

$$\boldsymbol{j} = -\frac{ie^*}{2m^*}[\Psi^\dagger \nabla \Psi - (\nabla \Psi^\dagger)\Psi] - \frac{e^{*2}}{m^*}\boldsymbol{A}\Psi^\dagger\Psi \tag{9.8}$$

で与えられ，$\Psi(t) = \Psi_0 + H(t)$ を代入すると，電流の非線形応答成分の主要項 $\boldsymbol{j}^{(3)}$ は

$$\boldsymbol{j}^{(3)}(t) = -\frac{2e^{*2}\Psi_0}{m^*}\boldsymbol{A}(t)H(t) \tag{9.9}$$

となる．非線形応答電流は，$A(t)$（ω で振動）と $H(t)$（$2\omega = 2\Delta$ で振動）の積なので，合わせて 3ω で振動することになる．つまり，照射した周波数の 3 倍の周波数をもつ第三高調波（third-harmonic generation；THG）が放射されるという現象が予測される．(9.9) で電流はベクトル・ポテンシャルに比例しており，ロンドン方程式

$$\boldsymbol{j}(t) = -\frac{e^{*2}}{m^*}n_{\mathrm{s}}(t)\boldsymbol{A}(t) \tag{9.10}$$

の形をとっているので，ここでの振動は超伝導密度 n_{s} の振動 $\delta n_{\mathrm{s}}(t) = 2\Psi_0 H(t)$ と解釈できる.

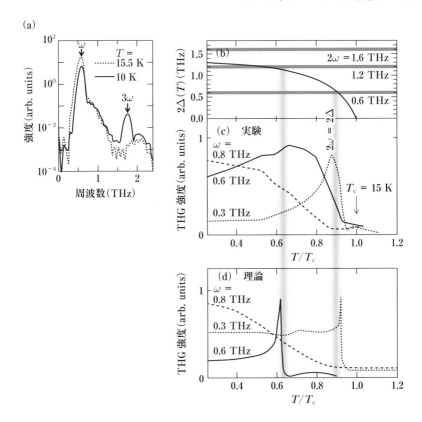

図 9.6 (a) 超伝導体に周波数 ω（ここでは 0.6 THz）のポンプ光を照射したときの応答の振動数スペクトル．3ω のピークが第三高調波（THG）に対応する．温度は $T = 10$ K ($< T_c$) および $T = 15.5$ K ($> T_c$)．
(b) 超伝導ギャップ 2Δ の温度依存性．
(c) THG の温度依存性に対する実験結果．照射する光は，$2\omega = 0.6$ THz，1.2 THz，1.6 THz（(b) の 3 本の水平線に対応）．
(d) THG の温度依存性に対する理論結果．
(R. Matsunaga, et al.: Science **345**, 1145 (2014) に基づく．)

ここで重要なのは，この非線形応答成分がヒッグス場 $H(t)$ に比例しているので，「第三高調波を観測できれば，秩序パラメータのヒッグス振動に比例した情報を得ることができる」ということである．図 9.2 ではその様子を概

250   9. 非平衡下の超伝導

念図として示した.

実験は，ポンプ・プローブではないので単純な透過配置で行う．図 9.6 に示すように，$\omega = 0.6$ の入射 THz 波に対して，T_c 以下では 1.8 THz（$= 3\omega$）付近に大きなピークが出現している．この 3ω 成分はポンプ電場強度の 6 乗に比例し，これからも第三高調波であることが示される．図 9.6(b) では，温度を変えた場合の超伝導ギャップ $2\Delta(T)$ の温度依存性の上に，実験で用いた 3 種の入射周波数の 2 倍 2ω を重ね書きした．これにより，第三高調波のピークが $2\omega = 2\Delta(T)$ となる状況で生じていることが，実験（図 9.6(c)）および理論（図 9.6(d)）から系統的にわかる．

理論的には，上では GL 理論を用いたが，より微視的なアンダーソンの擬スピン理論でも解析でき，さらに微視的に，ハバード模型に対する非平衡動的平均場理論（非平衡 DMFT）を用いた数値計算でも確認できる．共鳴条件が，ω が超伝導ギャップ 2Δ に等しいという条件ではなく，$\omega = \Delta = (1/2)\times$ ギャップなので，共鳴条件を満たす励起はギャップ以下の周波数であり，準粒子は生成されず，超伝導秩序パラメータのダイナミクスをコヒーレントに制御するのに有利にはたらく．

ここで $2\omega = 2\Delta$ という共鳴を，一見 2 光子吸収によってギャップ端励起が起こると見えるかも知れないが，ここでの現象は 2 光子吸収とは全く異なるのは以上の説明で明らかであろう．

別の注意が必要なのは，ヒッグス・モードの分散の最低エネルギー点は，準粒子励起の連続スペクトルの下端と，BCS 理論では一致することである．そのため，レーザーを当てたときの応答には，ヒッグス・モードだけではなく，準粒子励起も同じ周波数において寄与し，一般的には両方の寄与がある．実際，ベンファット（Benfatto）のグループは，BCS 近似の範囲内では準粒子励起の寄与の方が大きいことを指摘した．

それでは，平均場的な BCS 理論を超えた効果を取り入れるとどうなるだろうか[10]．ヒッグス・モードを記述する THG に対する感受率のダイアグラムは，（ラマン散乱の用語を使うと）nonresonant, mixed, resonant という

---

10)　N. Tsuji, *et al.*: Phys. Rev. B **94**, 224519 (2016); R. Matsunaga：Phys. Rev. B **96**, 020505 (R) (2017).

3種類から成る．BCSの範囲内では nonresonant 項以外は消えるが，一般には他の2つも寄与し，実際，BCS近似を超えるとそれらの寄与は大きいことが示される．照射するレーザーの偏光方向と試料の結晶軸の相対角依存性からも，ヒッグス・モードと準粒子励起の寄与が区別できる．実験で用いられたNbNは従来型超伝導体ではあるが，強結合超伝導なのでフォノン媒介引力の遅延効果が大きく，この効果を入れるとヒッグス・モードの寄与は準粒子の寄与と少なくとも同程度ということが示され，これは非平衡DMFTでも確認される[11]．

2バンド超伝導体における集団励起モードも興味深く，特に，2バンド超伝導体に特有のレゲット（Leggett）・モード（2個の超流動秩序が逆位相で振動する位相モード）も存在する．2バンド超伝導体におけるヒッグス・モードおよびレゲット・モードと光との共鳴を理論的に調べると，

(i) ヒッグス・モードは2個存在し，異なる共鳴幅をもつ．

(ii) レゲット・モードは非線形効果により電場により励起され得て，特徴的な温度依存をもつ．

などが示される[12]．図9.7に，その様子を示す．

異方的ペアリングをもつ**高温超伝導体**においても，ヒッグス・モードの島野グループの実験，および理論研究が成されている（253頁の図9.8）[13]．最初の実験では銅酸化物高温超伝導体 $Bi_2Sr_2CaCu_2O_{8+x}$ の応答がTHzポンプ・近赤外プローブ法を用いて調べられた[14]．異方的（d波）超伝導体に対しては，応答を結晶の正方対称性の既約表現（8.3節の表を参照）に分解して解析する必要があるが，単結晶試料に対してポンプ光，プローブ光のそれぞれの偏光面を回転させて調べることによりこの分解を実行でき，その結果，A_{1g} 既約表現成分が大きく，これは理論的にヒッグス・モードの寄与が支配的で

---

11) 例えば N. Tsuji and Y. Nomura：Phys. Rev. Research **2**, 043029（2020）を参照．

12) Y. Murotani, *et al.*：Phys. Rev. B **95**, 104503（2017）．

13) 理論的にはヴァルマ（Varma）らが以前から調べていた（D. Pekker and C.M. Varma：Annu. Rev. Condens. Matter Phys. **6**, 269（2015））．

14) K. Katsumi, *et al.*：Phys. Rev. Lett. **120**, 117001（2018）．

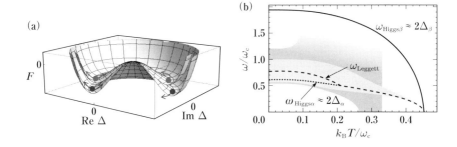

図 9.7 (a) 2バンド超伝導体におけるレゲット・モードの概念図．二重のメキシカン・ハットは2バンドに対する自由エネルギー，それぞれの底において，底に沿って逆位相で振動するのがレゲット・モード，底から坂を駆け上がって振動するのがヒッグス・モード．(b) 理論的な励起モードのスペクトルを温度に対してプロット．レゲット・モードと，二種 (α, β) のヒッグス・モードから成る．ハッチは共鳴幅を示す．
(Y. Murotani, et al.: Phys. Rev. B **95**, 104503 (2017).)

あることを示す（図 9.8）．3次の非線形光学応答（これにはヒッグス・モードと準粒子励起が寄与する）を用いて調べることによりこの分解を実行でき，その実験結果は，A_{1g} 既約表現成分が支配的であることを示す（図 9.8(c)）．理論的に3次の非線形光学応答を求めると，対称性の観点から，3次の非線形光学応答に寄与する成分は，

	A_{1g}	B_{1g}	B_{2g}
準粒子励起寄与の相対的大きさ	微小	大	微小
ヒッグス・モードの寄与	有	0	0

となる．したがって，A_{1g} 成分が支配的であるという実験結果は，ヒッグス・モードが支配的であるということを理論的に示す．

以上のように，ヒッグス・モードやレゲット・モードという集団励起は，超伝導体（従来型ならびに高温超伝導）の恰好のプローブになることが，将来的にも期待される（ヒッグス・モードについては，巻末文献 [34] も参照）．

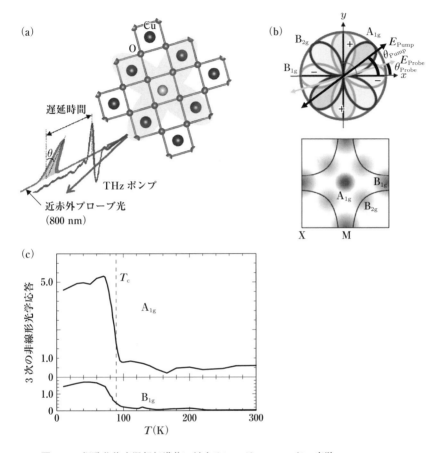

図 9.8 銅酸化物高温超伝導体に対するヒッグス・モードの実験
(a) THz ポンプ・近赤外プローブを用いる実験の配置図．試料の銅酸化物の CuO 面および d 波ペアリングを模式的に示す．
(b) 正方晶系に対する既約表現と，それらに相対的なポンプ光，プローブ光の電場方向を実空間で模式的に示す．下のパネルは k 空間でのフェルミ面（黒線）と，各既約表現がプローブする箇所．
(c) 最適ドープされた銅酸化物高温超伝導体 $Bi_2Sr_2CaCu_2O_{8+\delta}$ ($T_c \simeq 90\,K$) に対する THz ポンプ・近赤外プローブ実験結果．3 次の非線形光学応答の A_{1g}, B_{1g} 既約表現成分を，温度の関数としてプロット．

(K. Katsumi, *et al.*: Phys. Rev. Lett. **120**, 117001 (2018).)

南部陽一郎と南部理論

南部陽一郎による理論は，物性物理学，特に超伝導において重要な役割を果たす．まず，対称性の自発的破れの概念は，超伝導（そこでは，繰り返し強調したように，ゲージ対称性が自発的に破れる）において本質的である．実は，南部が対称性の自発的破れの概念を見出すきっかけになったのは超伝導そのものであり，南部はBCS理論に触発されて，逆に素粒子物理学に「対称性の自発的な破れ」の概念をもち込んだ．BCS理論とのアナロジーに基づき，場の理論における真空（基底状態）に対しても対称性の自発的破れが生じているのではないかと考えたわけである．

超伝導のBCS状態からの励起は，ボゴリューボフ理論によると，質量 m をもつディラック（Dirac）粒子に対する方程式 $E(\boldsymbol{k}) = \pm\sqrt{k^2 + m^2}$ と似ている（図9.9）．これは形式的であるが，この'アナロジーをシリアスにとって（南部の論文にある言葉）'考えたら何が起こるであろうか，というのが南部の問題意識であった．南部理論が分野横断したのは，このようなゲージ対称性破れの描像が，一般のゲージ場理論としての素粒子論に適用できる，というアイディアを構築したためといえる．

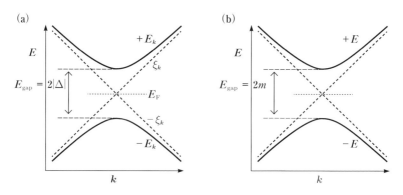

図 9.9 (a) BCS理論におけるエネルギー・スペクトル
(b) ディラック粒子のエネルギー・スペクトル

基底状態は場の理論では「真空」に対応するので，このアイディアは，「真空が超伝導とすると素粒子がmassiveになる（質量をもつ）」と表現されることが多い．さらには，これにより本文で述べたように，集団励起の振幅の集団励起モード（超伝導体ではヒッグス・モード）や，位相の集団励起モード（一般的に南部-ゴールドストーン・モード）の議論ができるようになった．また，超伝導を扱う理論形式

9.3 ヒッグス・モードの実験 255

でも南部表示（あるいは南部スピノル）とよばれる行列形式が頻用されている.

超伝導体で破れているのは $U(1)$ ゲージ（3.2 節で解説した, 波動関数の位相に関するゲージ）である. 磁性体でいえば, スピンが x 成分と y 成分だけをもつ模型（XY model）におけるスピンの向きに関するゲージであり, 超伝導状態の位相に注目したいときは, しばしば XY 模型により記述される.

南部（および, 南部 - Jona - Lasinio）の理論では, これが提出された当時はクォーク理論以前なので, 念頭に置かれたのは $U(1)$ ゲージ対称性ではなく, カイラル対称性（γ_5 という行列を含む $\psi \to e^{i\mathrm{const}\gamma_5}\psi$ という変換に対する対称性）の破れであった. しかし南部理論は, 一般論として対称性の破れという視点からの新たな分野を発展させた. 実際, 素粒子理論では, electroweak 理論に対するワインバーグ - サラム（Weinberg - Salam）理論でも質量の起源は超伝導をモデルにしている部分があり, ワインバーグ自身, ノーベル賞受賞講演において「1960 年頃に, 元々固体物理から発したアイディアで, 南部, ゴールドストーンらにより素粒子物理に移入されたものを知り, …, このアイディアと恋に落ちた（fell in love）」と言っている[15].

また, 本章のテーマであるヒッグス・モードに関しても, ヒッグス（Peter Higgs）自身[16], ヒッグス粒子を考えたのは, 1961 年に南部 - Jona - Lasinio の論文を読んだのがきっかけだった, と述懐している[17].

最後に, コラム「BCS 理論の還暦」で触れた, ゲージ不変性が BCS 状態においてすら保てることを, 南部が Y. Nambu：Phys. Rev. **117**, 648（1960）において示したことを解説しよう. BCS 理論以前のロンドン方程式という現象論が, すでにゲージ不変性を破っているが, 超伝導をミクロに扱う BCS 理論において破れたゲージ不変性はどうなるのか, という問題となる. ゴリコフ（Gor'kov）とボゴリューボフは, 準粒子励起も含めてギンツブルグ - ランダウ（GL）理論を構成し, GL 理論は, 対称性の破れをともなう相転移を扱う一般論だが, そこでもなお, マイスナー効果とゲージ対称性の関係は不分明であった. そこで, 南部が上記の論文で示したのは, 電磁場も含めた場の理論を（電荷保存を保証するウォード（Ward）- 高橋恒

---

15) S. Weinberg：Rev. Mod. Phys. **52**, 515（1980）; *The quantum theory of fields* (Cambridge Univ. Press, 1995).

16) Higgs は 2024 年に没したが, CERN の LHC では, すでに次世代 LHC の計画がされており, 2025 年には feasibility study を終える予定という.

17) 南部理論を素粒子論全体の流れの中で捉えるには, L. Hoddeson, *et al.* (eds.)：*The rise of the standard model — particle physics in the 1960s and 1970s* (Cambridge Univ. Press, 1997) がよい. この中には, 対称性自発的破れに関するパネル・セッション（パネリストは南部, ヒッグスら）も含まれている.

等式[18])というものを尊重しながら)構成すると,マイスナー効果もゲージ不変に議論できる,ということである.つまり,超伝導体におけるゲージ不変性は,意外に面倒な議論をしないとわからず,「隠れて」いる.具体的には,電磁応答を記述する式において,電磁場と超伝導体の双方と絡む Meissner kernel という積分核を精査する必要がある.

テキストとしては,J. R. Schrieffer：*Theory of superconductivity* (Benjamin, 1964); G. Rickayzen：*Theory of superconductivity* (Interscience, 1965); I.J.R. Aitchison and A.J.G. Hey：*Gauge theories in particle physics*, 2nd ed (Inst. Phys. Publication, 1989) が,BCS 以降の超伝導のテキストとしては初期に属するにもかかわらず(あるいはそれ故に),このことについて紹介している.ハドロン系についての総合報告としては,例えば中性子星にフォーカスした G. Baym, *et al.*: Rep. Prog. Phys. **81**, 056902 (2018) を参照してほしい.南部理論の詳細については,例えば,青木秀夫：日本物理学会誌 **64**, 80 (2009);原子核研究(南部先生ノーベル賞受賞記念特集号) **53**, Suppl. 3, 183 (2009) などがある.

写真は,南部先生が東京大学で集中講義をされた折のスナップショットである(ご本人の許諾を得て使用,筆者撮影).

---

18) Ward‐Takahashi identity については,例えば E. Fradkin：Field theoretic aspects of condensed matter physics：An overview, in T. Chakraborty, *et al.* (editors): *Encyclopedia of Condensed Matter Physics* 2nd edition (Elsevier, 2024) を参照.

超流動と量子ホール効果

本章では，ゲージ対称性の自発的破れという点で超伝導と密接な関連をもつ超流動と量子ホール効果について簡単に解説する．

10.1 超 流 動

超伝導に似た現象に超流動がある．超伝導と超流動は似ているが，正確にいってどのように似ているのだろうか．また，超伝導が生まれるメカニズムと，超流動が生まれるメカニズムは何か関係しているだろうか．十分低温（絶対温度で数度）ではヘリウムは超流動という特殊な状態になり，この現象は抵抗なしに流動する，というだけでなく，超伝導で強調した「巨視的量子現象」である．つまり，超伝導，超流動ともにゲージ対称性の破れから生じる状態である．

構成粒子の波動関数を $\psi = |\psi|e^{i\theta}$ としたときに，位相 θ が巨視的なスケールで揃う．これにともない，$\nabla\theta(\boldsymbol{r})$ に比例した超流動が発生し，構成粒子が電子のような荷電粒子の場合は超伝導となる．また，超伝導，超流動が生まれるメカニズムの点でも，超流動は普通は ^{4}He（ボソン）で起こるが，^{3}He（フェルミオン）でも起こり，後者の超流動メカニズムは，ヘリウム原子間の斥力から発生すると考えられているので，電子間斥力からの超伝導と似ている．

詳しくいうと，ヘリウム原子は，原子核（= 陽子 2 個 + 中性子 2 個）と 2 個の電子から成り，普通の超流動はこの ^{4}He に対して起こる．陽子も中性子も電子もフェルミオンであるから，原子全体としてはフェルミオンが偶数個，

つまりボソンであり，超流動はボース–アインシュタイン凝縮のために発生する．他方，ヘリウムには原子核が陽子2個と中性子1個から成る ³He という同位体もある（天然のヘリウム中に約 0.0001% 含まれる）．この原子は奇数個のフェルミオンから成り，原子全体としてフェルミオンである．これも超流動になることは1972年に発見され，1996年にノーベル物理学賞を受賞した．

これらの超流動は，ヘリウム原子の間の強い斥力相互作用に由来する．ヘリウム原子における電子の波動関数は球状の閉殻であり，これはハードコア（硬い芯）とよばれる．つまり，2個の He 原子が接近すると，ボールとボールをぶつけたときのような相互作用がはたらく（図 10.1）．この斥力相互作用のために，フェルミオンである ³He では異方的な（原子と原子の間の）ペアリングをもつ BCS 状態になって

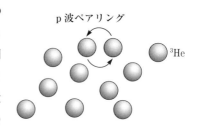

図 10.1 ヘリウム原子に対するハードコア（硬い芯）相互作用を球で象徴的に示す．矢印は，超流動状態で実現する p 対称性ペアリングを示す．

いる（ヘリウム原子は中性で電流を運ばないから超伝導ではないが）．

銅の酸化物の超伝導では，（この場合はクーロン）斥力相互作用する電子と電子が，d 波（相対角運動量が，量子単位 $\hbar$ で測って 2）のクーパー・ペアを成したが，ヘリウムでは，p 波（相対角運動量が 1）のクーパー・ペアとなる．電子系とヘリウム系はどちらも斥力相互作用するフェルミオンの系であるが，銅酸化物では電子は，元素の原子軌道によって決まる斥力相互作用をしながら，結晶構造で決まるバンド構造というエネルギー・運動量関係に従って運動する．それに対し，液体ヘリウムではハードコア斥力をしながら連続空間の中で運動する，という違いがある．このために，異方的ペアリングの様子も当然異なる．

図 10.2 には ³He に対する相図を示す．この相図は，温度と圧力，さらに外部磁場をかけたとき，どのような相となるかを示している．まず，磁場がない場合を見ると，常圧では約 1 mK（1 K の 1/1000）で超流動 B 相になる．超流動相には 2 種類あり，それぞれ A 相，B 相という名が付いている．圧

力を加えると超流動転移温度は上昇し，さらに高圧側では超流動 A 相が出現する．磁場をかけると相境界はシフトし，さらに新しい超流動（A_1 相とよばれる）が現れる．

それでは，超流動 ^{3}He を少し詳しく見てみよう．He という元素は，周期表では一番右にあることからわかるように，貴ガス（不活性）元素である．2 個の電子は 1s という軌道を（↑スピン，↓スピンとして）完全に詰めているので，電子の波動関数は球状で，スピン自由度も埋まった硬い殻と見なせる．ただし，^{3}He

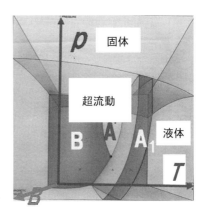

図 10.2 ^{3}He に対する相図を，温度 T と圧力 p，外部磁場 B の 3 本の軸に対して概念的に示す．A, A_1, B はそれぞれ超流動相である．

の原子核は核スピン 1/2 をもつので，この自由度は残る．したがって，液体 ^{3}He はスピン 1/2 をもって，ハードコア斥力相互作用する粒子の集団であると思ってよい．

この粒子の密度は $1.6 \times 10^{22}\,\mathrm{cm}^{-3}$ であり，フェルミ温度 $T_\mathrm{F} \sim 0.1\,\mathrm{K}$ 以下ではフェルミ縮退している．この系が，転移温度 $T_\mathrm{c} \sim 0.001\,\mathrm{K}$ 以下で超流動になるわけである．

この超流動は，スピン・トリプレット状態をもつ p 波クーパー・ペアの凝縮である．シングレット超伝導，トリプレット超伝導を復習すると，

クーパー・ペアの対称性	軌道波動関数（角運動量）	スピン波動関数
s	対称 (0)	シングレット（反対称）
p	反対称 (1)	トリプレット（対称）
d	対称 (2)	シングレット（反対称）

である．超流動でも，粒子が中性であるという点を除けば，クーパー・ペアの対称性の分類は超伝導と同じである．ここでは詳述しないが，超流動 A 相，B 相，A_1 相の違いは，p 波クーパー・ペアの詳細についてである．

超流動になる（クーパー・ペアが凝縮する）機構については，He 原子間の斥力相互作用のためと考えられている．この点で，高温超伝導においても，（電

子間の斥力相互作用のために）異方的（この場合は d 波）な超伝導になったのを思い出させる．一口に斥力相互作用から発生する超伝導・超流動といっても，発生するクーパー・ペアの対称性は，相互作用の形などの詳細により，^{3}He の p 波超流動は，ハードコアという斥力の形からきていると考えられている．また，超流動と超伝導の差異については，超流動や超伝導が起こるための条件に関して，ランダウの注意（第 3 章，3.3.2 項の脚注 14）も参照．

ダグラス・オシェロフ

ヘリウムを冷やして液化させたパイオニア，さらに水銀で超伝導を発見したパイオニアがカマリング・オネスであることは第 1 章で述べた．カマリング・オネスは ^{4}He を液化したが，^{4}He の超流動は 1937 年にカピッツア（Kapitza）ら（1978 年にノーベル物理学賞）が発見した．翌 1938 年に超流動をボース–アインシュタイン凝縮で説明したのが，超伝導理論のパイオニアの一人であるロンドン（F. London）や，ランダウ（Landau，1962 年にノーベル物理学賞）である．

一方，^{3}He で超流動を発見したのは，リー（Lee），オシェロフ（Osheroff），リチャードソン（Richardson）（1996 年にノーベル物理学賞）である．超流動 ^{3}He の理論に関してはレゲット（Leggett）が 2003 年にノーベル物理学賞を受けている．

カマリング・オネスがなぜ ^{4}He を液化しようとしたかというと，当時，金属を低温にすると電子は動かなくなる（絶縁体になる）という説と，逆に電気抵抗がどんどん減少するという説があり，これを判定することが強い動機であった．オシェロフが ^{3}He の超流動を発見したのも，当初はヘリウムの核スピンの磁性を解明したいというのが動機になっており[1]，カマリング・オネスが動機をもって金属を冷やしたことを思い出させる，とオシェロフ自身が述べている．

ちなみに，ヘリウムより水素の方が簡単な元素であるから，これも超流動するかというと，水素原子というのは，考え得る最も簡単な（陽子 1 個と電子 1 個だけから成る）原子であるが，まさにそれ故に意外と扱いにくい．これは，この原子が化学的に大変活発であり，原子と原子の相互作用も硬い芯

---

[1] Douglas D. Osheroff: Am. J. Phys. **69**, 26 (2001).

的でなく,すぐに2原子分子をつくってしまうからである.しかし,超高圧をかけて固体水素を圧縮すると,条件によっては分子もばらけて金属水素になると予測されている.これは木星で実現されていると思われており,理論的には金属水素は高温超伝導体という説については7.3節で解説した.

回転する超流動体 vs 回転する超伝導体

　超流動も超伝導も,同様にゲージ対称性の破れた状態であるから,後者にマイスナー効果がある以上,前者でもあるのだろうか.マイスナー効果は,電荷をもった粒子(電子)の超流動状態が,電磁場と結合するために起こる現象(マクスウェル方程式の超伝導版であるロンドン方程式に従うために起こる現象)である.超流動を起こすヘリウム原子は電気的に中性であるから,マイスナー効果に対応する現象はもたない.ただし,超流動体を回転させると,これを回転座標系に移って記述すると,電荷が磁場から感じるベクトル・ポテンシャルと同じような形の項がハミルトニアンの中に生じるので,磁場中の超伝導体と似た現象が生じる.そして,回転角周波数が大きくなると渦が試料内部に発生し,これは渦糸とよばれるものに量子化される.超伝導体と同様に,超流動体の波動関数がコヒーレントな位相をもつためである.

　それでは,逆に,超伝導体を回転させたら何が起こるであろうか.あまり知られていないが,この場合も,超伝導体の波動関数がコヒーレントな位相をもつために,特徴的な現象が起こる.

　まず,電子は超伝導状態にいるのだから,超伝導体を回転させても結晶格子(イオンから成る)のみが回転し,電子は追従しないとしよう.すると,正電荷をもつイオン格子が回転し,負電荷をもつ電子系が止まっているために,ネット(合計)として回転電流が存在することになる.これは磁場を生むはずであり,超伝導体内部に磁場はないというマイスナー効果に反し,このような状態は熱力学的に不安定である.現実には,試料内部では電子は格子と同じ角速度で回転し,試料表面(表面からの磁場侵入長程度の厚さに亘って)のみ電子は回転に追従せず,ネットの電流が発生する.

　試料と共に回転する座標系で見ると,角速度 ω での回転の効果は,仮想的な外部磁場 $B = (2mc/e)\omega$ が存在するのと同等となる.これが,上記の表面電流のつくる磁場によりキャンセルされる.この効果は,実はロンドン方程式のロンドンによって(BCS理論以前の現象論の範囲内で)考えられていたものである(F. London:

262   10. 超流動と量子ホール効果

Superfluids（Wiley, New York, 1950）, Vol.I. 最近の文献としては M. Liu：Phys. Rev. Lett. **81**, 3223（1998））.

ハドロン物質におけるカラー超伝導体（例えば中性子星の中）を回転させると，やはり，この場合はカラー自由度に関連した磁場の渦が発生する（M. Eto, *et al.*：Prog. Theor. Exp. Phys. **2014**, 012D01（2014））.

10.2　量子ホール効果

超伝導，超流動以外にも，量子多体系における粒子間斥力相互作用から発生するゲージ対称性の自発的破れがあるだろうか.

実は，このような状態が意外なところに存在する．それは，量子ホール効果という現象である（巻末文献 [18] 〜 [20]）．なぜ意外かというと，この現象は，2 次元電子系に垂直に強磁場をかけた系という，超伝導や超流動とは全く異なる舞台において生じる現象だからである．量子ホール効果には 2 種類あり，1980 年に発見された整数量子ホール効果と，その 3 年後に発見された分数量子ホール効果である．特に，分数量子ホール効果は電子相関による効果である．分数量子ホール効果においては，（超伝導におけるものとは別種の）ゲージ対称性が破れている．そのため，量子ホール効果も位相の揃った巨視的量子現象の別の例になっている.

分数量子ホール効果で，ペアの形成もないのに電子の集団が巨視的量子現象を示す理由は膨大な説明が必要となるが，これは磁場中の 2 次元系に特有な電子相関効果の一種である．これを説明する方法の一つに，複合粒子という考えが提案されている．この複合粒子というのは細い磁束が貼り付いた電子のことで，複合粒子は一種のボソンと考えることもできるので，分数量子ホール液体が一種のボース凝縮状態，つまり超流動ということになる.

さらに最近では，分数量子ホール系で異方的（d 波）ペアリングと類似の状態をとる可能性も示唆されている．結局，超伝導，超流動，分数量子ホール効果のすべてがゲージ対称性の破れに関係していることになる.

まず，量子ホール効果が起こる舞台である，電子を 2 次元に閉じ込めた系に

10.2 量子ホール効果 263

強磁場を加えた系を見てみよう. デバイスとしては, 当初はシリコン MOSFET (金属・酸化物・半導体電界効果トランジスター), その後は半導体ヘテロ接合 (異なる種類の半導体 (典型系に GaAs と AlGaAs) を分子線エピタキシーとよばれる方法で接合させたもの) の 2 次元面に電子を閉じ込めたものである. これを **2 次元電子系**とよぶ. 状態密度は, 2 次元自由電子系においては (3 次元系では $\sqrt{E}$ に比例するのと異なり) 定数となる. これに下から電子を詰めていったときのフェルミ・エネルギーは, 2 次元電子系の典型的な電子の面密度 ($\sim 10^{11}\,\mathrm{cm}^{-2}$) に対して $E_\mathrm{F}/k_\mathrm{B} \sim 100\,\mathrm{K}$ となる. つまり, 低温 ($\simeq 4\,\mathrm{K}$：液体ヘリウム温度) ではフェルミ縮退している.

この系をユニークにしているのは, 強磁場が電子相関の発現の仕方を劇的に変えることである. 量子力学で学ぶように, 外部磁場の中での電子を量子力学的に扱うと, 磁場に垂直な面内ではハミルトニアンは 1 次元調和振動子と同じ形となる. 磁場 $\boldsymbol{B}$ の中での 2 次元電子のハミルトニアン H_0 は,

$$H_0 = \frac{1}{2m^*}\boldsymbol{\Pi}^2 \tag{10.1}$$

$$\boldsymbol{\Pi} = \boldsymbol{p} + \frac{e}{c}\boldsymbol{A}(\boldsymbol{r}) \tag{10.2}$$

で与えられる. 磁場がかかっているためにベクトル・ポテンシャル $\boldsymbol{A}(\boldsymbol{r})$ (これは $\nabla \times \boldsymbol{A} = \boldsymbol{B}$ を満たす) が存在し, 運動量 $\boldsymbol{p}$ はダイナミカルな運動量 $\boldsymbol{\Pi}$ に置き変わる. ここで m^* は電子の有効質量, $\boldsymbol{r}$ は座標, $-e$ は電子の電荷, c は光速である.

磁場中の電子は, 古典的にはサイクロトロン運動とよばれる回転運動をする. 対応原理を用いると量子力学における運動もまた, 回転中心の座標 (X, Y) とそこからの相対座標 $\boldsymbol{\xi} = (\xi, \eta)$ に分けて

$$(x, y) = (X, Y) + (\xi, \eta) \tag{10.3}$$

と表せる (2 次元電子系の面を x, y 面とした). 速度は量子力学的には $\boldsymbol{v} = (i/\hbar)[H_0, \boldsymbol{r}] = \boldsymbol{\Pi}/m^*$ で与えられ, 他方, 速度は相対座標と $\boldsymbol{v} = \omega_c\hat{\boldsymbol{e}}_z \times \boldsymbol{\xi}$ のように結ばれている ($\hat{\boldsymbol{e}}_z$ は z 方向の単位ベクトル) から, 相対座標は $\boldsymbol{\Pi}$ と $\boldsymbol{\xi} = -(l^2/\hbar)\hat{\boldsymbol{e}}_z \times \boldsymbol{\Pi}$ のように関係している. ここで $l \equiv \sqrt{c\hbar/eB}$ はサイクロトロン運動の半径で, 典型的な強磁場である $10\,\mathrm{T}$ に対しては $81\,\mathrm{\AA}$ となる.

264　　10. 超流動と量子ホール効果

なお，相対座標の x 座標と y 座標，および中心座標の x 座標と y 座標はそれぞれ $[\xi, \eta] = -il^2$, $[X, Y] = il^2$ のような交換関係をもっているので，同時確定はできず，l 程度の不確定性をもっている．

これらの演算子を用いると，ハミルトニアン H_0 は相対座標のみを用いて

$$H_0 = \frac{\hbar\omega_{\mathrm{c}}}{2l^2}\left(\xi^2 + \eta^2\right) = \hbar\omega_{\mathrm{c}}\left(a^\dagger a + \frac{1}{2}\right) \tag{10.4}$$

のように表せる．ここで，ボソン交換関係を満たす演算子 $a = (l/\sqrt{2}\hbar)(\Pi_x - i\Pi_y) = -(1/\sqrt{2}l)(\eta + i\xi)$ を導入した．これから直ちに，エネルギー固有値は $a^\dagger a$ の固有値 N を用いて $E_N = \hbar\omega_{\mathrm{c}}(N + 1/2)$ $(N = 0, 1, 2, \cdots)$ というランダウ準位（Landau level）に量子化されることがわかる．N はランダウ指数（Landau index）とよばれ，$\omega_{\mathrm{c}} \equiv eB/m^*c$ はサイクロトロン周波数である．

3次元空間では，これ以外に，磁場に平行な運動が存在するのでエネルギー・スペクトルは連続的になるが，2次元空間では磁場に平行な運動が存在しないので，エネルギー・スペクトルはランダウ準位という線スペクトルに離散化される．準位と準位の間隔は B に比例し，無磁場では連続であった状態密度 $D(E) = m^*/2\pi\hbar^2$ が線に束ねられていくから，各準位は B に比例する縮退度 $n_\phi = \hbar\omega_{\mathrm{c}}D(E) = 1/2\pi l^2$ をもつ．

したがって，電子密度 n_{e} を一定にして B を強くしていくと，電子はだんだん数少ないランダウ準位を占有するようになり，ランダウ準位に電子がどのくらい詰まっているかというランダウ準位占有率（Landau level filling factor）$\nu = n_{\mathrm{e}}/n_\phi = 2\pi l^2 n_{\mathrm{e}}$ を定義できる．

このような系は，ランダウ準位占有率が整数の近傍で興味深い電子状態をとり，現象としては，ホール伝導度が e^2/h の整数倍に量子化されるのが，整数量子ホール効果である．

量子ホール系のホール伝導度が量子化されるのは，この系がトポロジカル系であり，ホール伝導度はトポロジカル量子数として表されるためである．物性物理学におけるトポロジカル量子数は，2016 年のノーベル物理学賞が与えられ，サウレス（D.J. Thouless），ホルデイン（F.D. Haldane），コステルリッツ（J.M. Kosterlitz）が受賞した．

10.2 量子ホール効果　265

　ここでは詳述しないが，量子ホール系のホール伝導度を線形応答理論により定式化すると，サウレス（Thouless），甲元（Kohmoto），ナイティンゲール（Nightingale），デン・ニース（den Nijs）の 4 名（TKNN と略される）[2] により示されたように，

$$
\begin{aligned}
\frac{\langle \sigma_{xy} \rangle}{e^2/h} &= \frac{1}{2\pi i} \sum_j^{\mathrm{occup}} \int\!\!\int \left(\left\langle \frac{\partial u^j}{\partial A_x} \Big| \frac{\partial u^j}{\partial A_y} \right\rangle - \left\langle \frac{\partial u^j}{\partial A_y} \Big| \frac{\partial u^j}{\partial A_x} \right\rangle \right) dA_x\, dA_y \\
&= -i\frac{e^2}{L^2} \int \frac{d\boldsymbol{k}}{(2\pi)^2} \sum_\alpha f(\varepsilon_{\alpha\boldsymbol{k}}) \left[\nabla_{\boldsymbol{k}} \times \langle \alpha\boldsymbol{k} | \nabla_{\boldsymbol{k}} | \alpha\boldsymbol{k} \rangle \right]_z \\
&= \frac{e^2}{h} \sum_\alpha C_\alpha
\end{aligned}
\tag{10.5}
$$

と表される（**TKNN 公式**）．ここで，$\boldsymbol{A} = (A_x, A_y)$ は，x 方向，y 方向の境界条件を捻じるために導入されるベクトル・ポテンシャル，$\langle \sigma_{xy} \rangle$ は (A_x, A_y) に亘って平均されたホール伝導度，u^j は j 番目の固有波動関数，和は占有された状態に亘ってとる，L は試料の大きさ，f はフェルミ分布関数，$\varepsilon_{\alpha\boldsymbol{k}}$ はブロッホ波動関数 $|\alpha\boldsymbol{k}\rangle$ のエネルギー，α はバンドのラベル，$\boldsymbol{k}$ は運動量，$\nabla_{\boldsymbol{k}}$ は $\boldsymbol{k}$ に関する微分である．

　最後の行の C_α は整数値をとり，微分幾何学で第 1 チャーン指標（first Chern character）とよばれるトポロジカル量である．つまり，

$$
\langle \sigma_{xy} \rangle \sim \sum_\alpha \int d\boldsymbol{k}\, \nabla_{\boldsymbol{k}} \times \mathscr{A}_\alpha(\boldsymbol{k})
\tag{10.6}
$$

と表せる．$\mathscr{A}_\alpha(\boldsymbol{k}) \equiv -i\langle \alpha\boldsymbol{k} | \nabla_{\boldsymbol{k}} | \alpha\boldsymbol{k} \rangle$ は一種のゲージ・ポテンシャルと見なせ，この積分が微分幾何学的に整数となる．

　微分幾何学が関与するのは，波動関数が，それを規定するパラメータ（いまの場合は $\boldsymbol{A}$）を断熱的に変化させた場合に，有限の位相（ベリー（Berry）の位相とよばれる）を獲得し，ホール伝導度が，この変化に対する一種の曲率（ベリー曲率とよばれる）を積分した量に一致するので，ガウス – ボンネの定理におけるように整数となるからである（このようなトポロジカル数は，8.3 節のトポロジカル超伝導でも出てきたものである）．

　2）　D.J. Thouless, M. Kohmoto, P. Nightingale and M. den Nijs：Phys. Rev. Lett. **49**, 405（1982）.

266   10. 超流動と量子ホール効果

分数量子ホール効果の舞台は，このようなランダウ量子化された系におい
て，電子間のクーロン斥力相互作用を考慮したものである．典型的に，最低の
ランダウ準位に電子を 1/3 だけ詰めると，電子間相互作用のために多体系は
特別な状態となり，特に基底状態と励起状態の間にはエネルギー・ギャップが
開く．現象としては，ホール伝導度が e^2/h の分数倍に量子化される．特別な
多体状態になるのは，磁場中の 2 次元空間に特有な電子相関効果であり，ラ
フリン（Laughlin）により，理論的に一種の量子液体であることが示された．

通常の電子相関系においては，第 5 章で見たように，電子間相互作用 U と
運動エネルギー W の競争になり，電子相関の強さは U/W という無次元量
で規定される．これとは対照的に，分数量子ホール系では磁場によるランダ
ウ量子化のために運動エネルギーが欠如している（いわば $W = 0$ であり，膨
大な縮退をかかえている）ために，「すべては相互作用で決まる」という特異
な強相関極限の状況にある．

通常の電子相関系においては電子状態は電子密度（バンドの詰まり方）に
支配されたが，分数量子ホール系においてはランダウ準位占有率（ν）に極め
て敏感に依存する．$\nu = 1/($奇数$)$ がエネルギー・ギャップをもつ（絶縁体的
な）量子液体状態であるのに対し，$\nu = 1/($偶数$)$ はギャップをもたない（金
属的な）量子液体とされているが，それ以外にも，電荷密度波，ウィグナー固
体（電子が結晶化した状態）も含む多彩な状態が考えられている（図 10.3）．

その後，$\nu = 5/2$ という偶数分母状態が特別な BCS 状態なのではないか，と
いうことが実験的に示唆された．$\nu = 5/2 = 2 + 1/2$ であるから，この状態
は，$N = 0$ という最低ランダウ準位が上下向きスピンで詰まった上に，$N = 1$
という次のランダウ準位が $\nu = 1/2$ だけ占有されている．より高いランダウ
準位にいくにつれて何が変わるかというと，電子間相互作用（正確には，磁
場中でランダウ量子化された波動関数の間の相互作用の行列要素）の関数形
が変わることになる．

分数量子ホール系に対しては場の理論（チャーン・サイモンズ（Chern -
Simons）ゲージ場とよばれる）が展開されている．この理論は，直観的には，
本来一様な磁場である外部磁場を，細いフィラメントに束ね，これを各電子

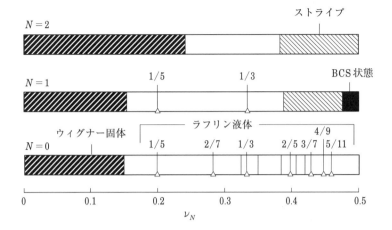

図 10.3　分数量子ホール系に対して，理論的に提案されている相図．横軸はランダウ準位占有率であり，3 通りのランダウ準位 N に対して示す．
（N. Shibata and D. Yoshioka：J. Phys. Soc. Jpn **72**, 664（2003）に基づく．）

に貼り付ける，という変換をする考え方である．場の理論的には，磁束はベクトル・ポテンシャルというゲージ場で表現できるので，ゲージ場が付着した粒子といってもよい．このような，磁束が付着した電子を**複合粒子**とよぶ．

詳細は略すが[18]〜[20]，貼り付ける磁束が，磁束量子偶数本である場合には，複合粒子はフェルミオンであることがわかる．これを**複合フェルミオン**とよぶ．これから，複合フェルミオンを平均場で扱う近似においては，奇数分母の場合の分数量子ホール効果が複合フェルミオンの整数量子ホール効果と見なせる，などのことがいえる．偶数分母状態である半分詰まったランダウ準位に対しては，複合フェルミオン平均場近似ではゼロ磁場中の複合フェルミオンの液体となる．しかし，平均場からの揺らぎは大きいはずなので，このために複合フェルミオンの間には相互作用があり，これを考慮したときの基底状態は何かという問題になる．

磁束が貼り付いた粒子間の相互作用は，ベクトル・ポテンシャルを媒介とした相互作用であるため非局所的なものとなり，ハミルトニアンは

268   **10. 超流動と量子ホール効果**

$$H = \sum_{\boldsymbol{k},\boldsymbol{k}'} V_{\boldsymbol{k}\boldsymbol{k}'} c_{\boldsymbol{k}'}^\dagger c_{-\boldsymbol{k}'}^\dagger c_{-\boldsymbol{k}} c_{\boldsymbol{k}} \qquad (10.7)$$

$$V_{\boldsymbol{k}\boldsymbol{k}'} = \frac{4\pi i}{m} \frac{\boldsymbol{k} \times \boldsymbol{k}'}{|\boldsymbol{k} - \boldsymbol{k}'|^2}\bigg|_z \qquad (10.8)$$

のような形になるので，引力とも斥力とも言い難い非局所的な相互作用である．これを BCS 近似で解けば，ギャップ方程式

$$\Delta_{\boldsymbol{k}} = -\frac{1}{2} \sum_{\boldsymbol{k}'} \frac{\Delta_{\boldsymbol{k}'}}{E_{\boldsymbol{k}'} V_{\boldsymbol{k}\boldsymbol{k}'}}$$

からギャップが得られる．

　ムーア（Moore）とリード（Read）は，複合フェルミオンから成る BCS 状態を構成した．詳しくいうと，複合フェルミオンの $\mathrm{d}_{x^2-y^2} - i\mathrm{d}_{xy}$ という異方的ペアリングと，複合フェルミオンの $\mathrm{p}_x - i\mathrm{p}_y$ という異方的ペアリング（波動関数の形からパフィアン（Pfaffian）状態とよばれる）を構成した．$\nu = 2 + 1/2$ で，この状態が安定化することが示唆されている（図 10.3）．対称性としては，どちらも時間反転対称を破った異方的ペアリングであり，図 8.10 の分類表では BdG クラスに属する．

　要約すると，磁場中で，磁場のために関数形も変わった相互作用をもち，しかもゲージ場が付着したという変わった粒子の多体問題を考えると，BCS 状態を含む状態が発生する可能性がある．したがって，通常の相関電子系では，相互作用の大きさなど以外に運動エネルギー（特にフェルミ面）が電子相関効果を支配していたが，分数量子ホール系では強相関極限にあり，むしろ相互作用の形の詳細が支配している，ということになる．

　量子ホール効果は，歴史的に，最初に発見されたトポロジカル系であり，トポロジカル系の物理は，その後，当初予想もされなかったように大輪の分野として開花した．整数量子ホール効果の発見は 1979 年であり，それが大輪になるには約 40 年かかったわけであり，新分野として花開くには時間がかかり得るという好例といえる．

エットーレ・マヨラナ

物理学の重要な話題の一つに，マヨラナ粒子がある．これは，イタリアの物理学者マヨラナ (Ettore Majorana) により 1937 年に考えられた粒子で[3]，粒子と反粒子が同じというものである．第二量子化でいえば，粒子の生成・消滅演算子において，電子・正孔変換 ($c^\dagger \leftrightarrow c$) を施したときに不変 ($c^\dagger = c$) という奇妙なものである．

通常のフェルミオンの生成・消滅演算子を $f^\dagger, f$ と表すと，$c_1 = f + f^\dagger$，$c_2 = (f - f^\dagger)/i$ のように混ぜると c_1, c_2 はマヨラナ粒子になっている．この形は，ちょうどフェルミオンの実部と虚部の形になっていて，実際マヨラナの動機は，ディラック方程式は必然的に複素量を含むのに対し，実数だけで記述したいという点にあった．

マヨラナは，自分が考えた粒子がニュートリノを記述するのではないかと期待したが，これについては未だに研究されているところである．その後，固体物理系でマヨラナ粒子を実現する試みが長年続いている．用いられる系は主に分数量子ホール系，超伝導体，スピン系などである．このコンテキストで超伝導が注目されるのは，第 3 章で解説したように，クーパー・ペアは電子と正孔の混合物であり，マヨラナ粒子の候補になり得ると考えられるからである．ただし，ボゴリューボフ理論における準粒子は電子・正孔変換に対して不変ではないので，これをマヨラナ粒子にするには何か特殊な条件や状況が必要となる．

最初の提案の一つは，超伝導体に磁場をかけて，磁束を侵入させたときに，磁束の中心（渦芯）の領域にマヨラナ粒子的な状態が発生し，そのエネルギーがゼロとなる，というアイディアである．この状態は点状なので，いわば 0 次元のマヨラナ粒子といえる（マヨラナ・モードとよばれる）．超伝導体のペアリング対称性に関しては，普通の s 波超伝導体は不適で，ゼロではない相対角運動量をもつクーパー・ペアをもつもの，例えば p 波超伝導体で，時間反転対称性を自発的に破ったトポロジカル超伝導状態（例えば 2 次元における p + ip 波）が候補となる．

分数量子ホール状態のうち，あるもの（本章で解説した，ランダウ準位占有率 $\nu = 5/2$ 状態で，Pfaffian あるいは Moore-Read 状態といわれるもの）が，この p + ip 波超伝導体と同型の波動関数をもっているので，やはり候補となる．あるいは，常伝導状態がすでに特殊な電子構造をもつ系，典型的にトポロジカル絶縁体も候補となり，このような絶縁体の端や表面に発生する状態（に通常の超伝導体を接合させたもの）を用いることが考えられている．

---

[3] E. Majorana：Nuovo Cimento **14**, 171（1937）.

解説としては，たとえば2004年にノーベル賞受賞のFrank Wilczek のもの（Nature Phys. **5**, 614 (2009)），また A.J. Leggett：Majorana fermions in condensed-matter physics, in T. Chakraborty, *et al.* (eds.): *Encyclopedia of Condensed Matter Physics*, 2nd Ed.（Elsevier, 2023）がある．

応用としては，マヨラナ粒子は，その非可換量子統計性のために，量子計算に用いることが可能かも知れないと考えられていて，精力的な研究が行われている．マヨラナの不思議な生涯に関しては，Joao Magueijo：*A Brilliant Darkness*（Basic Books, 2009）という読み応えのある伝記が上梓されている．

ここに掲げるマヨラナの写真は，ローマ大学 "La Sapienza" の物理学科の建物の入口に，エンリコ・フェルミの写真などと共に展示されているものを筆者が撮影したもので，AIP（アメリカ物理学会）のHPの "Emilio Segrè Visual Archives" 中にある写真（使用申請無しに使ってよいとコメントされている）と同一のようである．

11 超伝導の課題と展望

　超伝導を様々な観点から見てきたが，将来はどのような展望があるだろうか．旧版でも課題と展望の章でこれを議論したが，本書のまえがきでも述べたように，かなりの部分でそれらの謎が解決したり，予測が実現した．例えば，銅以外の化合物としてニッケル化合物などが発見された．これにより，単一軌道模型である必要は必ずしもないことや，Δ_{pd} はやはり大事なパラメータであること，などが認識された．

　一方，水素系における高温超伝導は従来型のフォノン機構と考えられており，（いまのところ）超高圧下で実現される．このように，フォノン機構で T_c を大幅に高くするには，何か極端なことが必要という印象があるが，現在では，超高圧の代わりに化学圧力（元素種を変えることにより，イオン半径の差などから，高圧下に似た状況をつくること）や，結晶構造を変えることにより，常圧でも実現できないか，という研究が進んでいる．本章では，超伝導を支配する要因をまとめ，展望についても触れる．

　T_c を上げるための物質設計にはどのような要因を考える必要があるだろうか．

系の空間次元性

　スピン揺らぎ媒介超伝導において，系の空間次元性はどのように関わるだろうか．つまり，層状（擬2次元的）物質が有利なのか，普通の3次元結晶の方が有利なのかという問題である．また，同じ次元をもつ結晶にも様々な種類があるが，どれがよいのだろうか．

　ロンザリッチ(Lonzarich)らや有田ら[1]が，様々な典型的な格子（正方，立

---

1) P. Monthoux and G.G. Lonzarich : Phys. Rev. B **59**, 14598 (1999); R. Arita, et al.: Phys. Rev. B **60**, 14585 (1999); J. Phys. Soc. Jpn. **69**, 1181 (2000).

方，fcc，bcc，など）に対して，様々な電子密度，第2隣接ホッピングについて調べた結果，他の状況が同じであれば，3次元系より2次元系の方が有利であるということが示唆される．詳しくいうと，超伝導の星取表は

	2次元系	3次元系
スピン・シングレット超伝導	◎	○
スピン・トリプレット超伝導	×	×

となり，この範囲内では，正方格子（U/t は $5 \sim 10$）がベスト・ケースである．

この直観的理由は，ペアリング相互作用が大きい場所を k 空間で表示すると，その差渡しは2次元の場合と3次元の場合で似ている．ということは，位相空間の体積としては2次元の方が圧倒的に大きい（図11.1）ことになる（相互作用が大きい場所の差渡しがブリルアン帯の一辺の例えば1/10とすると，体積分率は2次元では1/100，3次元では1/1000となる）．

すると，（正方格子のような普通の格子に関する限り）銅酸化物は，最適に近い．つまり，層状構造をとると電荷供給層と伝導層が共存できるので都合がよいが，仮に層状でなくて電子密度制御ができたとしても，T_c は層状の方が良いことになる．これは，銅酸化物以外でも，最近発見されている多くの

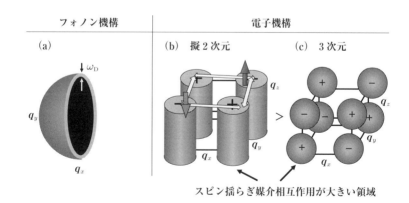

図 11.1 (a) はフォノン機構超伝導における等方的超伝導の場合に，フォノン媒介相互作用が k 空間において大きい領域（デバイ・エネルギー $\hbar\omega_D$ の厚みをもつ）を示す．右は電子機構超伝導における異方的超伝導の場合に，スピン揺らぎ媒介相互作用が k 空間において大きい領域を，層状物質 (b) と3次元物質 (c) に対して示す．

超伝導体（より最近の鉄系超伝導体を含めて）が層状構造を成している（図1.6および第6章），という経験事実とも合致する．しかしバンド分散まで考えると，例えば平坦バンド超伝導においてはこの限りでないことは8.2節で解説した通りである．

軌道自由度

銅酸化物族の中での物質依存性に関与して，5.3節や8.2節で詳述した．また，ニッケル化合物（6.2節）と銅酸化物との比較でも軌道自由度は重要なポイントとなった．

フェルミ面とバンド構造

これについては，6.1節の非連結フェルミ面における $s_{\pm}$ 波のところで解説した．さらに，フェルミ面のみならずバンド構造全体を見渡す必要があることは，8.2節で強調した．

ペアリング相互作用

この強さについては適値があり，これも銅酸化物（第5章）やニッケル化合物（第6章）の関連で解説した．これとも関連して，BEC‐BCSクロスオーバー（3.3.3項）の観点も大事であろう．レーザー冷却された原子系では，このクロスオーバーが実装できるので，冷却原子から固体物理へのフィードバックも重要になると思われる．

高温超伝導は物質の幅（銅，鉄，ニッケル，水素，…）も広がり，パースペクティブが広がっている．実験・理論の両面で研究の最前線では激しく鎬（しのぎ）が削られており，特徴ある物質や極端条件合成による探索も日夜続けられているので，今後も実験と理論が互いに追いつ追われつして発展していくと期待される．

以上のように，超伝導を支配する要因は多種あるが，さらに広く見渡すと，本書の様々な章で展開したように，超伝導は，電子相関，トポロジカル状態，非平衡という異なる分野とも密接に関連する．図11.2にはその関連図を示し，異なる分野を連携するキーワードを掲げた．このような分野横断的な考察もますます重要になると思われる．

物理学の研究は大河ドラマであり，高温超伝導の研究も決して完成したも

11. 超伝導の課題と展望

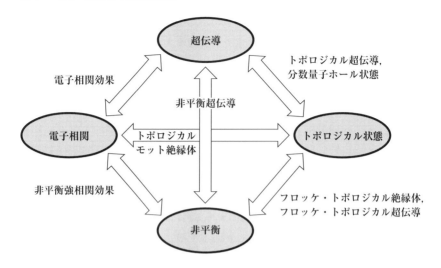

図 11.2　超伝導，電子相関，トポロジカル状態，非平衡のテーマの間の関係

のではなく，まだ宝の山であり，思いがけない進展が潜んでいるであろうことを本書では強調した．このような観点が，特に若い世代の読者が超伝導の面白さに開眼する縁(よすが)となれば幸甚である．まえがきでも述べたように，旧版の執筆中には，南部先生の「自発的対称性の破れ」に対するノーベル物理学賞受賞や，鉄系新高温超伝導体の発見があった．さらに，本書を執筆中には，ニッケル化合物超伝導体，水素系室温超伝導体などの発見が相次いだ．

　最後に付け加えると，高温超伝導がどの程度役に立つかについては将来に俟つところも多いが（例えば室温超伝導もいまのところ極端条件下），大切なのは，「超伝導」はコンセプトとして面白い，ということである．基礎科学は，人が真実を見出す喜びに価値があるということを強調したい．

参 考 文 献

本書は，詳細な記述を略した部分も多く，また，文献についても網羅的に挙げることは馴染まなかったので，興味ある読者は，以下のような文献を参照していただければ幸いである．本文中で引用したものも，重複をいとわず挙げることにする．

超伝導一般

［1］ R.D. Parks (eds.): *Superconductivity* (Marcel Dekker, 1969). 1960 年代の出版であるが，いまだに価値を失わない，標準的な単行本．

［2］ Michael Tinkham: *Introduction to superconductivity* 2nd ed. (McGraw-Hill, 1996). 定評あるテキスト．

［3］ Leon N. Cooper and Dmitri Feldman (eds.): *BCS: 50 Years* (World Scientific, Singapore, 2011). BCS 理論の 50 周年記念として出版されたもので，内容的にも歴史的観点からも読み応えがある．書評は，青木秀夫：日本物理学会誌 **67**, 414 (2012). 詳細はコラム「BCS 理論の還暦」を参照．

［4］ 恒藤敏彦：『超伝導・超流動』（岩波書店，2001）．超伝導関連の和書として，簡にして要を得た出色のもの．

［5］ Landau and Lifshitz course of theoretical physics, Vol.9, *Statistical physics* (Pergamon, 1980). 超伝導を理解する基本は統計力学であり，超伝導の章も含む本書は，基礎的でありながら含蓄の深い古典的名著．

［6］ 黒木和彦，青木秀夫：『超伝導』（東京大学出版会，1999）．これは，主に大学院レベルの学生を対象に書かれたテキストであり，詳細な文献も含まれる．

［7］ 池田隆介：『超伝導転移の物理』（丸善出版，2012）．平均場を超えた場合の揺らぎの理論などが丁寧に記述されている．野村健太郎：『トポロジカル絶縁体・超伝導体』（丸善出版，2016）．題名通り，トポロジカル超伝導に詳しい．

［8］ Roland Combescot：Superconductivity — an introduction (Cambridge Univ. Press, 2022). 最新のテキストの一冊．

［9］ 青木秀夫：固体物理 **55**, 445 ((2020)；**55**, 737 (2020)；**56**, 153 (2021)；**56**, 209 (2021). これは，「物性物理学のルネサンス —超伝導，トポロジカル系，非平衡」と題された 4 回連載の解説で，トポロジカル系の物理や，非平衡の物理も包含した観点から超伝導を，筆者の個人的視点から概観したものである．

高温超伝導

[10]　ミュラーとベドノルツの受賞講演は，https://www.nobelprize.org/prizes/physics/1987/muller/lecture/などのウェブサイトで見ることができる．また，2007年には，ミュラーの80歳の誕生日を祝う国際シンポジウムが開かれ，その会議録がA. Bussmann-Holder and H. Keller (ed.): *High T_C superconductors and related transition metal oxides*（Springer, 2007）として出版されている．

[11]　J.R. Schrieffer and J.S. Brooks : *Handbook of high-temperature super-conductivity — theory and experiment*（Springer, 2007）．標題通り，ハンドブック的な集大成．

[12]　日本物理学会 編：『ボース‐アインシュタイン凝縮から高温超伝導へ』（日本評論社，2003）．これは，日本物理学会が主催した一般向けの科学セミナーのテキストを元に編まれたもので，BECから高温超伝導への流れの一つがわかる．

[13]　青木秀夫：非従来型超伝導入門 理論；内田慎一：非従来型超伝導入門 実験，固体物理「超伝導の新しい潮流」特集号 **51**, 591 (2016)．

電 子 相 関

[14]　斯波弘行：『電子相関の物理』（岩波書店，2001）．電子相関全般を解説した良書．

[15]　高田康民：『多体効果』（朝倉書店，1999）；『超伝導』（同，2019）．前者は電子気体を中心に，多体効果における概念から詳細な定式化，後者は電子・フォノン系に関する詳細なテキスト．

[16]　上田和夫，大貫惇睦：『重い電子系の物理』（裳華房，1998）．重い電子系の超伝導も含んだ解説．

[17]　塚田 捷編：「21世紀学問のすすめ」第9巻『物理学のすすめ』（筑摩書房，1997）．第6章に電子相関の一般的な解説がある．

量子ホール効果

[18]　吉岡大二郎：『量子ホール効果』（岩波書店，1998）；中島龍也，青木秀夫：『分数量子ホール効果』（東京大学出版会，1999）．10.2節で触れた分数量子ホール効果を詳しく解説．

[19]　Zyun Francis Ezawa ： *Quantum Hall Effects: Recent Theoretical and Experimental Developments*, 3rd ed（World Scientific, 2013）．主に分数量子ホール効果を詳述した浩瀚なテキスト．

[20]　Hideo Aoki：Integer quantum Hall effect, in *Comprehensive Semiconductor Science & Technology*, 2nd ed.（Elsevier）, to be published. 量子ホール効果の解説であるが，超伝導との関連にも触れられている．

様々な超伝導

[21] H. Hosono and K. Kuroki：Physica C **514**, 399 (2015). 鉄系超伝導についての，超伝導発見者と，初期からの理論家との共著になる総説.；T. Shibauchi, *et al.*: Annu. Rev. Condens. Matter Phys. **5**, 113–35 (2014) も鉄系の総説.

[22] Takehiko Ishiguro, Kunihiko Yamaji and Gunzi Saito：*Organic superconductors*, 2nd ed. (Springer, 2001). 有機超伝導体についての単行本.

[23] 松田祐司，熊谷健一：日本物理学会誌，**61**，77 (2006). 運動量をもったペアリングの解説.

[24] E. Bauer and M. Sigrist (eds.)：*Non-Centrosymmetric Superconductors — Introduction and Overview* (Springer, 2012). 空間反転対称性のない系での超伝導の成書.

[25] Roberto Casalbuoni and Giuseppe Nardulli：Rev. Mod. Phys. **76**, 263 (2004). カラー超伝導を，運動量をもったペアリングも含めて解説したもの．より最近の文献は，G. Baym, *et al.*: Rep. Prog. Phys. **81**, 056902 (2018).

その他

[26] BCS-BEC クロスオーバーの問題は，固体物理系や冷却原子系だけでなく，ハドロン物理 (中性子星の超流動状態など) でも大事となる概念である．物性物理との対比については，青木秀夫，初田哲男 執筆：数理科学 2010 年 9 月「南部陽一郎」特集号，p.14 を参照．冷却原子系，ハドロン系については，例えば，Y. Ohashi, *et al.*: Progress in Particle and Nuclear Physics **111**, 103739 (2020)；Y. Ohashi：in *Encyclopedia of Condensed Matter Physics*, 2nd ed. (Elsevier, 2024) を参照．BCS-BEC クロスオーバー一般に関しては，M. Randeria and E. Taylor：Annu. Rev. Condens. Matter Phys. **5**, 209 (2014)；K. Adachi and Y. Iwasa：in *Encyclopedia of Condensed Matter Physics*, 2nd ed. (Elsevier, 2024)；A. Edelman and P. Littlewood：Nature Materials **14**, 565 (2015).

[27] Laurie M. Brown, Abraham Pais and Sir Brian Pippard (eds.)：*Twentieth century physics* (Institute of Physics, American Institute of Physics, 1995). 20 世紀の物理を概観するために，英国物理学会とアメリカ物理学会が共同出版したこの書籍の Vol.2, Ch.11 に，A.J. Leggett が超流動と超伝導について総説を書いていて，他の章とも合わせて，歴史を眺めるのによい.

[28] 永長直人：『電子相関における場の量子論』(岩波書店, 1998). 一般に物性物理学においてゲージ場の理論は様々に活躍する．これを解説したもの.

[29] E. Fradkin：Field theoretic aspects of condensed matter physics：An overview, in T. Chakraborty, *et al.* (eds.)：*Encyclopedia of Condensed Matter Physics* 2nd edition (Elsevier, 2024). これは，百科事典の項目としては長大な解説で，超伝導に直接・間接に関わる場の理論が展開されている.

278 参 考 文 献

[30] P.W. Anderson：*Basic notions of condensed matter physics* （Benjamin, 1984）. 対称性の破れを中心に俯瞰した書. また，彼は高温超伝導理論について，電子間相互作用が起源なのでは，という問題提起という意味で先駆者の一人であるが，これも含めた論文選集は，P.W. Anderson：*A career in theoretical physics*, 2nd ed.（World Scientific, 2004）.

[31] 朝永振一郎：『スピンはめぐる ─ 成熟期の量子力学 ─』（中央公論社, 1974）. 超伝導において，スピンは，シングレット，トリプレット・ペアリングなどを通して直接・間接に関連する. スピンについての本書は，いまだに価値を失わない.

[32] 青木秀夫：日本物理学会誌，**64**, 80（2009）. 南部理論と物性物理学についての解説.

[33] 固体物理学をカバーする文献としては，T. Chakraborty, *et al.*（eds.）：*Encyclopedia of Condensed Matter Physics*, 2nd ed.（Elsevier, 2023）. 項目として，超伝導関連が多く含まれている.

[34] ヒッグス・モードの解説としては，松永隆佑, 辻 直人, 青木秀夫, 島野 亮：固体物理 **50**, 411（2015）; N. Tsuji, I. Danshita and S. Tsuchiya in T. Chakraborty, *et al.*（eds.）：*Encyclopedia of Condensed Matter Physics*, 2nd ed.（Elsevier, 2023）; ポンプ・プローブ分光については，R. Matsunaga and K. Okazaki in T. Chakraborty, *et al.*（editors）：*Encyclopedia of Condensed Matter Physics*, 2nd ed.（Elsevier, 2023）. 素粒子のヒッグス粒子については，成書はあまたあるが，入門的概観としては，例えば，LHC におけるヒッグス粒子発見にも関わった浅井祥仁氏（2024 年より KEK, 東京大学理学部/素粒子物理国際研究センター兼任）の HP（https://www.icepp.s.u-tokyo.ac.jp/~asai/）などを参照してほしい.

演習問題の略解

第 1 章

[1] (1) 経路によるという理解でよい．実際に，低温で磁場をかけたとき（図 (a) の点線）にどのように磁場が侵入するかは，A.B. Pippard : *Dynamics of conduction electrons* (Gordon and Breach, 1965) で議論されている．

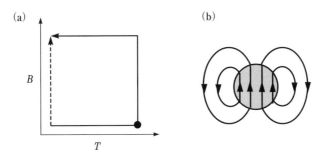

(2) 永久電流が残り，これをとり囲むようなトーラス状の磁力線が残る（図 (b)）．

[2] $\Delta F \sim 400\,\mathrm{erg/cm^3} \sim 10^{-9} E_\mathrm{F} N/V$ となる．

[3] 電荷保存の式 $\mathrm{div}\boldsymbol{j} + \partial\rho/\partial t = 0$（$\rho$ は電荷密度）は満たさなければならないので，定常の（時間に依存しない）場合には $\mathrm{div}\boldsymbol{j} \propto \mathrm{div}\boldsymbol{A} = 0$ というゲージを採用することになる．これは，超伝導はゲージ対称性が破れた状態なので，特定のゲージ（ゲージ変換についての不定性をもつベクトル・ポテンシャルの取り方）を採用して議論したと考える．ただし，一般に物理量がゲージの取り方に依存してはいけない（ゲージ不変性とよばれる）ので，どのようにすれば理論がゲージ不変になるか，という点については，コラム「南部陽一郎と南部理論」で詳述した（Y. Nambu : Phys. Rev. **117**, 648 (1960), G. Rickayzen : *Theory of superconductivity* (Interscience, 1965), Ch.6 などを参照）．

第 2 章

[1] 熱ド・ブロイ波長は，$\lambda_\mathrm{DB} = h/\sqrt{2\pi M k_\mathrm{B} T}$（$M$ はボソンの質量）で与えられるので，粒子間の平均距離がこれより小さいという条件は $n^{-1/3} < \lambda_\mathrm{DB}$（$n$ はボソンの密度）となり，これより，ボース凝縮温度が $T_0 \sim (\hbar^2/M) n^{2/3}$ と見積もられる．転移温度を正確に評価すると，右辺に 3.31 という係数が掛かる．

[2] ギンツブルグ-ランダウの自由エネルギーに対する式 (2.18) から，エントロピー $S = -\partial F/\partial T$，比熱 $C = T(\partial S/\partial T)$ を順次，T_c の直上と直下（式 (2.19)）に対して求め，差を見ればよい．

280　演習問題の略解

　［3］　(1)　磁束がピン止めされていると，吊り下げられた超伝導体を磁石から離すには電磁場のエネルギーを損するので抗力がはたらく．これが重力に打ち勝てば，超伝導体は吊り下げられる．

　(2)　回る．磁力線は磁石と共には回らないため．（自ら実験してみよ．http://cms.phys.s.u-tokyo.ac.jp/movies.html の中の "青木秀夫：『超伝導の物理学』（裳華房）関連の参考画像" に動画を掲げる）．

　［4］　超伝導状態は常伝導状態より自由エネルギーが $H_c^2/(8\pi)$ だけ安定である（式(2.29)）．一方，磁場中のゼーマン・エネルギーによる利得は $\frac{1}{2}(\chi_N - \chi_S)H^2$ であり，ここで χ_N, χ_S は，それぞれ常伝導，超伝導状態での帯磁率，$\chi_N = \frac{1}{2}g^2\mu_B^2 D$（$D$ はフェルミ・エネルギーでの状態密度）．(2.29) および関連の脚注で述べたように，$H_c^2/(8\pi) = \frac{1}{2}D\Delta^2$ であり，シングレット・ペアに対しては，$T = 0$ で $\chi_S = 0$ なので，超伝導凝縮エネルギーとゼーマン・エネルギーが拮抗する条件から，$g\mu_B H_P = \sqrt{2}\Delta(0)$ を得る．論文によっては Δ の定義に 2 倍の差があるので注意．

第 3 章

　［1］　エントロピーは

$$S = -k_B \sum_k \{[1 - f(\varepsilon_k)]\ln[1 - f(\varepsilon_k)] + f(\varepsilon_k)\ln f(\varepsilon_k)\}$$

で与えられる．ここで $f(\varepsilon_k) = (1 + e^{\beta E}k)^{-1}$, $E_k = \sqrt{(\varepsilon_k - \varepsilon_F)^2 + \Delta^2(T)}$．これから，比熱 $C = T(\partial S/\partial T)$ を計算すると，その中には $d\Delta/dT$ が含まれ，この微分は $T = T_c$ で不連続なので，比熱も不連続となる．その跳びは，$\delta C = 1.4 C_N$（C_N は常伝導状態での比熱）であることを示せ．

　［2］　省略

　［3］　このフーリエ逆変換を漸近的に評価すると，平均電子数にピークをもち，幅が $\delta N = \sqrt{4\sum_k u_k^2 v_k^2} \propto \sqrt{N}$ のガウス分布となる．したがって，電子数は不確定であるが，その相対的な不確定性 $\delta N/N \propto 1/\sqrt{N}$ は小さい．

　［4］　$T_c \sim 10\,\mathrm{K}$ に対しては $\Delta = 1.76 k_B T_c \sim 1\,\mathrm{meV}$，一方，$H_c \sim 0.1\,\mathrm{T}$ に対しては，$\mu_B H_c \sim 10^{-2}\,\mathrm{meV}$ なので，前者の方が大きい．

　［5］　例えば，4 電子の場合に

$$\phi(\boldsymbol{r}_1, \boldsymbol{r}_2)\,\phi(\boldsymbol{r}_3, \boldsymbol{r}_4) - \phi(\boldsymbol{r}_1, \boldsymbol{r}_3)\,\phi(\boldsymbol{r}_2, \boldsymbol{r}_4) + \phi(\boldsymbol{r}_1, \boldsymbol{r}_4)\,\phi(\boldsymbol{r}_2, \boldsymbol{r}_3)$$

という組み合わせをつくれば，任意の 2 電子の交換に対して反対称となる．任意の電子数に拡張するには，パフィアン（Pfaffian）という形をとればよいことが知られている．パフィアンについては，J.M. Blatt：*Theory of Superconductivity* (Academic Press, 1964)；中島龍也，青木秀夫：『分数量子ホール効果』（東京大学出版会, 1999）の 6.5.4 項を参照．

　［6］　3.2 節で解説したボゴリューボフ変換による準粒子の生成（$\alpha^\dagger$）・消滅（α）演算子を用いると，BCS 理論における基底状態 $|\Psi_{BCS}\rangle$ は，$|\Psi_{BCS}\rangle = \prod_k \alpha_{-k}\alpha_k|0\rangle$ で与えられる（ここで $|0\rangle$ は電子の真空）．なぜかというと，この状態はボゴリューボフ準粒子の真空

演習問題の略解　*281*

(つまり，準粒子の消滅演算子 α を掛けるとゼロになる状態) となるからである.

それを見るために，$|\Psi_{\mathrm{BCS}}\rangle$ の表式の $\prod_{\boldsymbol{k}}$ において，任意の $\boldsymbol{k}'$ に対して，$\boldsymbol{k} = \boldsymbol{k}'$ の場合と $\boldsymbol{k} \neq \boldsymbol{k}'$ の場合を露わに分離すると，$\alpha_{\boldsymbol{k}'}|\Psi_{\mathrm{BCS}}\rangle = \alpha_{\boldsymbol{k}'}\alpha_{-\boldsymbol{k}'}\alpha_{\boldsymbol{k}'}\prod_{\boldsymbol{k}}^{\boldsymbol{k} \neq \boldsymbol{k}'}\alpha_{-\boldsymbol{k}}\alpha_{\boldsymbol{k}}|0\rangle = 0$ が成り立つ. 最右辺で 0 となるのは，フェルミオン演算子に対して $\alpha_{\boldsymbol{k}'}\alpha_{\boldsymbol{k}'} \equiv 0$ が成り立つからである. $|\Psi_{\mathrm{BCS}}\rangle = \prod_{\boldsymbol{k}}\alpha_{-\boldsymbol{k}}\alpha_{\boldsymbol{k}}|0\rangle$ を項別に展開すると，(3.25) の $u_{\boldsymbol{k}}, v_{\boldsymbol{k}}$ を用いて，$|\Psi_{\mathrm{BCS}}\rangle = \prod_{\boldsymbol{k}}(-v_{\boldsymbol{k}})(u_{\boldsymbol{k}} + v_{\boldsymbol{k}}c_{\boldsymbol{k}}^{\dagger}c_{-\boldsymbol{k}}^{\dagger})|0\rangle$ となる. この波動関数を規格化するには，右辺の $(-v_{\boldsymbol{k}})$ という因子を除いたものを改めて $|\Psi_{\mathrm{BCS}}\rangle$ とすると，$\langle\Psi_{\mathrm{BCS}}|\Psi_{\mathrm{BCS}}\rangle = \prod_{\boldsymbol{k}}(u_{\boldsymbol{k}}^2 + v_{\boldsymbol{k}}^2)\langle 0|0\rangle$ となり，(3.26) の条件により，これは 1 となる. 結局，(3.32) の BCS 波動関数を得る.

第 4 章

［1］　このフーリエ変換を実行すると，図 4.14 の上段に示したような実空間でのペアリングが得られる.

第 5 章

［1］　各電子はスピン 1/2 をもつが，ハバード模型においては，全スピン $\boldsymbol{S} = \sum_{i}\boldsymbol{S}_i$ の大きさ $\boldsymbol{S}^2 = S(S+1)$ およびスピンの z 成分はそれぞれハミルトニアンと交換するので，

$$\boxed{} = \frac{1}{\sqrt{2}}\,(|\uparrow\downarrow\rangle - |\downarrow\uparrow\rangle)$$

$$\bigcirc = 正孔$$

$$\psi_1 = \frac{1}{\sqrt{2}}\left(\boxed{}\boxed{} - \boxed{}\right)$$

$$\psi_2 = \boxtimes$$

282 演習問題の略解

良い量子数となる．最も重要な $S = 0$ という部分空間に対しては，正方形状の 4 原子系上の 4 個の電子の基底は図のような $\psi_1 \sim \psi_{20}$ の 20 個となる．この基底により，ハミルトニアン (5.1) の行列要素を計算して，20×20 の行列として表し，計算機を用いて対角化すると，固有エネルギーおよび固有関数が求められる．

例えば，$U/t \simeq 4$ 程度の相互作用の値に対しては，固有関数の主成分は ψ_1 であることがわかる．

第 6 章

［1］ 原子価を $L^{3+}_{n+1} Ni^x_n O^{2-}_{3n+1}$ とすると，中性条件から $3(n+1) + nx - 2(3n+1) = 0$，つまり $x = (3n-1)/n$ を得る．

索　引

ア

アレン・ダインズ理論　77

アンダーソンによる擬スピン表示　244

アンドレーエフ反射　120

イ

incipient バンド超伝導　208

　銅酸化物における ——　215

異常量子ホール効果　226

イットリウム系銅酸化物高温超伝導体　95

異方的ペアリング　109, 116

ウ

ウィグナー結晶　194

植村プロット　86, 202

渦糸　41

　—— コアエネルギー　205

エ

f 軌道　194

FFLO 状態　196

n 型ドーピング　178

$s_\pm$ 波ペアリング　155, 159, 171, 211

XY 模型　205

液体ヘリウム　89

エリアシュベルグ方程式　78, 115, 158

オ

重い電子系　90, 194

カ

回転する超伝導体　261

核磁気共鳴（NMR）　106, 117

拡張 s 波　116

角度分解光電子分光（ARPES）　103, 118

下部臨界磁場　43

カマリング・オネス　2

カラー超伝導　200, 262

完全導体　13

完全反磁性　12

キ

擬ギャップ　87, 108, 120

既約表現　115, 224, 251

ギャップ方程式　64

　異方的超伝導に対する —— 　115, 135

多軌道系に対する ——　158

強結合超伝導体　77

強磁性超伝導　196

強相関電子系　95

巨視的量子現象　28

ギンツブルグ - ランダウ理論　29, 34

　ヒッグス・モードに対する ——　241

ク

空間群　196

クーパー・カルテット　68

クーパー不安定性　59

クーパー・ペア　16, 28

グラファイト層間化合物　189

グラフェン　179

　捻じれた多層 ——　85, 181

ケ

ゲージ対称性の破れ　13, 79, 257

ゲージ不変性　76, 255, 279

ゲージ変換　16, 22

結晶場　99, 147

284　索　　引

コ

光学吸収　104
光電子分光　103
コヒーレンス効果　117
コヒーレンス長　40, 67
コリンハの関係　107
混合状態　43
コンタクト相互作用　83

サ

ザン・ライス・シングレット　100

シ

磁気浮上　12, 81
自己無撞着調和理論　189
自己無撞着な繰り込み　138
磁束格子　41
磁束のピンニング　49, 80
磁束の量子化　45
磁場侵入長　41, 72, 117, 202
磁場中冷却　14, 21
集団励起
　位相の――　237
　振幅の――　237
　2バンド超伝導体における――　251
準粒子　62
上部臨界磁場　43
ジョゼフソン効果　46, 48

ス

SQUID　49
水銀　8
水素化物　184
スピン‐軌道相互作用　198
スピン・シングレット・クーパー・ペア　60, 111, 136, 150
スピン・トリプレット・クーパー・ペア　60, 149, 224, 259
スピン揺らぎ交換相互作用　130, 150
スール‐近藤機構　209

セ

ゼロ磁場冷却　13

ソ

相関関数　39
相関長　40
相境界　30
走査型トンネル分光（STS）　119
相転移　4
　2次――　30

タ

第一種超伝導体　42
対角秩序　120
第三高調波（THG）　248
対称群　115
対称性の自発的破れ　18, 31
　――と集団励起　238
第二種超伝導体　37, 42
多軌道模型　156
多バンド系　153, 158

チ

秩序パラメータ　31
チャーン・サイモンズ　ゲージ場　266
中性子散乱　105
超伝導　1
　――ギャップ　17, 61
　――転移温度　4
　――に対する密度汎関数理論（SCDFT）189
　――の電子機構　91
　――の非フォノン機構　91
　d波――　168
　incipientバンド――　208
　$s_{\pm}$波――　155, 159, 171, 211
　s波――　110
　カラー――　200
　強磁性――　196
　室温――　184
　トポロジカル――　220
　平坦バンド――　208
　有機――　174
超流動　3, 28, 257
超流動密度　44, 86, 202

テ

d 軌道　98
d 波ペアリング　112, 168
TKNN 公式　222, 265
ディラック点　179
鉄系超伝導体　152
デバイ・エネルギー　59, 177, 184
電荷移動型絶縁体　100
電子相関　123
電子 - フォノン相互作用　56

ト

tricrystal　113
銅酸化物高温超伝導体　91
　——イットリウム系（YBCO）　96
　——相図　97, 119
　——多層　149
　——電子ドープ型　97
　——梯子型　147
　——ランタン系（LSCO）　95
同位体効果　71, 144, 186
動的バーテックス近似　141
動的平均場理論　140
ドーパント　178
ドープ量　96
トポロジカル超伝導　220
　非平衡誘起——　226
トポロジカル量子数　222, 264
朝永振一郎　74
朝永 - ラッティンジャー理論　75, 148
トンネル分光　67

ナ

南部 - ゴールドストーン・ボソン　238
南部表示　61
南部陽一郎　254

ニ

2 次元電子系　263
2 次相転移　30
ニッケル化合物高温超伝導体　165
　多層——　170
　無限層——　166

ネ

捻じれた 2 層グラフェン　181

ハ

π 接合　113
ハイゼンベルク模型　18
パウリの排他律　23
パウリ・リミット　44, 280
端状態（トポロジカル超伝導における）　223
ハートリー - フォック近似　61
ハバード模型　82, 124
パフィアン　268, 280
ハーフ・フィリング　125

ヒ

BCS ギャップ関数　61
BCS 近似　60
BCS - BEC クロスオーバー　82
BCS 波動関数　63
BCS 理論　8, 59, 76
BKT 転移　201
p 型ドーピング　178
非摂動効果　71
非対角項（南部表示における）　61
非対角長距離秩序　21, 29
ヒッグス機構　239
ヒッグス場　244
ヒッグス・モード　235, 255
　高温超伝導体における——　251
ピパードのコヒーレンス長　41, 115
非平衡動的平均場理論　235
非連結フェルミ面　154

フ

フェッシュバッハ共鳴　83, 214
　電子系における——　213

286 索 引

フェルミ・アーク 121
フェルミ液体 109, 131
フェルミオン 23
フェルミ温度 8
フェルミ気体 24, 26
フェルミ分布関数 25
フェルミ面効果 59
フォノン 51, 54
複合フェルミオン 267
フラクソイド 44
フラストレーション 191, 226
プラズマ振動数 194
プラズモン 243
　——機構 193
フラレン 176
フロッケ状態 230
フロッケ理論 226
分数量子ホール効果 8, 262

ヘ

ペア散乱 132, 159
平坦バンド超伝導 208
　トポロジカル —— 218
ヘーベル–スリクター・ピーク 117
ベリーの位相 265

ホ

ボゴリューボフ準粒子 63
ボゴリューボフ変換 62

ボース–アインシュタイン凝縮 26, 29, 32, 82
ボソン 23
　南部–ゴールドストーン・—— 238
ホルデイン模型 229
ポンプ・プローブ法 246

マ

マイスナー–オクセンフェルト効果 11
マクミラン理論 70
松原周波数 132
マーミン–ワグナー定理 201
マヨラナ粒子 269

ミ

μSR 86, 108
ミグダル定理 78
ミュラー 10, 93

モ

モット絶縁体 125
モット転移 125
モット–ハバード型絶縁体 100

ユ

有機超伝導体 85, 174
有効的な引力 135
輸送現象 109
ユニタリティー極限 83
揺らぎ交換近似 137

ラ

ランダウ指数 264
ランダウ準位 264
　——占有率 264
ランダウの判定法 79, 260
ランダウのフェルミ液体 109
ランダウ反磁性 20

リ

リトル–パークス振動 45
硫化水素 185
粒子加速器 239
粒子数不定 72
量子計量 219
量子ホール効果 262
量子モンテカルロ法 139
量子臨界点 163
臨界磁場 13, 43

レ

レゲット・モード 251
連続的な対称性 236

ロ

ロンドンの侵入長 17, 21
ロンドン方程式 15, 16

著者略歴

青木　秀夫（あおき　ひでお）

1950 年　東京都生まれ
1973 年　東京工業大学理学部物理学科卒業
1978 年　東京大学大学院理学系研究科物理学専攻博士課程修了（理学博士）
1978 年　東京大学理学部助手
1980 年 〜 1982 年　英国ケンブリッジ大学キャヴェンディッシュ研究所客員研究員
1986 年　東京大学理学部助教授
1998 年　東京大学大学院理学系研究科教授
2016 年　東京大学を定年退職，東京大学名誉教授
2016 年 〜 2022 年　産業技術総合研究所招聘研究員
2017 年　ETH Zürich（スイス連邦工科大学）物理学科客員教授
専　攻　物性物理学理論

主な編著書：
　H. Aoki, Y. Syono and R. J. Hemley (eds.): *Physics Meets Mineralogy — Condensed-Matter Physics in Geosciences* (Cambridge Univ. Press, 2000). Takashi Oka and Hideo Aoki in A.K. Sen, *et al* (eds.): *Lecture Notes in Physics* **762**, pp. 251-285 (Springer Verlag, 2009). H. Aoki and M. S. Dresselhaus (eds.): *Physics of Graphene* (Springer, 2014). T. Chakraborty, A.M. Sanchez, H. Aoki, R.H. Blick, R. Raimondi, R.A. Roemer and V.M. Fomin (eds.): *Encyclopedia of Condensed Matter Physics*, 2nd Ed. (Elsevier, 2024). Hideo Aoki: Integer quantum Hall effect in *Comprehensive Semiconductor Science & Technology*, 2nd Edition (Elsevier), to be published.
　草部浩一，青木秀夫：『強磁性』，黒木和彦，青木秀夫：『超伝導』，中島龍也，青木秀夫：『分数量子ホール効果』（以上，東京大学出版会）

超伝導の物理学

2024 年 12 月 1 日　第 1 版 1 刷発行

著作者	青　木　秀　夫
発行者	吉　野　和　浩
発行所	東京都千代田区四番町 8-1 電　話　03-3262-9166（代） 郵便番号　102-0081 株式会社　裳　華　房
印刷所	三美印刷株式会社
製本所	株式会社　松　岳　社

検印省略

定価はカバーに表示してあります。

一般社団法人
自然科学書協会会員

JCOPY〈出版者著作権管理機構　委託出版物〉
本書の無断複製は著作権法上での例外を除き禁じられています．複製される場合は，そのつど事前に，出版者著作権管理機構（電話 03-5244-5088, FAX 03-5244-5089, e-mail: info@jcopy.or.jp）の許諾を得てください．

ISBN 978-4-7853-2926-6

ⓒ 青木秀夫，2024　　Printed in Japan

物理学レクチャーコース

編集委員：永江知文，小形正男，山本貴博
編集サポーター：須貝駿貴，ヨビノリたくみ

力学
山本貴博 著　　298頁／定価 2970円（税込）

ところどころ発展的な内容も含んではいるが，大学で学ぶ力学の標準的な内容となっている．本書で力学を学び終えれば，「大学レベルの力学は身に付けた」と自信をもてるだろう．

物理数学
橋爪洋一郎 著　　354頁／定価 3630円（税込）

数学に振り回されずに物理学の学習を進められるようになることを目指し，学んでいく中で読者が疑問に思うこと，躓きやすいポイントを懇切丁寧に解説した．

電磁気学入門
加藤岳生 著　　2色刷／240頁／定価 2640円（税込）

わかりやすさとユーモアを交えた解説で定評のある著者によるテキスト．著者の長年の講義経験に基づき，本書の最初の2つの章で「電磁気学に必要な数学」を解説した．

熱力学
岸根順一郎 著　　338頁／定価 3740円（税込）

熱力学がマクロな力学を土台とする点を強調し，最大の難所であるエントロピーも丁寧に解説した．緻密な論理展開の雰囲気は極力避け，熱力学の本質をわかりやすく"料理し直し"，曖昧になりがちな理解が明瞭になるようにした．

相対性理論
河辺哲次 著　　280頁／定価 3300円（税込）

特殊相対性理論の「基礎と応用」を正しく理解することを目指し，様々な視点と豊富な例を用いて懇切丁寧に解説した．また，相対論的に拡張された電磁気学と力学の基礎方程式を，関連した諸問題に適用して解く方法や，ベクトル・テンソルなどの数学の考え方も丁寧に解説した．

量子力学入門
伏屋雄紀 著　　2色刷／256頁／定価 2860円（税込）

量子力学の入門書として，その魅力や面白さを伝えることを第一に考えた．歴史的な経緯に沿って学ぶというアプローチは，量子力学の初学者はもとより，すでに一通り学んだことのある方々にとっても，きっと新たな視点を提供できるであろう．

素粒子物理学
川村嘉春 著　　362頁／定価 4070円（税込）

「相互作用」と「対称性」に着目して，3つの相互作用（電磁相互作用，強い相互作用，弱い相互作用）を軸に，対称性を通奏低音のようなバックグラウンドにして，「素粒子の標準模型」を理解することを目標に据えた．

◆ コース一覧（全17巻を予定）◆

- 半期やクォーターの講義向け
  力学入門，電磁気学入門，熱力学入門，振動・波動，解析力学，量子力学入門，相対性理論，素粒子物理学，原子核物理学，宇宙物理学
- 通年（I・II）の講義向け
  力学，電磁気学，熱力学，物理数学，統計力学，量子力学，物性物理学

裳華房ホームページ　https://www.shokabo.co.jp/